通信新技术丛书

物联网技术应用与安全

王小娟　金　磊　袁得嵛　著

科学出版社
北　京

内 容 简 介

本书采用技术分析与场景描述相结合的模式，围绕物联网体系结构、关键技术和安全防控等方面进行系统的介绍。本书主要包括物联网概述、物联网基础知识、物联网数据服务、场景角度的 IoT 安全、技术角度的 IoT 安全、物联网流量安全、区块链与物联网安全七部分内容。

本书适用于从事物联网领域，特别是物联网安全子领域相关研究的科研人员与学生阅读。

图书在版编目(CIP)数据

物联网技术应用与安全/王小娟，金磊，袁得嵛著. —北京：科学出版社，2020.11

(通信新技术丛书)

ISBN 978-7-03-066578-2

Ⅰ. ①物… Ⅱ. ①王… ②金… ③袁… Ⅲ. ①物联网 Ⅳ. ①TP393.4 ②TP18

中国版本图书馆 CIP 数据核字(2020)第 210263 号

责任编辑：潘斯斯　张丽花　赵微微 / 责任校对：王萌萌

责任印制：张　伟 / 封面设计：迷底书装

科 学 出 版 社 出版

北京东黄城根北街 16 号

邮政编码：100717

http://www. sciencep. com

天津市新科印刷有限公司印刷

科学出版社发行　各地新华书店经销

*

2020 年 11 月第 一 版　开本：787×1092　1/16

2021 年 9 月第三次印刷　印张：13 1/4

字数：336 000

定价：88. 00 元

(如有印装质量问题，我社负责调换)

前　言

物联网(Internet of Things，IoT)，就是通过各种信息采集的方式，将所有物体通过信息传感设备接入互联网中，实现物物互联。物联网作为一个新兴产业，1995 年比尔·盖茨提出物联网构想，但受限于当时技术水平并未引起重视。在近 20 年的发展中，随着智能化浪潮的到来，各种以物联网为基础的产业开始实现爆发式的增长。可以说，传统产业未来依靠物联网技术转型升级是促进国家经济发展的需求之一。

近年来，随着物联网技术研究与应用的不断发展，以及国家重点部署的“新基建”项目的大力推进，物联网领域吸引了来自工业界和学术界的广泛关注。物联网领域涌现了大量理论分析成果，同时与通信技术、智慧医疗、智能硬件等领域的融合中也涌现了众多优秀的工程实践项目。一方面，对这些理论、工程实践成果需要进行系统性的梳理；另一方面，由于物联网的发展日新月异，先前介绍的很多安全防范措施已不再适用于当下物联网的安防需求。鉴于此，团队投入大量精力和时间编写了本书。

物联网涉及范围甚广，包括电子、自动化、网络、计算机等诸多学科领域，因此一两本书很难覆盖其所包含的所有内容。本书共 7 章，主要从物联网体系结构、关键技术和安全防控等方面进行介绍。第 1 章论述物联网的起源与发展及体系结构等基础性内容；第 2 章探讨传感器类型和感知层中的关键技术，重点是如何有序管理物联网设备的可用资源，以实现物联网设备利用效率的最大化；第 3 章介绍分布式、异构环境下的多源数据融合问题，以及如何存储、分析大规模的数据流问题，介绍如何利用大数据分析挖掘数据价值以及云计算提供的集中存储模式；第 4 章为物联网安全的初探，从智能电网、智能家居和智能交通三个场景分析其中存在的安全隐患；第 5 章从技术角度出发分别对感知层、传输层和应用层中常见的安全问题进行分析并提供解决方案，其中在应用层中为缓解云计算压力引入边缘计算；第 6 章对接入网络设备而产生的流量做出分析，融合机器学习和深度学习中的流量检测方法，并在每种分析检测方法后列出对应的案例分析；第 7 章以前沿技术区块链对物联网分布式结构及数据融合中的数据完整性要求等方面进行分析。

在编写过程中，团队始终秉持着以下要点。

(1) 深入实践，分析案例。本书采用大量案例，尤其在物联网安全章节的介绍中采用技术分析与场景描述相结合的模式，旨在结合生产实践，从真实案例中受到启发。从问题出发阐述实际生产中所需技术，便于读者切实体会每个方法的具体解决方案，从抽象变得具体。

(2) 基于概念，深入分析。物联网中涉及许多概念，不仅需要对概念进行陈述，更需深入理解其内在含义。在前面章节中介绍过的基本概念，在后续再次出现往往会伴随深层次的解释，或更进一步引申出与此概念相关联的其他概念。

(3) 重视把控整体架构。相较于物联网内部细碎的知识点，本书更注重整体上的把握，通过在每章的开头介绍各个章节之间存在的联系，读者可对全书整体思路有大概的掌握。

本书是整个团队共同努力的结果。全书由北京邮电大学王小娟策划和组织，并负责撰写前三章内容，北京邮电大学的金磊负责撰写第 4、5 章内容，中国公安大学的袁得嵛负责撰写第 6、7 章内容。本书初稿前期，北京邮电大学张敏、凯文·吕·卡崔拉、王景月、邹纯东、张宇、王欣蕾参与本书部分内容的调研工作。

本书面向致力于物联网发展相关研究的科研人员与学生阅读。书中有任何不当之处，欢迎各位专家和读者批评指正。

著　者

2020 年 5 月

目　　录

第1章　物联网概述

物联网正在推动人类社会从“信息化”向“智能化”转变，促进了信息科技与产业发生巨大变化。物联网通过将特定空间环境中的所有物体连接起来，促使人们进入了“万物互联”时代。物联网通过拟人化信息感知和协同交互，具备自我学习、处理、决策和控制的行为能力，从而促进了智能化生产和服务。在不久的将来，物联网将有力地改变我们生活与工作的环境，把我们带进智能化世界。本章首先介绍物联网的起源与发展，其次介绍物联网体系结构，然后分析物联网平台及应用技术，最后介绍物联网所面临的安全问题。

1.1　物联网的起源与发展

1.1.1　物联网的内涵

智能设备、智能汽车、智慧城市和智能家居等技术近年来有了飞速的发展，这些技术的兴起被认为是互联网的未来，又被称为物联网。物联网将传统意义上的互联网和无线传感器网络(Wireless Sensor Network，WSN)连接在一起，通过在物理世界中部署嵌入式芯片和软件，借助网络实现信息的传输、协作和处理，从而实现万物的互联。物联网具有三个特征：①全面感知，利用传感器网络随时实现对动态事物的实时采集；②可靠传输，通过互联网上的各种通信网络实现信息的实时传输；③智能处理，利用云计算和其他智能技术实现海量数据与信息的分析处理以及管理控制。

物联网可以看作一个无处不在的网络：众多现实或虚拟的异构实体(人、传感器、软件、各种设备)通过特定的寻址方案实现与其他单个或多个实体的相互联系，提供/请求各种服务(图1-1)。物联网由云、移动设备、虚拟化环境、传感器、射频识别(Radio Frequency Identification，RFID)和人工智能等多个领域组成。在计算机和互联网的研究风潮过后，物联网在信息科学领域引起又一次风潮，许多国家都投入了大量的人力和物力对其开展研究，从而迎接这次信息领域发展的重要机会。

图1-1　物联网

1.1.2 物联网的起源与历史

目前，物联网已将互联网的连接和计算功能扩展到了各种对象、设备、传感器和日常用品的场景中。尽管“物联网”的概念相对较新，但借助计算机和网络来监视与控制设备的概念已经存在了数十年。例如，早在20世纪70年代，通过电话线远程监控电表的系统就已经投入商业使用。但是，这些早期的机器对机器(Machine to Machine，M2M)解决方案大都是基于封闭式的网络和专用的标准协议，而不是基于互联网的标准TCP/IP协议。1990年，第一次通过IP协议将计算机以外的设备连接到互联网，1990年的互联网会议上，一台通过IP协议控制的烤面包机正式亮相。在接下来的几年，更多设备使用了IP协议，如由剑桥大学创建的Trojan Room咖啡壶，直到2001年一直保持互联网连接。这些“异想天开”的探索为物联网的发展奠定了重要的基础。

1995年，比尔·盖茨在《未来之路》中曾提及物物互联，只是当时受限于无线网络及传感设备等的发展，并未引起广泛重视。

1998年，美国麻省理工学院(MIT)提出了被称作EPC(Electronic Product Code，电子产品代码)系统的物联网构想。

1999年，MIT建立了“自动识别中心”(Auto-ID)，物联网的概念由Kevin Ashton教授首次提出，即物理世界中的所有物品可以通过RFID、红外传感器、气体传感器、全球定位系统(Global Positioning System，GPS)等设备接入互联网中从而完成信息传递。

2003年，美国《技术评论》发文提出传感网络技术将居于改变人们未来生活的十大技术之首。

2004年，日本总务省(MIC)提出u-Japan计划，希望实现人与人、人与物、物与物之间的互联，将日本建设成为随时随地、任何物体和人均可连接的网络社会。

2005年，在突尼斯举办的信息社会世界峰会(WSIS)上，国际电信联盟(ITU)发布《ITU互联网报告2005：物联网》，正式提出了物联网的概念。这标志着物联网通信时代即将到来，世界上的所有事物都可以主动通过互联网交换信息，RFID、WSN、纳米技术、智能嵌入式技术将得到更广泛的应用，物联网的定义和范围有了较大拓展。

2008年，欧洲智能系统集成技术平台(EPoSS)在《物联网2020》报告中预测了未来物联网的发展阶段。

2009年，IBM首席执行官首次提出“智慧地球”的概念，欧盟执委会发布了物联网行动方案，指明了物联网技术的应用前景。未来物联网将会采用智能接口，与下一代互联网无缝对接，并提出了一系列要加强对物联网的管理、提升物联网的可信度、构造开放式的创新环境、推广物联网应用等建议。欧盟提出了IoT的三个特点：①IoT不能简单地视为互联网的扩展，IoT是基于一系列新的独立基础架构的独特系统，但是基础架构的某些部分必须依赖互联网；②IoT将与新业务共生；③IoT在人与物以及物与物之间存在不同的通信模式。

同年，时任国务院总理的温家宝在视察无锡物联网产业研究所时，提出“感知中国”的战略构想，强调中国要抓住机遇，尽快建立中国的传感信息中心，大力发展物联网技术。随即物联网被正式列为国家五大新兴战略性产业之一。

2010年，温家宝总理在《政府工作报告》中将“加快IoT的发展和应用”纳入产业振兴的重点。

2014年，新加坡公布了“智慧国家2025”的10年计划，建设覆盖全岛数据收集、连接和分析的基础设施与操作系统，根据所获数据预测公民需求，提供更好的公共服务。同时，其他国家也在加快建立下一代网络的步伐。

1.1.3　物联网的发展现状

2018年，世界物联网无锡峰会上，浪潮集团董事长、党委书记孙丕恕认为，浪潮创造性地将智慧城市拆分为“七通一平”，并预言新的未来城市会出现三个新的运营商：云服务运营商、大数据运营商、智慧城市运营商，这三个运营商会出现新的组织和业态。对于互联网企业的未来转型，构想了“云+数”平台，在此基础上发展各种生态推进业务。2018年，物联网与人工智能高峰论坛上，中国联通网络技术研究院首席科学家唐雄燕提出构建云网协同的产业互联网基础设施，从而更好地服务于产业互联和物联网发展。

近年来，融合发展逐渐成为物联网发展趋势的主基调。物联网涉及的技术种类繁多，如低功耗广域网络(Low Power Wide Area Network，LPWAN)、芯片技术、智能识别技术、传感器技术等。其中，智能识别技术由知识库/特征库向深度学习训练模型方向发展，图像识别、语音识别、人脸识别、声纹识别、生物识别等技术正在向细分领域结构化数据采集和动态实时并发智能识别方向发展。5G、人工智能、大数据、云计算、区块链、边缘计算等技术不断融入物联网中，促进传统产业转型升级，迅速带动物联网在制造业、车联网、工业物联网、智能家居、智慧医疗、智能交通等领域的发展，这也激起了各种智能化商品的兴起，物联网正逐步形成融合型的智能联结生态。人工智能、区块链、大数据、云计算等与物联网紧密联系，在相互依存的关系之上完善信息通信基础，造福人类生产生活等诸多方面。

根据研究机构 Machina Research 的数据显示，2015年全球物联网连接数约为60亿，预计2025年这一数字将增长至270亿。

中共中央政治局常务委员会于2020年3月召开会议，会议指出要加快5G网络、数据中心等新型基础设施建设进度，要注重调动民间投资积极性。物联网板块涵盖新基建5G基站建设、特高压、轨道交通、新能源汽车充电桩、大数据中心、人工智能和工业互联网七大板块的基础设施和设备，是新基建的落地基础。2020年后5～10年物联网行业的发展将重点关注感知层的传感器和微控制单元(MCU)板块、传输层的射频模组和通信模组板块、平台和应用层的工业互联网以及泛在电力物联网板块等。

1.2　物联网的体系结构

物联网的第一个参考模型是三层模型，它将物联网描述为无线传感器网络的扩展版本，即 WSN 和云服务器的组合，从而可以为用户提供不同的服务。五层模型则将复杂的系统分解为由简单而完善的组件构成的应用程序，以实现企业不同部门之间的交互。2014年，CISCO对传统的三层模型和五层模型进行了全面扩展，提出了广为人们接受的七层模型。在此模型中，数据流通常是双向的。但是，数据流的主要方向取决于应用程序。例如，在控制系统中，数据和命令从模型的顶部(应用程序级别)传播到底部(边缘节点级别)，而在监控方案中，流量则是从底部传播到顶部。

1.2.1 三层模型

为了充分发挥云计算和传感技术的潜力，以云为中心的组合框架不仅能合理地划分关联成本，还具有很强的可扩展性。传感服务提供商可以加入网络并使用存储云提供数据；分析工具开发人员可以提供软件工具；人工智能专家可以提供数据挖掘和机器学习工具，从而将信息转换为知识；计算机图形设计人员可以提供各种可视化工具。云计算将这些服务作为基础设施、平台或软件来提供，可以充分利用人类的创造力。从某种意义上说，这与Weiser的普遍愿景以及Rogers以人为本的理念是一致的，生成的数据、使用的工具以及创建的可视化设置在后台，从而挖掘了物联网在各种应用领域的全部潜力。图1-2显示了一个集成传感设备和应用程序的框架，云通过提供可扩展的存储、计算能力和其他的工具来集成普适计算(Ubiquitous Computing，UbiComp)的所有端。

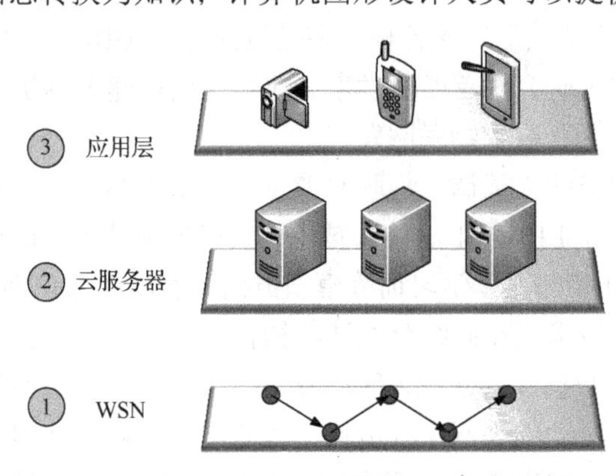

图1-2 以云计算为中心的物联网三层模型

Aneka云计算平台是基于.NET应用程序开发的平台即服务(Platform as a Service，PaaS)，可以利用公有云和私有云的资源。Aneka提供了一个运行时环境和一组API，使开发人员可以通过使用多个编程模型(如任务编程、线程编程和MapReduce编程)来构建自定义的应用程序。在智慧环境应用程序的上下文中，Aneka PaaS的另一个重要特征是支持在Microsoft Azure、Amazon EC2和GoGrid等公有云上提供资源，同时还利用从台式机和集群到虚拟数据中心的私有云资源。

Aneka调度程序负责根据用户服务质量(Quality of Service，QoS)参数和服务提供商的总体成本，将每个资源分配给应用程序中的任务。根据每个传感器应用程序的计算和数据需求，Aneka指示动态资源供应组件实例化或终止指定数量的计算、存储和网络资源，同时维护要调度的任务队列。此逻辑作为多目标应用程序调度算法嵌入，调度程序可以通过将那些任务重新分配给其他合适的Cloud资源来处理资源故障。动态资源供应组件基于应用程序调度程序指示的资源需求，实现了用于在私有云和公有云计算环境中供应与管理虚拟化资源的逻辑。这是通过考虑过去应用程序的执行历史和预算的可用性，在一定的时间和成本下与基础设施即服务(Infrastructure as a Service，IaaS)动态协商以获取正确种类的资源来实现的。当软件即服务(Software as a Service，SaaS)应用程序不断向Aneka云平台发送请求时，就会在运行时做出此决定。

1.2.2　五层模型

中间件是介于技术和应用程序级别之间的软件层或一组子层。由于中间件可以简化新服务的开发以及将旧技术集成到新服务中，这使程序员无须完全了解底层所采用的各种技术。

最近几年，IoT 的中间体系结构是面向服务的架构(Service Oriented Architecture, SOA)，它将复杂的单片系统分解为由简单且定义明确的组件生态系统组成的应用程序。因此，由 SOA 支持的业务流程的开发最终与对象操作相关联，促进了企业各部门间的互动，减少了适应市场发展变化所需的时间。SOA 方法还允许软件和硬件的重用。图 1-3 所示的中间件体系结构试图涵盖过去有关IoT中间件涉及的所有功能，使用完整的集成架构解决了中间件的相关问题。基于 SOA 的物联网中间件体系结构依赖于以下各层。

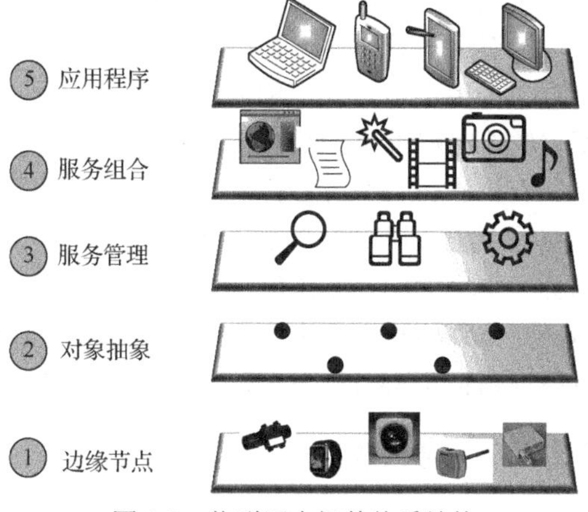

图 1-3　物联网中间件体系结构

1. 应用程序

应用程序位于体系结构的顶部，可将系统的所有功能导出到最终用户。通过使用标准的 Web 服务协议和服务组合技术，应用程序可以实现分布式系统和应用程序的集成。

2. 服务组合

此过程位于 SOA 的中间件体系结构之上的公共层，在此层中，设备是抽象的，但服务是具象的。服务与存储库相关联，储存库中包括目前相关联的服务实例，存储库构建组合的服务，可以使用工作流语言表达创建和管理复杂服务的逻辑。工作流语言指的是通过 WebService 技术与实例产生业务联系。业务联系是由 WebService 技术中的 Web 服务描述语言(Web Services Description Language，WSDL)进行的。

3. 服务管理

该层提供了预期可用于每个对象的主要功能，可将其运用于 IoT 服务管理中。基本的服务包括：对象动态发现、状态监视和服务配置。中间件还存在扩展功能集以及一些语义功能。该层可能会在运行时部署新服务，实现应用进程的请求。为了方便取得网络中不同程序所对应的服务清单，需要在该子层建立一个存储库，用于存放服务对象清单。

4. 对象抽象

IoT 依赖于一组庞大且异构的对象，每个对象都提供可通过自己的语言访问的特定功能，因此需要抽象层，该抽象层能够以共同的语言和程序来协调对不同设备的访问。若设备没有在 IP 网络上提供可发现 Web 服务，那么就需要引入包装层，该包装层主要由两个子层组成：接口子层和通信子层。接口子层提供了一个 Web 界面，负责管理与外界通信所涉及的所有传入/传出消息操作；通信子层实现了 Web 服务背后的逻辑，并将这些方法转换为一组特定于设备的命令，以便与实际对象通信。

5. 边缘节点(信任、隐私和安全管理)

在日常应用中，部署对象自动通信会造成安全威胁。用户在不知不觉中会触发个人设备、衣服和杂货中的嵌入式 RFID 标签，提供其 ID 和其他信息。中间件必须包括与所有交换数据的信任、隐私和安全管理相关的功能。相关功能可以建立在先前功能的一个特定层上，也可以分布在从对象抽象到服务组合的整个堆栈中，而不影响系统性能。

虽然大多数中间件都使用 SOA 方法，在面向特定应用程序、对象组、某一特定地理场景时会采用其他方式。例如，Fosstrak 项目，提供数据分发、数据聚合、数据过滤、写入标签、从外部传感器触发 RFID 阅读器、故障和配置管理、数据解释、RFID 触发的业务事件共享、查找和目录服务、标签标识符管理等与 RFID 管理相关的服务。所有这些功能都可用于应用程序层，以简化与 RFID 相关服务的部署。UbiSec&Sens 项目旨在为中型和大型 WSN 定义一个全面的体系结构，并特别关注安全问题，以便为所有应用程序提供可信赖的安全环境，此体系结构中的中间件主要关注所收集的环境数据，为网络中的节点提供抽象的功能共享内存(TinyDSM)以及 WSN 的分布式信息存储和收集(DISC)协议的实现。

1.2.3 七层模型

在物联网系统中，数据由多种设备生成并以不同的方式处理，传输到不同的位置并由应用程序作用。物联网参考模型包含七个级别，每个级别均以术语进行定义，这些术语可以标准化以创建全球公认的参考框架。物联网参考模型不限制其组件的范围，例如，从物理角度来看，每个元素都可以驻留在单个设备机架中，也可以分布在世界各地的设备机架中。该模型描述了如何处理每个级别的任务以保持简单性和可伸缩性。图 1-4 显示了物联网参考模型及其级别。

级别 1 边缘节点：物理设备和控制器是物联网中的“事物”，包括各种发送和接收信息的端点设备。设备种类繁多，并且没有大小、位置、形状或产地的限制，物联网必须支持所有设备。

图 1-4 物联网七层模型

级别 2 连接性：通信和连接性集中于级别 2，此级别最重要的功能是可靠、及时的信息传输。传统的数据通信网络具有多种功能，已由国际标准化组织(ISO)提供的七层参考模型所证实。物联网参考模型的一个目标是通过现有网络实现通信，但某些旧版设备未启用 IP，因此需要引入通信网关，其他设备需要专有控制器来提供通信功能。随着 1 级设备的激增，它们与 2 级连接设备交互的方式可能会改变，但无论细节如何，1 级设备都将通过与 2 级连接设备进行交互而实现通信。

级别 3 边缘(雾)计算：级别 3 为了满足级别 4 的存储和更高级别信息处理的需求，专注于大容量数据分析和转换，如级别 1 的传感器设备可能每分每秒多次生成数据样本。物联网参考模型的基本原则是系统尽可能靠近网络边缘并尽早启动信息处理，有时将其称为雾计算。假定数据通常由较小单位的设备提交给连接级别 2 的网络设备，则级别 3 的处理将逐个数据包进行。

级别 4 数据累积：网络系统旨在可靠地传输数据，在级别 4 之前，数据以确定的速率在网络中移动，该模型是事件驱动的。如前所述，级别 1 设备本身不包含计算功能，但是某些计算活动可能会在级别 2 发生，如协议转换或网络安全策略的应用，在级别 3 执行其他计算任务，如数据包检查。大多数应用程序不能或不需要以网络线速处理数据，应用程序通常假定数据在内存或磁盘中处于“静止”状态。在级别 4，运动中的数据将转换为静止数据。

级别 5 数据抽象：物联网系统需要扩展到企业乃至全球范围，并且将需要多个存储系统来容纳物联网设备数据。级别 5 的数据抽象功能集中于数据存储，在有多个设备生成数据的情况下，有许多原因可能导致此数据无法放入同一数据存储中：①可能有太多数据无法放在一个位置；②将数据移入数据库可能会消耗过多的处理能力，因此必须将检索与数据生成过程分开；③设备可能在地理位置上分开，并且在本地进行了优化；④级别 3 和级别 4 可能会将“连续的原始数据流”与“表示事件的数据”分开，流数据的存储可能是一个大数据系统，如 Hadoop，事件数据的存储可能是具有更快查询速度的关系型数据库，如 RDBMS；⑤可能需要不同类型的数据处理。

级别 6 应用程序：此级别的软件与静态数据进行交互，因此它不必以网络速度运行。物联网参考模型没有严格定义应用程序，根据市场、设备数据的性质和业务需求，应用程序会有所不同。例如，一些应用程序专注于监控设备数据，一些应用程序集中在控制设备上，一些应用程序集中于合并数据。如果级别 1～级别 5 的架构正确，级别 6 所需的工作量将减少。正确设计级别 6，用户可以更好地完成工作。

级别 7 协作与流程：应用程序执行业务逻辑，人们使用应用程序和关联数据来满足特定需求，多个用户出于不同目的可能使用同一应用程序。级别 6 在适当的时间为业务人员提供正确的数据，以便他们可以执行正确的操作。但是，所采取的行动通常需要多个步骤甚至多个应用程序的沟通和协作。安全必须遍及整个物联网参考模型，安全措施必须满足：①保护每个设备或系统；②为每个级别的所有进程提供安全性；③确保每个级别之间的移动和通信。

综上，物联网参考模型是物联网的概念和术语能够标准化的决定性一步。从级别 1 到级别 7，物联网参考模型列出了所需的功能和必须解决的问题。该参考模型为物联网的需求和潜力提供了基准。

1.3 物联网平台及应用技术

物联网行业的快速增长需要强大的物联网平台，以提供特定服务和功能，如连接管理、设备管理和应用使能等。这些平台需满足更新的要求，如在智慧城市应用中必须处理大量数

据。新兴的工业物联网和第四次工业革命(工业 4.0)为计划者与实施者提供了灵活性，并生成了更好的决策。为给定的应用领域找到合适的平台是公司要面临的难题，尽管平台提供的功能可能相同，但其实现和基础技术却可能不同。

1.3.1 物联网平台组件

物联网平台由世界各地连接的大量对象组成，它将设备、网关和数据网络的边缘连接到云服务和应用程序中。在不同的环境中，对象可以被分隔开，也可以由集中管理来控制，其中的集中管理则充当物联网平台处理单元的角色。为了了解物联网平台的行为，需要分析元素、组和块。

这里将平台的基本模块作为组件来介绍，它们构成了松散耦合的系统，所有模块都将对 IoT 供应商间的竞争产生影响。这些组件包括传感组件、通信和识别组件、计算和云组件、服务和应用程序组件。除了提供的服务和应用程序组件，通信和识别组件中的 IoT 协议以及计算和云组件中处理速度的平均值决定了平台的优劣势。此外，大多数物联网平台都有一些基于 Web 浏览器的图形化界面，用于与互联网进行人机交互和对通过互联网连接的事物进行控制。

物联网功能由六个模块组成：①识别模块，每个物联网对象都必须是唯一定义的，如在对象网络中使用唯一的 ID；②感应模块，用于感应起作用的环境，包括执行器；③通信模块，用于定义物联网通信技术；④计算模块，负责物联网的处理和计算能力；⑤服务模块，代表 IoT 提供的所有服务类别；⑥语义模块，提供 Web 技术的示例，说明如何提取信息以及如何与各种机器进行智能处理以提供所需服务。

物联网参考平台可以表示为一个更简单的四部分架构，如图 1-5 所示。

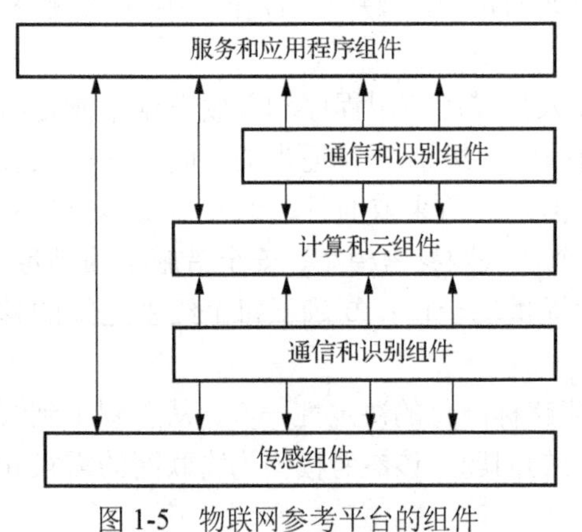

图 1-5 物联网参考平台的组件

(1) 传感组件：包括传感器、执行器和设备。传感器从物联网对象中收集数据，并将其传输到特定位置，如具有数据管理的数据库。执行器是用于平台的硬件设备，如对请求做出响应的交换机。设备处理来自传感器的数据并控制执行器的硬件组件。

(2) 通信和识别组件：包含如 CoAP 和 MQTT 之类的 IoT 通信协议，连接各种 IoT 对象并将数据发送到管理系统。网关在不能与其他系统直接相连的状态下使用，例如，如果设备无法通过指定协议进行通信，就使用网关。在实际物联网系统中，整个 IP 协议栈都是在终端设备上实现的，这使“无网关”端到端通信成为可能。每个对象通过特定的识别技术获得唯一的标识符，通过适当的通信技术连接到互联网的传感器和设备。除身份验证外，标识还可以提高传感器、执行器和设备的操作性能，有助于检测故障。

(3)计算和云组件：当今的物联网平台通常基于云，来自传感器和设备的数据在云中汇聚与处理。该组件可称为 IoT 集成中间件，代表处理单元并提供 IoT 的计算能力，用作不同类型的传感器、执行器、设备和应用程序的组合层。它支持 WebSockets 等传输协议，消息使用相应的有效负载格式，如 JSON 或 XML。

(4)服务和应用程序组件：代表提供给用户的连接与控制服务。物联网平台提供的各种服务包括数据收集和数据分析、数据可视化、管理、安全性等。通过授权对设备的免费访问，可将连通性作为一项服务提供。基于传感器和数据，分析工具可以用于应用程序开发。

1.3.2　物联网通信协议的选择

互联网上大量的连接对象或设备产生了 M2M 系统，这是一种物联网系统，系统的其他部分需要配置、维护与监控，并且必须在其生命周期内支持服务和设备管理。开放移动联盟的轻量级 M2M 协议是一种开放式行业协议，它有助于为物联网连接的设备远程实施服务和应用程序管理。在设备与平台之间、平台内以及平台与用户之间使用不同的通信技术。此外，IoT 模块与平台之间有多种通信解决方案，如 LoRa、NB-IoT、ZigBee 等。

在众多物联网传输协议中，以下两个轻量级协议使用最为广泛：消息队列遥测传输(Message Queuing Telemetry Transport，MQTT)协议和受约束的应用协议(Constrained Application Protocol，CoAP)，它们都是开放标准，适合受限环境，支持异步通信和在 IP 上运行。下面对 MQTT 和 CoAP 协议进行比较，并分析其各自适用的场景。

1. 协议介绍

1)MQTT

MQTT 是一种通过 TCP / IP 协议实现的消息传递协议，是一种已发布的订阅轻量级通信协议。它是应用层协议，在设备之间的通信中使用消息代理服务器，因此它不是 M2M 通信。MQTT 由三个元素组成：订阅者、发布者和消息代理(broker)，采用发布/订阅消息模式，即发布者和订阅者并不是直接通过 MQTT 协议交互数据，而是分别和消息代理交互数据。

MQTT 采用客户端/服务器模型，每个传感器通过 TCP 连接到消息代理服务器并作为一个客户端。它是面向消息的，每个消息被发布至称为主题的地址，客户可以在代理上发布和订阅一个或多个主题，每个订阅主题的客户端将收到发布到该主题的所有通知。关于安全性，MQTT 支持安全套接字协议(Secure Sockets Layer，SSL)和传输层安全性。MQTT 结构图如图 1-6 所示。

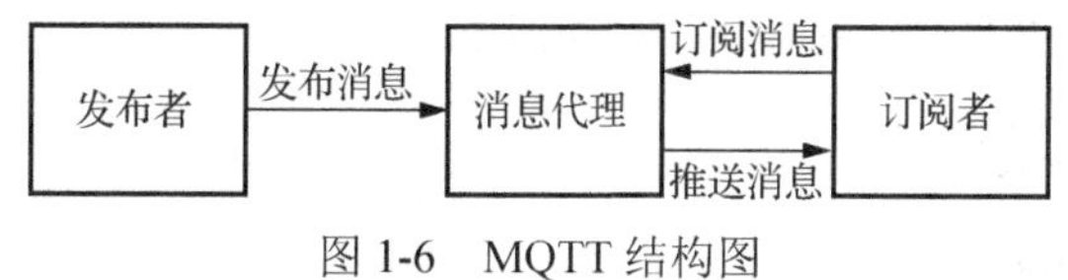

图 1-6　MQTT 结构图

2)CoAP

CoAP 受超文本传输协议(HTTP)的启发，也是一种文档传输协议，使用一对一通信。由于 CoAP 是针对受限设备的需求设计的，其数据包远小于 HTTP 的 TCP 流，因此不支持 TCP / IP 通信。CoAP 使用 UDP，即客户端和服务器通过无连接数据包进行通信。

CoAP 基于表征状态转移(REST)模型，服务器使资源在 URL 下可用，客户端用来访问这些资源。它比 HTTP、REST API 等协议更为有效，它使用的资源比 HTTP 少，并且实现的功能比 HTTP 多，如观察、执行、发现以及读写功能。此外，典型的物联网平台可以应用各种通信协议，设备制造商可以选择合适的协议。CoAP 结构图如图 1-7 所示。

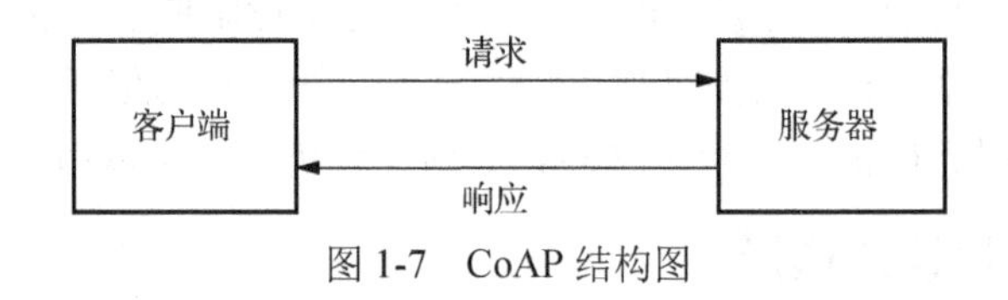

图 1-7　CoAP 结构图

2. 对比与选择

表 1-1 表明 CoAP 与 MQTT 在模型、传输、消息种类、连接类型、安全性、特性等方面都有很大的不同，这使得它们适用于不同的物联网应用类型。

表 1-1　MQTT 和 CoAP 的对比

	MQTT	CoAP
模型	高度分离的发布者和订阅者模型	异步通信模型
传输	通过保证的消息传输模式，确保可靠的消息传输	较小的数据包和更快的传输周期
消息种类	允许 16 种不同类型的消息	仅允许 4 种消息模型
连接类型	使用 TCP	使用 UDP 作为传输层
安全性	未加密，但可以使用 TLS/SSL 进行加密	支持 DTLS 加密
特性	适用于灵活主题订阅	具有稳定的资源发现机制

在广域网(Wide Area Network，WAN)网络情况下，由于代理的概念，MQTT 是更好的选择。代理是设备之间通信的中间部分，可以让客户端和服务端最大限度地解耦，两者不需要交互和同时在线，在有限的带宽(如不同的远程站点或缺少网络)中将很有用，如 Amazon 服务和 Azure 使用 MQTT 协议。

由于 CoAP 能够兼容 HTTP，因此对于基于 Web 的服务来说，CoAP 是绝佳选择。由于 CoAP 使用支持多播和广播的 UDP，因此可以在使用较少带宽和局域网的情况下使用，适用于需要高速发送和接收设备的情况。同样，它还取决于应用程序的类型，例如，如果要发送的 UDP 消息很少，则最好使用 CoAP 代替 MQTT。

1.3.3　物联网平台主要作用

1. 使用物联网平台的主要目的

可以使用各种类型的网络技术来链接物联网设备，只要能够保证所需的服务，网络解决方案的最佳选择取决于其安装方式和安装位置。因此，一个包容性强的物联网平台应支持通信并提供所有必需的物联网类型，以满足最近和将来项目的最大灵活性。

进行物联网服务管理，可以更好地管理工作和业务、提高容量和优化运营。为了使物联网解决方案持续工作，需要同时管理数据和物联网网络。物联网平台应提供用于访问用户控制的软件管理，以保留通过网络管理端点和连接的过程。此外，适当的按需服务管理实施方式可以控制物联网网络，从而提供添加、移动、删除或更改物联网设备报告功能，物联网设备和平台可以得到有效管理，以增强物联网部署。

大多数物联网解决方案会影响各种传感器，这些传感器会随着时间的流逝产生大量数据，如条件、位置和状态信息。由收集的信息组成的数据流，每个数据点通常都很短，信息量的增加速率取决于物联网设备的报告频率。物联网平台能够保护和规范化从不同物联网终端、各种传感器和设备中读取的数据，发送信息流有多种方法，并且在接收信息后可以进行分段操作，因此可以根据命令有效地收集、处理和使用获得的数据。

收集数据的最终目标是通过提高可见性和洞察力来推动更好的业务。物联网平台支持数据分析功能，可以提取数据并阻止组织薄弱的新信息的产生。物联网平台具有通过安全 API 和服务提升特定第三方分析软件的能力。此外，多层安全性也是应考虑的方面，集中和分布式的底层协议包括物联网的隐私与安全性。

2. 物联网平台的作用

物联网是设备、传感器、软件和网络的集合，所有组件都将一起实施到物联网平台中。物联网平台可以协调实现物联网目标的各个基本方面，例如，如何定义连接到网络的特定端点、在何处收集数据、如何收集数据、如何利用信息等。

物联网平台被认为是智慧城市的“骨干”，是监控周围环境(如天气、温度、湿度)和交通系统的手段，云收集数据并将其存储在分布式数据库中，在最终应用程序服务处执行数据的过滤、分析、计算、决策、管理、转换和可视化。物联网平台可以连接客户及其设备，提供连通性服务。

物联网平台的安全性意味着与设备的安全连接，提供如身份验证、授权、内容完整性和数据安全性之类的功能。

1.3.4　物联网平台的选择

为了成为市场上领先的物联网平台，公司在硬件、安全性和网络设备方面展开竞争。本节将根据其在特定应用领域中的适用性提出不同的物联网平台，分析其工作方式和优劣势。在比较选择的平台时，遵循集成、安全性、数据收集协议、分析类型以及可视化支持等参数，如表 1-2 所示。

与专有替代产品相比，具有开源属性的平台有望成为新的集成物联网解决方案。只有少数平台没有 REST API，可以预测现有的物联网服务将趋向于通用网络服务，物联网服务将融合物联网的未来关键技术。

表 1-2 物联网平台的比较

物联网平台	设备管理		集成		安全性			数据收集协议				分析类型		可视化支持	
	有	无	遵循 REST 架构规范的应用编程接口	实时应用编程接口	链路加密	身份认证	身份管理	MQTT	CoAP	HTTP	WebSocket	实时分析	预测分析	支持	不支持
AirVantage	√		√					√	√			√		√	
Appcelerator		√	√		√			√		√		√		√	
AWS IoT platform	√		√		√	√		√		√		√		√	
Bosch IoT Suite	√		√					√	√					√	
Carriots	√		√					√				√		√	
Ericsson Device Connection Platform	√		√		√	√			√						√
Evrythng		√	√		√			√	√		√	√		√	
Eurotech Device Cloud	√		√					√				√		√	
Exosite	√		√		√				√		√	√		√	
IBM IoT Foundation Device Cloud	√		√	√	√	√	√	√		√		√		√	
Intel® IoT Platform	√		√	√				√						√	
Lelylan	√		√		√	√		√			√	√		√	
Microsoft Azure IoT Suite	√		√		√			√		√		√		√	
Litmus Loop	√		√					√				√		√	
PLAT.ONE	√		√		√		√	√						√	
Samsung ARTIK Cloud	√		√		√			√	√			√		√	
Temboo	√		√					√	√			√		√	
ThingWorx	√		√				√	√	√		√	√	√	√	
Xively		√	√		√			√		√	√			√	

1.4　物联网的安全技术

1.4.1　物联网应用

物联网技术将为医疗、安全、监控、交通和工业等多个领域的突破性应用铺平道路，并将能够整合先进的机器间的通信、自主组网、决策制定、机密保护及具有先进检测和驱动技术的云计算。

从技术上来说，物联网包含静态和动态对象的物理世界(实物)与信息世界(虚拟世界)，它可以识别和集成到通信网络(图 1-8)。物联网的基本特征包括：①互联性；②事物相关服务，如隐私保护和语义一致性；③异质性；④支持状态和设备数量的动态变化；⑤大规模性。

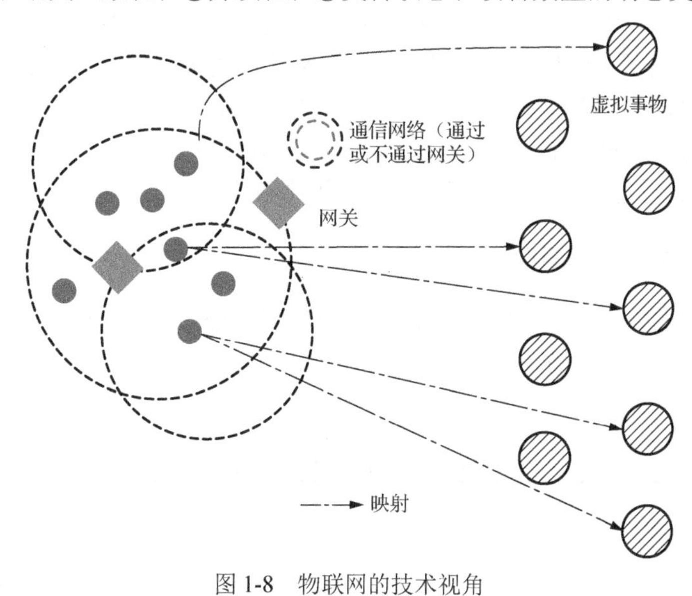

图 1-8　物联网的技术视角

考虑到有大量的联网设备可能会受到攻击，高度显著的风险出现在安全、隐私和治理问题上，这对物联网的未来提出了挑战。物联网应用将影响人们生活的许多方面，带来许多方便，然而如果安全和隐私不能得到保证，这可能会导致一些恶性的后果，如侵犯私人信息或其他形式的违规行为。

1.4.2　物联网安全需求

基于 IoT 的系统可能管理大量的信息，并用于从工业管理到健康监控的各种服务。这使得物联网范式成为众多攻击者以及竞争对手(如黑客、网络罪犯、政府等)感兴趣的目标。潜在的攻击者可能对窃取敏感信息感兴趣，信用卡号码、位置数据、金融账户密码以及相关的信息，都是通过黑客入侵设备获得的。此外，他们可能会试图破坏许多组件，如边缘节点(edge nodes)，从而对第三方实体发起攻击。假设一个情报机构感染了数百万个基于 IoT 的系统，如远程监控系统和智能设备，它可以利用受感染的系统和设备对感兴趣的人进行监视或进行大规模攻击。

一个典型的物联网应用中，需要考虑的安全需求主要分为三类：保密性、完整性和身份验证。

保密性意味着对第三方保密信息的谨慎处理。敏感的传感器数据需要保密，如战略军事信息。保密性是 WSN 应用最需要的特性之一，为了保持物联网数据的完整性，通信接收者必须验证接收到的消息在传输或交付期间没有被修改。

完整性确保传输的数据从未被更改或损坏。完整性检测意外和有意的消息更改，因为即使入侵者无法获得数据，如果受损节点破坏了传输的数据，网络也可能无法正常运行。事实上，如果通信通道不可靠，数据可能在没有入侵者的情况下被改变。

身份验证能够确定消息实际上是来自消息声明的位置，还是声明的内容。传感器节点必须确定与之通信的对等节点的身份，而身份验证可以实现这一点。真实性保证消息是真实的，消息验证码(MAC)是用于验证消息并提供消息完整性和真实性保证的一小段信息。

简单地说，物联网与构成特定多个异构网络的所有组件都存在同样的安全问题。与所有传感器网络、移动通信网络和互联网一样，物联网也存在安全问题。但是，它有自己的安全考虑，如隐私问题、不同的身份验证和访问控制网络配置问题。

1.4.3 物联网架构及安全问题

物联网最大的挑战是确保数据和隐私安全。由于物联网是多个异构网络的集成，节点之间不断变化，难以实现各个节点之间的可靠连接。物联网架构可分为三个层次：感知层、传输层和应用层(表 1-3)。

表 1-3 物联网架构中的安全问题

物联网架构	安全问题
应用层	信息可用性、用户认证、信息隐私、数据完整性、物联网平台稳定性、中间件安全、管理平台
传输层	DOS/DDOS 攻击、伪造/中间攻击、异构网络攻击、WLAN 应用冲突、容量和连接问题等
感知层	中断、截取、修改、制造、RFID 统一编码、RFID 冲突等

在感知层，物联网系统旨在获取、收集和处理来自物理世界的数据，这一层有各种特定的攻击和威胁。例如，所有针对 WSN 的威胁和攻击也是对物联网的安全威胁与攻击的一部分，一旦损坏的传感器节点连接到物联网，整个系统就变得不可靠。

物联网安全架构如图 1-9 所示。感知层安全包括 RFID 安全、WSN 安全、射频识别传感器网络(RFID Sensor Network)安全等。例如，为了解决物联网中数据异构的问题，可以使用 RSN(RFID 与 WSN 的集成)。传输层安全包括接入网安全、核心网安全、局域网安全等。如果我们考虑不同的技术，那么 3G 接入式安全、AdHoc 安全、Wi-Fi 安全也是这些子服务器及其安全域的一部分。应用层安全包括应用支持层和特定的物联网应用，中间件层技术安全与云计算平台安全等是支持层的一部分。

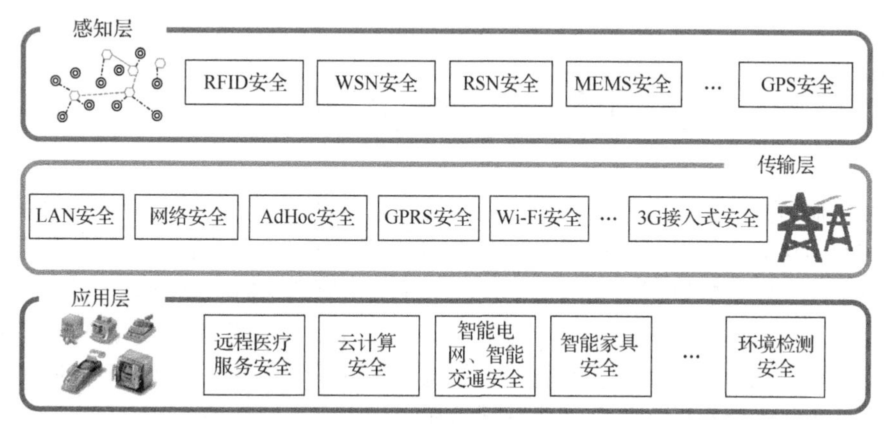

图 1-9　物联网安全架构

1.4.4　新技术驱动安全

互联网之父 Vint Cerf 曾经说过，不安全感会导致用户远离联网的设备。在未来，物联网的触角涉及各类场景，包括汽车、银行取款机、VR 眼镜、机器人和安全监控等，对于生活中使用的各种各样终端可能都会被包含在物联网中。依托于 5G 的低延迟、高并发、大带宽的特性，再结合边缘计算（Edge Computing）和人工智能，物联网将迎来爆发式应用，我们的生活也将迎来翻天覆地的变化，保障数据安全将成为未来物联网发展的重要方向。

1. 边缘计算

在未来，利用 IoT 中存在的大量终端设备，设备产生的各类数据的数量级将十分庞大。因此对于海量数据如何进行存储、处理、分析，对网络带宽来说是一个不小的挑战。边缘计算应运而生，如分布式和低延迟计算、超越终端设备和资源限制、可持续的能源消耗、应对数据爆炸和网络流量压力、智能计算等。

2. 轻量化防护技术

受限于物联网设备较低的计算能力、低存储、高安全需求等的特点，需要从下面三个方面提供相应的技术：轻量级的加密认证技术、安全芯片和操作系统。

3. 软件定义边界（SDP）

设备的可靠性对于用户而言是最为关心的，因此先进行多因素验证（Multi-Factor Authentication，MFA），MFA 对用户而言是绝对透明的。认证通过之后，客户端才能够与访问的服务建立连接，进入用户登录阶段。验证与建立连接不会访问具体的服务，只针对客户端与控制器（Controller）之间的交互，不涉及对具体服务的访问。

SDP 在对抗网络方面存在三种方法：通过透明 MFA 防止用户凭据丢失；通过隔离服务器（Quarantine Server，QS）防止服务器被利用；通过 TLS 双向认证抵抗连接劫持。

SDP 包含以下两部分：①SDP 主机，可以创建连接或者接受连接；②SDP 控制器，主要进行主机认证和策略下发。SDP 主机和 SDP 控制器之间通过一个安全的控制信道进行交互。

1.5 本章小结

在经历了概念兴起驱动、示范应用引领、技术显著进步和产业逐步成熟的发展阶段后，物联网正加快转化为现实科技生产力。当前，物联网已发展成全球新一轮科技革命与产业变革的重要驱动力。随着物联网的发展，信息社会正在从互联网时代向物联网时代发展，物联网将信息网络连接和服务的对象从人扩展到物，实现了“万物互联”。本章从物联网的内涵与起源开始阐述，重点介绍了物联网的体系结构、物联网平台及应用技术。同时我们也要清醒地认识到，事物均存在两面性，物联网技术在给我们带来便利的同时也存在着挑战。物联网技术在给世界带来过去难以想象的便利和快捷的同时，也带来巨大的安全风险。

第 2 章　物联网基础知识

要实现“万物互联”，就必须先收集相关数据信息。数据感知是物联网的根本，是联系物理世界与信息世界的重要纽带。本章将首先探讨物联网传感器和感知层的关键技术。接下来将从物联网的通信需求、现有通信技术、针对 IoT 的 5G 无线增强技术几个方面来阐述，介绍对于物联网来说十分常用且关键的近距离无线传输技术、移动通信技术和物联网通信协议。本章最后将讨论物联网设备的资源管理。物联网设备分为高端物联网设备和低端物联网设备：高端物联网设备有较好的性能，具有较高的处理能力和存储空间；低端物联网设备由于体积小、内存小和电池容量有限，因此数据处理能力有限。如何在有限的条件下使低端物联网设备能够正常运行，有序地管理物联网设备的可用资源操作是本章关注的内容。

2.1　数 据 感 知

2.1.1　物联网传感器分析

物联网终端是连接感知层和网络层，实现数据采集和向网络层发送数据的设备，主要位于物联网网络架构中的感知层。感知层包含传感器等数据收集设备以及数据接入网关之前的传感器网络。物联网终端主要由外围感知接口、中央处理模块和外部通信接口三个部分组成，通过外围感知接口来连接传感设备，包括 RFID 读卡器、红外感应器等，读取传感设备数据，并在中央处理模块进行处理，同时根据网络协议，通过外部通信接口发送到指定位置。

传感器通过测量和处理收集的数据以检测物理事物的变化，在任何应用程序的自动化中都扮演着重要的角色，并且在处理所收集的数据之后，传感器会自动使应用程序或设备智能化。物联网集成了各种类型的传感器、设备和节点，它们能够在无须人工干预的情况下相互通信。在物联网应用中，传感器可以使物理世界非常接近利用雾计算实现的数字世界。图 2-1 展示了传感器的构成。

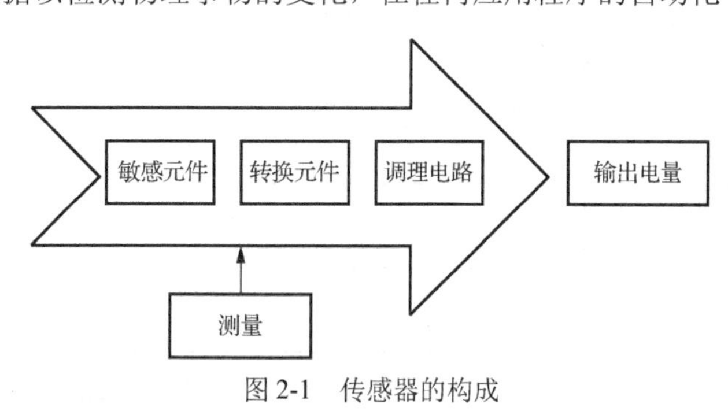

图 2-1　传感器的构成

1. 传感器类型

传感器有许多不同的类型，其分类可以基于规格、转换方法、所用材料的类型、感测物理现象、要测量的属性以及应用领域。不同的物联网传感器如图 2-2 所示，表 2-1 将对物联网中各种类型的传感器进行说明。

图 2-2　不同的物联网传感器

表 2-1　传感器类型及原理

传感器类型	作用原理	应用领域
接近传感器	通过发射电磁辐射(如红外线)并检测返回信号的变化，即可检测附近物体的位置	物体检测、计数项目数、测量旋转量、物体定位、材料检测、测量运动方向、智能汽车等
位置传感器	通过感测人体或物体在特定区域的运动来检测其存在	家庭安全、医疗保健监视、农业监视、机器人控制系统
运动传感器	感测环境中所有动力学和物理运动	家庭安全、智能建筑系统
速度传感器	以已知间隔计算恒定位置测量值和位置值的变化率，线速度传感器检测物体沿直线的速度，而角速度传感器检测设备旋转的速度	智慧城市应用中的智能车辆监控
温度传感器	通过测量热能来检测人体的物理变化、监视周围环境的状况	智能保温和环境温度检测
压力传感器	检测气体或液体的压力强度，并将压力强度转换为输出信号	用于健康监测或用于监控各种工业环境，如水利水电、铁路交通、智能建筑、生产自动控制等
气体传感器	针对可燃性气体、毒性气体成分进行测定，并将其转换成输出信号	工业自动化、矿产资源探测、气象观测和遥测、生鲜保存、防盗、节能
湿度传感器	测量空气湿度，通过获取土地的实时数据来帮助农民提高整体产量和产品质量	预报天气、环境监测、健康监测、智慧农业
水质传感器	测量温度、pH 值、浊度、电导率、水溶解氧监控水质	离子监测、水质检测
红外传感器	发出或检测红外辐射，以感应某些物体的某些特征，还可以测量热量散发	用于家庭自动化以监视和控制家用电器、智慧安全、废物收集系统和智能停车

续表

传感器类型	作用原理	应用领域
陀螺仪传感器	检测旋转并测量角速度	用于 3D 游戏、训练运动员、机器人技术、工业自动化
光学传感器	检测电磁能	适合与能源、健康、环境、工业、航空航天等相关的物联网应用，如光效控制、智能照明系统
化学传感器	测量环境中的化学成分，通过感应化学反应、化学物质做出响应	用于检测环境事件、空气质量、农业状况
心率传感器	利用特定波长的红外线对血液变化的敏感性原理，检查心脏的跳动频次	用于可穿戴设备和智慧医疗器械
图像传感器	将光学数据转换成电脉冲，使联网设备能够观察周围环境，分析提供的数据，采取行动	智能车辆、安全系统、雷达和声呐等军事设备、医疗成像设备、数码摄像机

2. 传感器的应用

传感器用于所有 IoT 应用程序，物联网中单个应用程序可以使用多个传感器。表 2-2 显示了用于特定 IoT 应用程序的传感器类型。

表 2-2　IoT 应用及所用传感器的类型

物联网应用	传感器类型
智慧城市	速度、光、加速度、位置、温度、接近度、湿度、压力、红外线
智能环境	光、温度、湿度、化学、陀螺仪、生物、化学、加速度
智能水	温度、湿度、占用、水质
智能建筑	光、加速度、化学、陀螺仪
智慧医疗	陀螺仪、生物、化学、磁、加速度、压力
智能家居	光、陀螺仪、生物、化学、磁、加速度、温度、接近、位置、红外线
智能交通系统	陀螺仪、压力、化学、磁、加速度、温度、运动、红外线
智能安全	光、陀螺仪、化学、磁、加速度、温度、红外线
智慧农业	温度、湿度、水质、化学、接近、位置
智慧零售	光、陀螺仪、化学、磁、加速度、压力、位置

传感器接入物联网，打开了感知的通道，生活变得更加智能。物联网传感器可以有效地用于健康、水、运输、家用电器、垃圾、农业等，在任何特定的智能应用中，物联网都集成了各种类型的传感器，这些传感器能够进行智能和远程通信。

2.1.2　感知层关键技术

物联网感知层由传感器网络和感知设备两大部分组成，包括 RFID 技术、WSN 传感技术、红外感应、激光扫描、条形码扫描、GPS 等。其中用来收集信息的技术主要有两种：基于 RFID 和基于 WSN 的物联网感知技术。作为感知采集数据的两种方式，它们虽然都以数据为中心，但各有不同点，图 2-3 表示两种感知层数据采集技术。

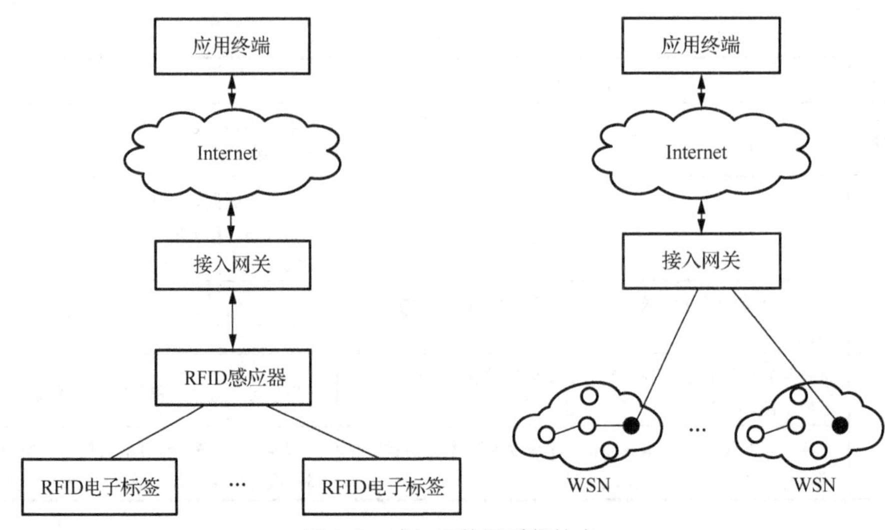

图 2-3　感知层数据采集技术

1. RFID 技术

RFID 技术利用空间电磁感应或者电磁波传播进行通信，是一种对具有唯一编码的目标进行自动识别的非接触式识别技术。物联网包括整个基础设施(硬件、软件和服务)，支持这些积极参与业务和信息流程的对象联网并交换数据，包括它们的身份、物理属性和从环境中感知到的信息。RFID 识别技术允许每个对象都有一个唯一的标识符，可以在一定距离内读取，从而实现对单个对象的自动、实时识别和跟踪。RFID 代表一种新的数据采集方式，它带来了计算、通信和交互性，通过无线、传感器和网络计算使机器了解生物，并进行通信和在必要时采取行动，这创造了一种“实时意识”。2009 年的 Horizon 项目报告称，智能对象是一种可观察的技术，采用的时间跨度为 4～5 年。识别技术，如 RFID 识别每个对象，无线传感器技术使事物提供环境信息，智能技术允许对象“思考和交互”，纳米技术和能量清除技术把更多的处理能力封装到更少的空间。所有这些发展将创造一个物联网，实现世界各地对象之间的智能交互。

国际物品编码协会(Globe Standard 1，GS1)为商品和服务的识别制定全球标准，GS1 的标准鼓励全球范围内的信息共享。企业和组织可以通过在商品或服务的交互过程中添加有用的信息来提高效率。目前，科学家和工程师正致力于在 RFID 标签上嵌入更多的内存，内存的增加将允许编程智能被嵌入标签上。这将把被标记的普通对象转换成智能对象，从而增强智能交互。物联网的信息基础设施，必须满足四个基本需求：自动/智能交互的需求、识别的需求、数据收集的需求和数据交换的需求。

2. WSN 技术

WSN 由大量具有感知、处理和通信功能的微型传感器节点组成，传感器节点被密集部署在待监测区域中，形成大规模自组织网络，实现对温度、电磁等多种数据信息的协作式感知。这些传感器节点将执行重要的信号处理、计算和网络自配置，以实现可伸缩、健壮的网络。更具体地说，传感器节点将进行本地处理以减少通信，从而降低能源成本。由于微传感器和低功耗无线通信的可用性，WSN 的应用领域非常广泛。

一个典型的 WSN 具有以下网络组件。①现场设备：安装在过程中，现场设备必须能够代表其他设备路由数据包。在大多数情况下，它们描述/控制过程和过程设备。②网关或接入点：支持主机应用程序和现场设备之间的通信。③网络管理器：负责网络的配置、安排设备之间的通信、管理路由表以及监控和报告网络的健康状况。④安全管理器：负责密钥的生成、存储和管理。

3. 定位技术

物联网打开了一个重要的维度，称为事物的位置，即位置物联网(Location of Things，LoT)，使事物可以获取地理位置信息。物联网中有数十亿个事物，在大量的异构设备中组织海量数据，位置信息起着重要的作用，目前的物联网应用几乎离不开基于位置的服务需求。LoT 从大型设备获得数据，基于地理信息对数据进行筛选和整合，因此地理位置信息在这里的作用相当于“组织大数据和设备的搜索引擎”。

LoT 主要由以下两部分组成，如图 2-4 所示。

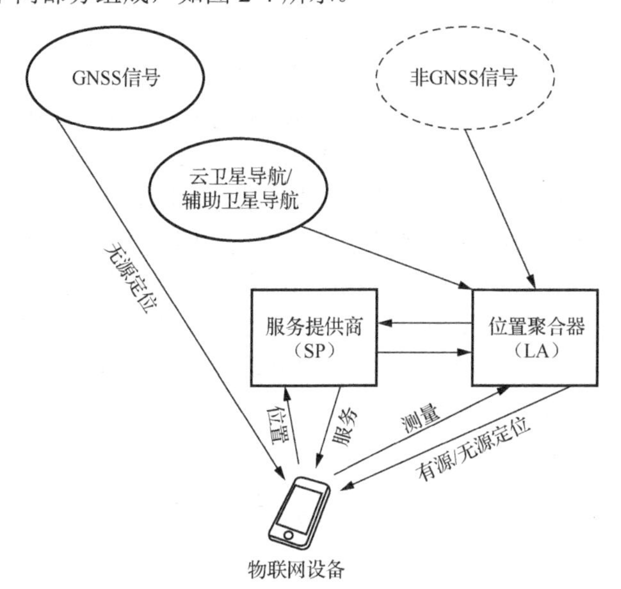

图 2-4　物联网定位的主要参与者方框图

1) 物联网设备

由系统决定或使用其位置的装置。物联网设备可以是智能的，也可以是非智能的。智能物联网设备本身可以有一个定位引擎，可以支持以设备为中心的被动定位，而不向网络发送它们的位置。

2) 网络部分

网络中与定位和位置服务相关的部分。它可以进一步分为聚合器和服务提供商，它们要么并置，要么位于不同的位置。位置聚合器(Location Aggregator，LA)是网络部分，提供位置信息(以网络为中心的方法)或位置数据库(以设备为中心的方法)。服务提供商(Service Provider，SP)是向终端用户/批设备提供位置感知的网络部分。

物联网中的定位技术主要分为三类，分别受到不同的安全和隐私威胁。

(1) 全球导航卫星系统(Global Navigation Satellite System，GNSS)定位。从终端用户的角度来看，这是隐私保护问题的最优解决方案之一，因为定位是直接在物联网设备中完成的，不需要网络或第三方。它只适用于包含 GNSS 接收器的智能物联网设备，需要良好的信号传播条件，如室外条件。

(2) 辅助全球导航卫星系统(辅助 GNSS)定位和云全球导航卫星系统(云 GNSS)定位。辅助 GNSS 通过无线网络传输辅助数据，如 GNSS 卫星的轨道参数等，通常通过蜂窝数据信道。该辅助GNSS显著提高了系统的启动性能，即GNSS接收机的首次定位时间(Time to First Fix，TTFF)。云 GNSS 接收机利用云计算平台运行计算要求高的应用，如室内定位或需要在不同地理位置上收集和处理 GNSS 信号的科学应用。

(3) 非全球导航卫星系统(非 GNSS)定位。这是一个没有 GNSS 的广泛的定位系统，包括蜂窝信号、超宽带(UWB)和无线局域网(Wireless Local Area Networks，WLAN)。

RFID 技术的一个重要应用是目标的定位与跟踪。它通过射频信号实现数据传输和目标识别，具有体积小、抗干扰、速度快、成本低等优点，是室内定位、目标跟踪领域的研究热点。WSN 技术通过无线网络和传感器节点也可以实现目标的定位与跟踪，具有体积小、功耗低、成本低、自组织等优点。但是，RFID 和 WSN 在定位领域均存在一定的局限性。RFID 通信能力不足，感应距离有限，使用接收信号强度指示(RSSI)定位时，采用被动式标签会限制感应距离，采用主动式标签会提高成本。WSN 缺乏对目标的快速标识与记录能力，在大规模分布式网络中，环境感知和无线通信会耗费大量的网络资源。如今，RFID 能实现对目标物体进行身份标识，WSN 一般不关心节点的位置，不会采用全局标识，将它们融合应用可以弥补对方的技术缺陷、增强系统的灵活性和智能性。RFID 和 WSN 集成是一项新兴技术，它利用了这两个系统的优势使其可靠和高效。从物联网的发展趋势看，RFID 会与 WSN 融合成为物联网感知层的一个信息采集整体。

2.2 通信协议

2.2.1 IoT 的通信需求

1. 应用场景出发

针对不同应用场景的物联网，由于应用程序不同，数据速率、延时等参数也有差异，难以给出统一的解决方案。本节从应用场景出发，深入探讨通信需求。

1) 智能家居(Smart Home)

系统设计遵循实用便利、高可靠性、标准化与方便性、轻巧性等原则。内部环境，也就是所有与 Internet 连接的智能设备和家用电器等，需要与外部环境定期通信。这里的外部环境是指不受智能家居控制的实体，如智能电网实体。基于 IEEE 802.15.4 的 ZigBee 是智能家居广泛使用的一种低功耗局域网协议。ZigBee 协议从上至下分别为物理层、媒体访问控制层、传输层、网络层、应用层，其中物理层和媒体访问控制层遵循 IEEE 802.15.4 标准的规定。物理层主要用于自动控制和远程控制领域，并且可以嵌入各种不同的设备。另外，也有少数的智能家居使用如 Z-Wave 之类的专有解决方案。

2) 智能运输系统(Intelligent Transportation/Traffic Systems，ITS)

智能运输系统确保交替网络得到有效的监控和控制并加强了车辆、道路、使用者三者之间的联系，利用车辆子系统、ITS 监控单元、站子系统和安全子系统等网络组件，来确保运输网络的系统可靠性、可用性、效率和安全性。随着自动驾驶技术的不断发展，对 ITS 的性能要求逐渐提高，未来将实现高质量的车对车通信以应对未来的物联网发展。

3) 智慧城市(Smart City)

通过技术互相连接以满足居民需求，如智能电网、环境监测、废物管理、交通协调等。智慧城市的基本服务需在极广的覆盖范围下，实现基本设备低功耗运行。由此看来，智慧城市与智能家居有极大的相似之处，故通常情况下可以将智慧城市的通信要求视为与智能家居相似。在智慧城市中广泛使用可以提供远距离服务的 LoRa 技术。

4) 工业物联网(Industrial Internet of Things，IIoT)

与智能家居和智慧城市不同，工业物联网对数据可靠性的要求更高，特别是在工业过程的监视和控制中。在工业环境中，无线通信的数据具有严格的时间限制与低延迟、低抖动的特点，因此，数据通常具有确定性，基于这一特性，工业物联网适用于运动控制之类的应用；而对于振动检测和温度感测之类的监视工作，可以接受第二级的延迟；但对于闭环控制，则需要毫秒级的延迟。因此，工业无线网络中的媒体访问控制层通常利用时分多址，以使传感器节点的媒体访问具有确定性。基于 IEEE 802.15.4 的 ISA100.11a 和 Wireless HART 标准专用于工业应用，并且可以连接到 IP 网络。

5) 智慧医疗(Smart Healthcare)

利用先进的物联网技术实现患者与医务人员、医疗机构之间的良性互动，逐步达到就医信息化，推动医疗事业的发展。可穿戴设备将先进的传感器、RFID、GPS 等设备连接到患者身上，按约定协议接入互联网，从而收集患者的医疗数据和体征数据，并根据这些数据做出对应的疾病诊断，这不仅减少了医护人员的工作量，并且简化了患者数据的收集过程。

不同的物联网应用程序特性不同，通信协议需要兼顾业务场景需求，表 2-3 给出了物联网应用的典型特征。

表 2-3　物联网应用的典型特征

应用	应用领域	可容忍延迟	更新间隔	数据速率
结构健康监控	智慧城市	30 分钟	10 分钟	低
废弃物管理	智慧城市	30 分钟	1 小时	低
视频监控	智慧城市	数秒	实时	高
空气质量监测	智能家居	5 分钟	30 分钟	低
监控与监测	工业物联网	数秒或数毫秒	数秒	低
闭环控制	工业物联网	数毫秒	数毫秒	低
连锁控制	工业物联网	数毫秒	数毫秒	低
病患医疗保健监控	智慧医疗	低(数秒)	每小时/天	高
实时应急响应与远程诊断	智慧医疗	低(数秒)	要求 AdHoc 应急通信	高
供应链实时管理	智能交通系统	低(数秒)	每小时/天	高

2. 物联网设计要求

在物联网快速发展的同时，必须考虑在大规模部署各种应用程序与设备时的关键要求，如设备成本低、部署成本低、电池寿命长、扩展范围大、安全性与隐私性高、可支持大量设备等因素，如图2-5所示。

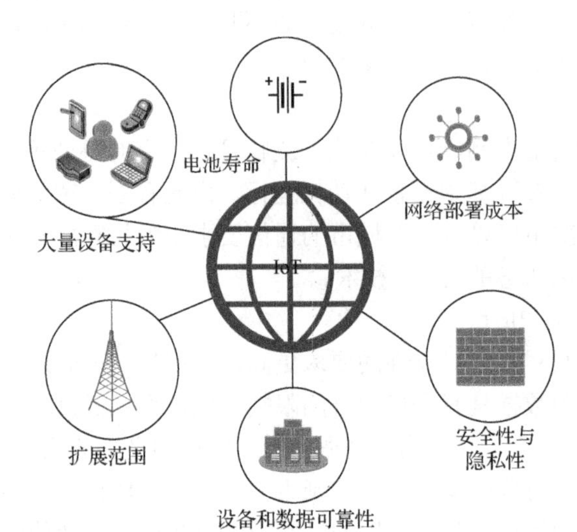

图2-5 物联网主要设计需求

1)设备成本低

降低设备复杂性，一方面能够降低用户用于物联网连接方面的投入资金，这无疑将推动物联网的大规模发展与应用，另一方面能够降低设备成本，物联网连接更简单，这使得相关设备可以应用在不同的应用程序中，能够推进物联网的大规模部署。应用蜂窝LPWA解决方案，就是考虑到以最低的设备生产总成本，以实现物联网的大规模应用与应用程序的大规模发展。

2)部署成本低

实际设计大规模应用时，应力求以最低成本实现整个网络的连接，物联网部署成本主要包括资本支出和年度运营支出，所以主要考虑降低这两部分成本。通过在现有网络上使用软件升级来部署LPWA IoT，可以减少新硬件和站点规划的费用，将资本支出和年度运营支出保持在最低水平，从而实现物联网应用的低部署成本要求。

3)电池寿命长

大多数物联网设备都是电池供电的，且需要在长时间无人工干预的情况下正常工作，这就必须考虑能源效率与电池寿命问题，这是保证物联网良好运作最重要的因素。例如，智慧医疗系统在将某些患者的检查数据发送给主治医生时，如果需要更换电池，一旦时间过长，就会由于数据无法及时传输而耽误患者病情。若是多次更换电池，造成的事故就会更多。同样在智能家居中火灾报警系统、智慧城市中交通事故播报系统等都对数据的及时性与准确性有很高的要求，而增长电池寿命可以有效解决这些问题。物联网设备中消耗的大部分能量都来自通信过程，在软件与硬件的设计、测试、应用等方面都必须优先考虑能源效率问题。目前，存在几种支持不同占空比的媒体访问控制协议，能够允许无线电在不希望接收数据时进入低功率模式，从而延长电池寿命。另外，在能源管理方面可以采取轻量协议和调度优化等技术来维护物联网的低功耗运行，如能量收集技术使设备能够从不同来源收集能量，且允许连接当前尚未部署的新智能设备或程序。

4)扩展范围大

实际应用中，当需要在物联网覆盖率极低的地方(类似地下室、电梯内、储藏室等)安装智能灯、智能电表、智能摄像头时，需要对物联网的应用范围进行扩展。在这些情况下，扩展覆盖范围就成了大规模物联网连接的主要设计要求，要求通过设计与实践提供更广更深的物联网覆盖与更高效的物联网应用程序，进而支持物联网的大规模部署。目前，物联网链路预算中的一些技术能够提高覆盖范围，其目标是将设备与基站之间的现有最大耦合损耗(Maximum Coupling Loss)增加至 164dB。

5)安全性与隐私性高

在物联网逐渐大规模化的同时，必须严格保障物联网的安全性与隐私性，保护用户的个人信息、住宅位置、个人行踪等隐私，确保用户免受危害，减少用户对隐私泄露的顾虑。但这种安全与隐私不是绝对的，一旦用户构成违法犯罪等行为，当局在相关部门允许下，可以及时对相关用户进行溯源，追踪该用户的行踪等信息。保障安全性与隐私性的另一个重要意义就是保障物联网的安全运作，防止一些用户因物联网位置信息泄露产生的恶意破坏。目前，在有效部署物联网用例时，应支持前向和后向的安全性。

6)可支持大量设备

与传统的移动宽带连接相比，IoT 连接设备数量的增加速率更快，预计到 2025 年，在蜂窝物联网(Cellular Internet of Things ，CIoT)技术的支持下，已连接的异构智能设备的数量将达到 70 亿台，这表明某些蜂窝基站将具有更多密集连接的设备。因此，物联网连接将利用 LPWA 解决方案处理这些连接设备，以加快大规模物联网的发展。

2.2.2　现有通信技术

尽管针对物联网通信还没有统一的解决方案，但是已经提出了多种不同的通信技术，这些通信技术在全世界的许多设备中进行了部署，且正在良好的运行中。这些技术主要包括 LoRa、SigFox、Ingenu RPMA 等，当前对未来互联网的新需求能够促使蜂窝网络引入新的解决方案，如 LTE Cat- M1(也称为 eMTC)、EC-GSM-IoT 和 NB-IoT(也称为 LTE Cat-NB1)，这些解决方案将支持并增强未来的物联网用例。本节将物联网分为远程网络、短程网络与蜂窝网络，并基于这个分类介绍当前物联网技术的主要特征与相关的物联网通信技术。

1. 远程网络

LPWAN 技术因其广域覆盖、高能效、通道带宽、数据速率和低功耗等优势广泛应用于物联网中，能够为物联网应用提供低功耗和远程网络连接的解决方案，它代表了在没有传统 Wi-Fi 或蜂窝网络的情况下将传感器和控制器连接到 Internet 所使用的各种技术。以下将介绍一些流行且支持 MTC 标准的 LPWAN 通信技术。

1)LoRa

LoRa 全称 Long Rang(远距离)，是一种基于扩频技术的超远距离无线传输方案，这一方案改变了以往关于传输距离与功耗的折中考虑，为用户提供一种简单的远距离、长电池寿命、大容量的系统，进而扩展传感网。目前，LoRa 主要在全球免费频段运行，包括 433MHz、868MHz、915MHz 等。

LoRa 是一种低成本、低功耗、远距离、低速率的无线标准。采用 AlohaLoRa 方法进行通信，只在节点有数据要发送的时候采取网络同步数据，大大降低了功耗。LoRa 可以实现远距离传输，城镇可达 2～5km，郊区可达 15km。LoRa 的最高速率约 37.5Kbit/s，对应的传输距离只有几十米，要支持更远的距离，速率就会更低，通常只有 0.3～11Kbit/s，但足以满足大多数物联网应用的需求。

LoRa 的组网结构有点对点式、星形拓扑和 Mesh 结构三种。LoRa 网络主要基于星际网络拓扑，其中每个节点(即终端设备)都具有到 LoRa 网关的直接单跳连接。LoRa 体系结构由节点(终端设备)、服务器、网关和远程终端组成，如图 2-6 所示。LoRa 无线技术基于 LoRaWAN，LoRaWAN 是一种基于 ALOHA 的媒体访问控制层协议，适用于广域网，其网络结构为星型拓扑结构。在此星型拓扑结构中，LoRa 网关作为中继采用透明传输机制，用于连接终端设备和后端中央服务器，网关与服务器之间通过标准 IP 连接，所有的节点与网关间均是双向通信。

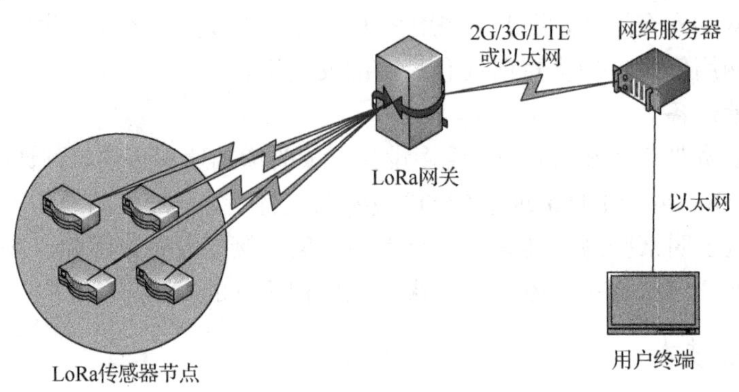

图 2-6　LoRa 网络结构

LoRa 的独特调制方案使用专有的 Chirp 扩频(CSS)，其带宽分别为 7.8 kHz、10.4kHz、15.6kHz、31.2kHz、41.7kHz、62.5kHz、125kHz、250kHz 和 500kHz，为了减轻干扰的影响，LoRa 使用跳频扩频(Frequency Hopping Spread Spectrum，FHSS)来访问可用信道，使用 LoRa 技术能够以低发射功率获得更广的传输范围和距离。因此，LoRa 适合物联网应用。

2) SigFox

SigFox(低功耗广域网技术)基于超窄带(UNB)技术，提供完整的端到端连接解决方案，其传输功耗水平非常低，但仍然能维持一个稳定的数据连接。目前，通过使用专有基站来部署，该专有基站配置了认知软件定义的无线电，利用基于 IP 网络基础结构将它们连接到后端服务器，如图 2-7 所示。SigFox 终端设备通过使用唯一的网络连接到 100Hz Sub-GHz 工业网络基站，采用二进制相移键控(BIT/SK)的调制方案。

SigFox 低功耗无线链路使用免授权的 ISM 射频频段，根据不同国家的规定，频率的选择有所不同，如欧洲使用最为普遍的是 868MHz 的频段，而在美国常用 915MHz 频段。在平均距离的计算下，SigFox 网络的单元密度也有所不同，如农村偏远地区 30～50km，而城市中的房屋建设等障碍物和噪声的影响下，距离有所下降，在 3～10km 的范围内。SigFox 网络拓扑具有可扩展性、容量高、超低能耗的特点，同时其星型单元的基础设施存在简单、容易部署的特点。

SigFox 可在公共频段的 200kHz 频段上进行无线电信息交换，每条消息的宽度为 100Hz，根据区域的不同，每秒传输 100 位或 600 位的数据，因此，在对抗噪声的同时，可以实现长距离通信。SigFox 定制了一个轻量级协议来处理小的数据消息，上行消息具有高达 12 字节的有效荷载，平均需要 2s 到达基站，对于 12 字节的数据库有效荷载，SigFox 帧总共将使用 26 字节，下行消息中的有效负载容量为 8 字节。SigFox 网络的调制方案使用用于下行链路调制的高斯频移键控(Gauss Frequency Shift Keying，GFSK)调制和用于上行链路的 DBIT/SK。但是超窄带信号易受到任何超过比特持续时间(即 10ms)的突发性攻击，从而导致 SigFox 网络中的设备多次重传帧。

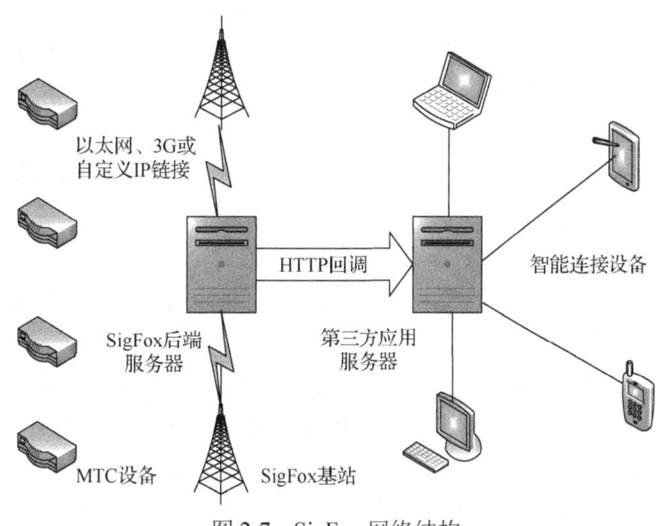

图 2-7　SigFox 网络结构

目前，SigFox 推出首个全球性的物联网网络，能够监听数十亿对象广播数据，并且不需要建立维护网络连接。这种方式在无线连接的网络中是没有信令开销的，SigFox 提供了一种基于软件的通信解决方案，所有的工作和计算的复杂性都是在云端而非设备上进行的，从而大大降低了能源消耗和连接设备的成本。

3) Ingenu-RPMA

RPMA 全称为 Random Phase Multiple Access，即随机相位多址接入。Ingenu 在全球范围内建立了基于 RPMA 技术的网络，和同类产品相比，RPMA 主要有五大优势：①基于 RPMA 基站的网络覆盖面非常广，实践证明覆盖整个美国和欧洲大陆分别只需要 619 个基站和 1866 个基站，而对应采用 LoRa 技术则分别需要 10830 个基站和 43319 个基站，采用 SigFox 技术则分别需要 6840 个基站和 24837 个基站，基站数目越少，物联网的建设、运营成本都将大大减少，因此长远来看经济效益也会越好；②系统容量大，如果在物联网中的终端设备平均每小时只能传输 100 字节的数据，那么使用 RPMA 技术接入的设备数可达 249232 个，但采用 LoRa 技术和 SigFox 技术则分别只能接入 2673 个设备和 9706 个设备；③降低设备能耗，达到延长电池寿命的目的，为了减少重传次数，RPMA 技术从功率控制和信息传输两方面出发达到此目的，采取数据传输间隔进入深度睡眠的方式来尽可能地降低功耗，从而增加电池使用寿命；④采用统一频段的频率、无缝漫游，RPMA 设备为方便全球漫游，采用全球免费的频段——2.4GHz 频段；⑤采用双向通信方式，可以通过广播的方式对终端设备进行控制或升级，对于下行链路通信，信号被基站连续地扩展到单独连接的终端设备，并使用 CDMA 广播此类信号，SigFox 采用的是单向传输，LoRa 采用的是半双工的通信方式。

4) DASH7

DASH7是基于ISO18000-7的RFID标准的开源WSN通信协议，运行在433MHz、868MHz和915MHz ISM频段/SRD频段射频传输，具有低功耗、通信距离远的特点。DASH7被定义为低功耗、中距离、异步通信网络协议，是一个开放的WSN标准，采用BLAST网络技术，支持突发性的数据流传输，如视频和音频相关的应用。DASH7 处理比较小而且突发的请求命令——响应方式的设备之间传输的数据包，不需要定期的网络“握手”或者设备同步，最大的数据包为256字节，在传输过程中可能会出现多个连续的数据包，但是通常会尽量避免这种情况出现。DASH7 有效距离为几百米，可以在移动过程中使用，实现自组网应用，应用DASH7技术的物联网覆盖范围可以达到2km。

5) Weightless

Weightless由Weightless特别兴趣小组(Weightless Special Interest Group，Weightless-SIG)引入，是一种低功耗广域网的无线连接技术，具有低功耗、低速率、通信距离远等特点。Weightless 可以工作在 Sub-1GHz 免授权频段，也可以工作在授权频段，开放的标准是Weightless SIG的一个重要特点，开放意味着更多公司或组织可以参与其中，而供应商越多，技术成本越低，因而可以持续发展。Weightless 具有三个开放的 LPWA 标准，分别是Weightless-N、Weightless-W和Weightless-P。图2-8是Weightless网络的基本架构。

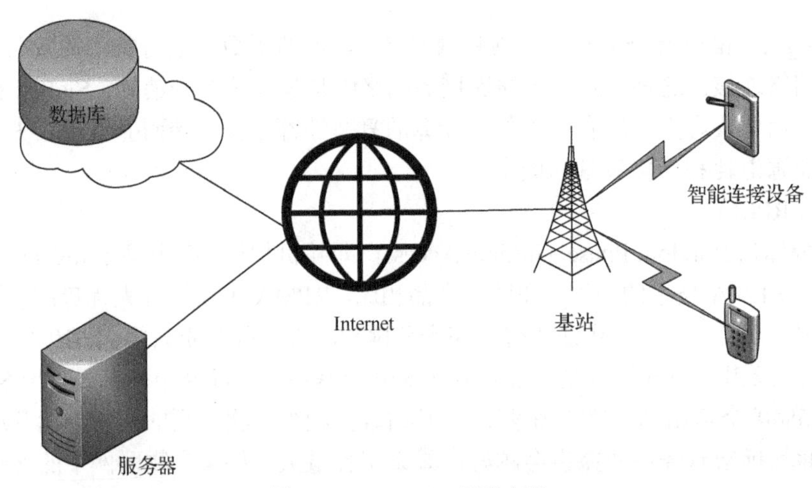

图2-8 Weightless网络架构

① Weightless-N是一个UNB标准，仅支持DBIT/SK调制方案的单向通信，即从终端设备到基站；②Weightless-W支持不同的调制方案，如DBIT/SK和16-QAM，其数据速率高达10Mbit/s，这取决于链路预算，为改善能量消耗，使终端设备能够以较低的功率在窄带中发送给基站；③Weightless-P 使用 12.5kHz 的信道，提供了灵活的信道分配，在大规模部署中通过频率进一步提升了网络性能，自适应数据速率从200bit/s到100Kbit/s，允许优化无线电资源使用以达到最大的性能，工作在整个免授权的sub-GHz ISM/SRM频段范围，便于全球部署，使用GMSK和Offset-QPSK调制。

2. 短程网络

以下将介绍一些传统的短距离无线网络技术，这些技术是可行的，但可能无法支持如工业物联网等技术能力要求超过其能力范围的应用程序。

1) 蓝牙

蓝牙(Bluetooth)是根据 IEEE 802.15.1 无线个人区域通信标准设计的，可用于在 2.4GHz ISM 频段中工作的设备之间的短距离自组织通信，由蓝牙技术联盟(Bluetooth Special Interest Group)管理。蓝牙能在设备之间实现方便快捷、灵活安全、低功耗、低成本的数据通信，推动着低速率无线个人区域网络的发展。蓝牙技术的优势如下：①适用设备多，无须电缆，通过无线使设备终端与网络进行连接；②工作频段全球通用，解决了蜂窝式移动网络的国界限制，使用方便、连接迅速，可以在设备或软件控制下自动传输数据；③安全性和抗干扰能力强，具有调频功能，能够有效避免 ISM 频带遇到的干扰；④传输距离较短，目前工作范围主要在 50m 左右，经过增加射频功率后可以扩展到 100m。但是目前蓝牙技术也存在一些问题，如功耗问题，传输数据效率低，虽然在传输数据时耗能较少，但是为了及时响应连接请求则耗能过多。因此，引入蓝牙低功耗(Bluetooth Low Energy，BLE)(也称为蓝牙 4.0)以改善能耗，该标准的调制方案是 GFSK 调制。另外，为了使其遇到干扰和多径衰落时更加健壮，蓝牙使用 FHSS 方案，使信号在预定的信道模式上切换载波。Bluetooth Smart Mesh 工作组定义和标准化了 BLE 网状网络的新架构，这将扩大通信覆盖范围并支持物联网的 BLE 部署。BLE 被设想为物联网应用中短距离通信的连接解决方案。

2) IEEE 802.15.4 和 ZigBee

IEEE 802.15.4 标准当前是低速率无线个人区域网(Low-Rate Wireless Personal Area Network，LR-WPAN)的标准，使用三种频段：868MHz、915MHz 和 2.4GHz，支持的最大数据速率为 250Kbit/s。ZigBee 使用 IEEE 802.15.4 定义的物理层(PHY)和数据链路层(DLL)，并在其上添加网络层。

ZigBee 技术是一种短距离、低功耗、低复杂度、自组织、低数据速率的无线通信技术。在低速率方面，2.4GHz 频段的链路上的数据速率仅 250Kbit/s，如果将信道竞争应答和重传等消耗去除掉，真正能利用的速率可能达不到 100Kbit/s，且余下的速率可能会用于邻近的多个节点和同一节点的多个应用中。在可靠性方面，物理层采用扩频技术能够在一定程度上抵抗干扰，MAC 应用层的 CSMA 机制节点能有效避开干扰，如果 ZigBee 网络因为干扰无法正常工作，能够将整个网络动态地切换到另一个工作信道上。在低能耗方面，节点在非通信状态下可进入休眠，休眠状态下的能耗损失仅有正常工作状态下的千分之一，通常休眠时间在总运行时间中占很大比例，从而达到良好的节能效果。在组网方面，ZigBee 具有大规模的组网能力，每个网络有 65000 个节点，而每个蓝牙网络只有 8 个节点，在路由方面，ZigBee 支持可靠性高的网状网(Mesh Network)路由，可以布置分布广泛的网络，同时支持对多播和广播特性。

ZigBee 和 LoRa 间的主要区别在于通信范围和拓扑选项，后者支持星形、网格和群集树拓扑，图 2-9 显示了 ZigBee 网络的不同拓扑：星形拓扑、树形拓扑和 Mesh 拓扑。

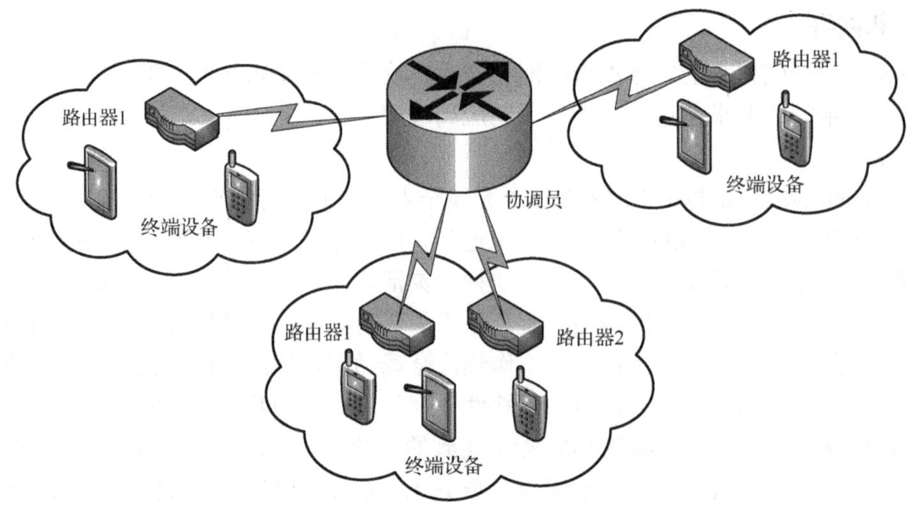

图 2-9 ZigBee 网络的不同拓扑结构

3) Wi-Fi

Wi-Fi 的早期版本是由 IEEE 提出并用于局域网无线通信的，其发布时并未考虑物联网连接的应用，这项技术是专为位于计算机内部的设备之间的高带宽通信而设计的。

考虑到针对 MTC 用例的低功耗广域无线技术分析的各种属性，在权衡取舍的情况下，每种技术只能优化某些参数，如功耗、电池寿命、数据速率、工作频段、信号带宽、扩展范围等。表 2-4 总结了一些可用于物联网应用程序的无线网络技术。

表 2-4 当前无线物联网技术概要

技术	工作频段	扩展范围	最大数据速度	信号带宽
LoRa	868MHz、915MHz	15km	50Kbit/s	7.8、10.4、15.6、31.2、41.7、62.5、125、250、500kHz
SigFox	欧洲 863～870MHz 北美 902～928MHz	农村偏远地区 30～50km 城市地区 3～10km	100bit/s	100Hz
ZigBee	868 MHz、915 MHz、2.4GHz	Typical less than 1 km	250Kbit/s	2MHz
DASH7	433MHz、868MHz、915MHz	0～2km	167Kbit/s	1.75MHz 以上
Wi-Fi	2.4GHz、5GHz	100m	54Mbit/s	22MHz
Ingenu-RPMA	2.4GHz	15km	20Kbit/s	1MHz
Weightless	基于 sub-GHz 的多频段	5km	100Kbit/s	200Hz～12.5kHz
Bluetooth	2.4GHz	1～100m	2Mbit/s	2MHz

3. GPP 的 IoT 移动解决方案

蜂窝技术，尤其是第三代合作伙伴计划长期演进(The 3rd Generation Partnership Project Long Term Evolution，3GPP LTE)网络是当前最有前途的技术之一，被认为是实现现代物联网应用的主要的连接解决方案。当前的物联网应用程序具有不同的连通性解决方案，需要各行业协调以达到物联网技术关键性指标(Key Performance Indicator，KPI)的要求。3GPP 在其 Release-13 标准化中引入的关键功能将支持并增强大规模智能互联设备和服务的部署，引入的技术包括 EC-GSM-IoT 和 eMTC，这些技术有望增强现有蜂窝技术(如 GSM、LTE 网络和

NB-IoT)的有效通信能力。引入这些技术是为了实现物联网覆盖范围的扩展、降低用户设备(User Equipment，UE)的复杂性、延长电池的寿命以及实现与现有蜂窝网络的向后兼容性。另外，新标准也是为了能够最大限度地利用传统蜂窝网络的基础架构与基础设施，支持并增强物联网应用程序的大规模连接。

1)eMTC

增强机器类通信(enhanced Machine-Type Communications，eMTC)，也称LTE Cat-M1或Cat-M，是3GPP Release13标准化中引入的蜂窝LPWA(Low Power Wide Area，低功率广域网络)技术。该技术旨在最大限度地降低调制解调器的复杂性和成本，降低设备功耗以及扩展现有调制解调器的覆盖范围。eMTC是基于LTE演进的物联网技术，支持IoT中的设备通信。

UE在可用的1.08MHz到1.4MHz的有限带宽内运行，仅使用八个可用的180kHz LTE物理资源块(PRB)中的六个PRB，它们共存于更广泛地通用传统LTE系统中，为了减轻干扰水平，剩下的两个PRB被用作保护带。通过支持射频和基带的1.08MHz频段(窄带信道)，与Cat-0设备相比，eMTC设备的复杂性、成本和功耗进一步降低。eMTC设备有望在大规模物联网的上行链路和下行链路操作中实现高达1Mbit/s的最大吞吐量。对于通用控制消息，最大传输块大小(TBS)从Cat-0设备的2216位进一步减小到1000位，相当于单播数据流量，从而允许在eMTC设备上进一步处理，比Cat-0设备更节省存储空间。

eMTC设备支持23dBm或20dBm的功率等级，而MTC Cat-0设备支持23dBm的最大发射功率，因此eMTC设备可以使用最大发射功率为20dBm的集成功率放大器(PA)，而不是23dBm的专用功率放大器，降低了设备成本。eMTC技术可以部署在常规LTE网络中，运行频率最高可达20MHz，并且可以与其他可用LTE网络服务共存。由于eMTC设备的带宽小，eMTC要求使用一组新的逻辑控制信道MTC物理下行控制信道(MPDCCH)来替换现有的逻辑控制信道，如物理下行控制信道(PDCCH)、物理控制格式指示符通道(PCFICH)和物理混合自动重传请求(ARC)指示符通道(PHICH)，它们不再适用于eMTC技术新的窄带宽。随着eMTC网络的部署，可以配置一系列多个窄带区域，即可能在LTE载波中为窄带物理下行链路共享信道(PDSCH)和 MPDCCH配置六个PRB，以进行数据调度。此外，eMTC的链路预算增加了15dB，MCL为155.7dB，超过了传统LTE基准的140.7dB，确保为物联网设备扩展覆盖范围，因此可以实现物联网部署在偏远地区。

eMTC进行了标准化，确保在大规模物联网部署和覆盖范围内，通过有效利用5W•h的电池系统，可以支持约10年的电池寿命。该技术使用节电管理(PSM)和扩展的不连续接收(eDRX)作为其节电机制，从而为eMTC设备实现了较长的电池寿命。

2)NB-IoT

窄带物联网(Narrowband-Internet of Things，NB-IoT)，也称LTE Cat-NB1，是3GPP Release-13规范中引入的一种新的蜂窝低功耗广域技术，是对LTE Cat-M1的发展。该技术旨在确保支持超低端物联网应用，包括远程传感器、智能建筑和智能电表等。

为了降低NB-IoT技术的设备复杂性和成本，其传输方案如下。

下行传输方案：NB-IoT的下行链路传输方案基于正交频分多址(OFDMA)，具有与LTE相同的15kHz子载波间隔。时隙、子帧和帧持续时间与LTE中的相同，分别为0.5ms、1ms和10ms。本质上，NB-IoT载波在频域中使用一个LTE PRB(即12个15kHz子载波)，总共使用 180kHz。重用与 LTE 相同的 OFDMA 数字，可确保与 LTE 在下行链路中的良好共存性能。例如，当将 NB-IoT 部署在 LTE 运营商内部时，NB-IoT PRB 与所有其他 LTE PRB 之间的正交性保留在下行链路中。

上行传输方案：NB-IoT 的上行链路支持多音和单音传输。多音传输基于单载波频分多址(SC-FDMA)，使用与 LTE 相同的 15kHz 子载波间隔和 0.5ms 时隙。单音传输支持两种频率：15kHz 和 3.75kHz，3.75kHz 单音调命令使用 2ms 的时隙持续时间。15kHz 数字与 LTE 相同，因此在上行链路中与 LTE 实现了最佳的共存性能。与下行链路一样，上行链路 NB-IoT 载波使用的系统总带宽(最小系统带宽)为 180kHz。

NB-IoT 旨在与传统 GSM、GPRS 和 LTE 技术实现最佳共存性能。此外，提供部署灵活性，最小系统带宽的选择启用了许多部署选项，允许运营商使用其现有频谱的一小部分来引入 NB-IoT，简化 IoT 的大规模部署。GSM 运营商可以用 NB-IoT 代替一个 GSM 载波(200kHz)。LTE 运营商可以通过为 NB-IoT 分配一个 PRB(Physical Resource Block)的频宽，在 LTE 运营商内部部署 NB-IoT。NB-IoT 的空中接口已经过优化，确保与 LTE 和谐共存，因此，在 LTE 运营商内部进行 NB-IoT 的这种“带内”部署不会损害 LTE 的性能。NB-IoT 可通过以下方式将 Massive IoT 灵活部署到网络提供商：频带内，集成为常规用于 eNB 通信资源的一部分；保护频段内，它使用最后使用的 PRB 和信道化边缘之间未使用的 180kHz 频带；独立系统，该系统基于服务运营商正在运行的旧版 GSM/GPRS 的重新分配的信道(即重新使用 GSM 载波频率)。图 2-10 显示了考虑带内、保护带和独立部署选项时 NB-IoT 系统的灵活部署模式。

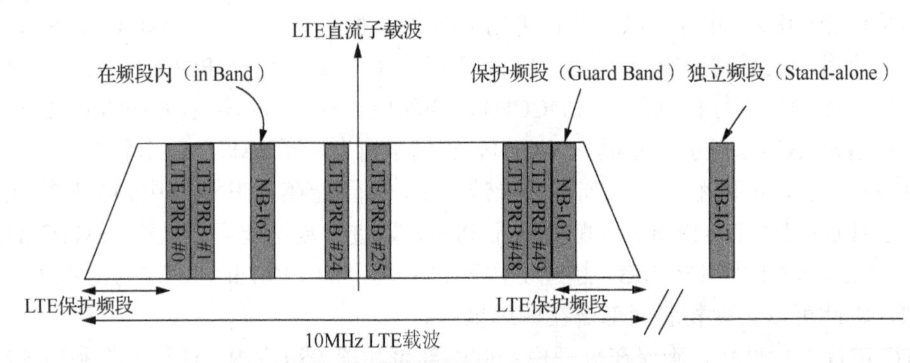

图 2-10 NB-IoT 系统的灵活部署模式

NB-IoT 重用现有的 LTE 设计结构，包括数学、上行链路 SC-FDMA、下行链路 OFDMA、速率匹配、信道编码和交织等。这大大减少了开发完整规格所需的时间，此外，现有 LTE 设备和软件供应商将大大减少开发 NB-IoT 产品所需的时间。3GPP NB-IoT 工作项目的规范阶段于 2015 年 9 月开始，核心规范于 2016 年 6 月完成，研究预计 IoT 流量在 2015～2023 年的复合年增长率将达到 23%，可以预见，NB-IoT 的引入具有适应和支持这种增长的最佳能力。NB-IoT 支持的一些关键性能指标包括覆盖范围、数据速率、容量、延迟、设备复杂性和电池寿命等。表 2-5 给出了新引入的 LTE IoT UE 类别之间演变的高级复杂性差异的详细摘要。

NB-IoT 是建立 5G 新无线电网络的先驱技术，旨在为 IoT 提供新的用例，NB-IoT 正式纳入 5G 标准后，其网络运营周期将超过十年，保障了 IoT 端的长周期连接。

表 2-5　LTE IoT UE 的复杂性差异

设备种类	LTE-Cat-1	EC-GSM-IoT	LTE Cat-M1（eMTC）	LTE Cat-NB1（NB-IoT）
3GPP 版本	8	13	13	13
峰值数据速率	DL：10Mbit/s UL：5Mbit/s	DL 和 UL：74Kbit/s（GMSK），240Kbit/s（8PSK）	DL：1 Mbit/s UL：1Mbit/s	DL：170Kbit/s UL：250Kbit/s
双工模式	支持全双工 FDD / TDD	仅支持半双工 FDD	支持全双工 FDD/TDD	仅支持半双工 FDD
带宽	20MHz	0.2MHz	1.08MHz（1.4MHz 载波带宽）	180kHz（200kHz 载波带宽）
MCL	140.7dB	支持 164dB（33dBm）、154dB（23dBm）	155.7dB	164dB
接收天线	支持双接收	支持单接收	支持单接收	支持单接收
覆盖范围支持	与 Cat-M1 和 NB-IoT 互补	20dB	15dB 以上	15dB 以上
电池寿命	少于 10 年	在 10 年内提供支持	在 10 年内提供支持	在 10 年内提供支持
最大发射功率	23dBm	33dBm 或 23dBm	20dBm 或 23dBm	20dBm 或 23dBm
PSM	PSM	PSM, ext. I-DRX	PSM, ext. I-DRX, C-DRX	PSM, ext. I-DRX, C-DRX
安全性	支持 3GPP（128～256bit）	支持 3GPP（128～256bit）	支持 3GPP（128～256bit）	支持 3GPP（128～256bit）
波谱	支持许可的 LTE 带内频段	支持许可的 GSM 频段	支持许可的 LTE 带内频段	支持带许可的 LTE 带内频段、保护带和独立频段

3）EC-GSM-IoT

物联网的拓展覆盖范围 GSM（Extended Coverage GSM for the Internet of Things，EC-GSM-IoT）是物联网应用程序部署中最主要的蜂窝技术之一。3GPP 在其 Release 13 规范中引入了 EC-GSM-IoT，作为基于 LPWA 的新兴技术，该技术旨在基于增强型通用分组无线数据业务（EGPRS）的高容量、远程覆盖、低能耗和低复杂度的蜂窝系统。

目前，可以使用软件应用程序来升级现有的 GSM 网络，以确保使用 EC-GSM-IoT 中部署的优化技术来确定广泛的覆盖范围和加快部署时间，并在大约 10 年的有效电池寿命中获得更广泛的应用用例。EC-GSM-IoT 技术经过标准化处理，确保其增强功能支持 eDRX，从而提高了设备的电源效率，最小化了空闲模式过程并降低了 QoS 的接纳控制。借助这项技术，GPRS/EGPRS 分组交换信道可以完全启用以进行复用。为了有效部署大量物联网应用，引入了新的逻辑通道（EC 通道）以支持 EC-GSM-IoT 技术的扩展覆盖范围，其中包括 EC 同步信道（EC-SCH）、EC 访问授权信道（EC-AGCH）、EC 广播控制信道（EC-BCCH）、EC 分组数据业务信道（EC-PDTCH）、EC 寻呼信道（EC-PCH）和 EC 分组关联控制信道（EC-PACCH）。这些新的逻辑信道可以合并到传统的 GPRS 频谱中，以容纳用于 IoT 服务的 EC-GSM 设备。为了达到与现有的传统 GPRS 网络相比所需的 20dB 扩展覆盖范围，需要重复进行 L2（16 次）和 L3 混合自动重传请求（HARQ）（4 次）等重复操作，以实现有效的扩展覆盖。同时考虑有效频谱利用，减少盲目重复和用于数据业务信道的增量冗余。EC-GSM-IoT 有两种不同的调制方案，分别是八相移键控（8PSK）和高斯最小移键控（GMSK），能够用于可变数据速率。图 2-11 描绘了 EC-GSM-IoT 技术的扩展覆盖范围，指示了各种新引入的逻辑信道。最后，考虑到 GSM 是已在全球部署的最广泛的无线标准网络之一，EC-GSM-IoT 技术增强了传统的 GSM

网络，以确保它支持全球蜂窝网络并在未来部署大规模物联网应用。

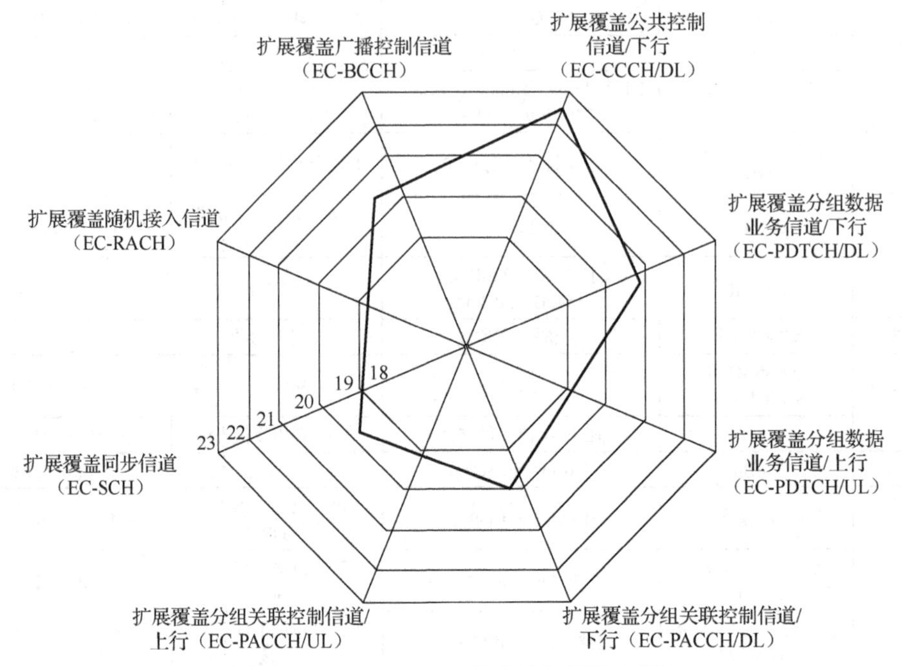

图 2-11 EC-GSM- IoT 技术的扩展覆盖范围

4. GPP 蜂窝 LPWA 标准与非蜂窝 LPWA 标准的比较

在讨论了旨在满足下一代 5G 新服务需求的 IoT 的 3GPP 蜂窝解决方案以及也可用于部署大量 IoT 用例的其他非蜂窝 3GPP LPWA 技术之后，本节将对 3GPP 蜂窝 LPWA 解决方案（如 eMTC、NB-IoT 和 EC-GSM-IoT）和非蜂窝技术（如 SigFox、LoRa 和 Ingenu RPMA）为 MTC 应用提供的连接解决方案进行比较分析。

在全球任何地方部署 LPWAN 的可能性取决于要使用的频带的选择和可用性，一个主要的区别是，有前景的 LPWA 蜂窝技术由当前的 3GPP 标准化定义，并在包括现有 LTE 频段和 GSM 载波在内的许可频段内运行，从而提供了高级别的安全性，无干扰冲突和服务质量（QoS）保证。LPWA 基于蜂窝的连接解决方案将通过分配 IoT 服务所需的频谱资源来支持大规模的 IoT 应用，这些服务的覆盖范围能够得到扩展，并使用单天线和半双工通信模式，从而降低了复杂性和成本。此外，基于蜂窝的解决方案能够以较低的设备和基础设施成本支持 LPWAN 的网络容量和覆盖范围之间的平衡，这是因为成熟的全球通信系统支持大量设备、高吞吐量的使用案例以及在使用相同的网络基础结构时可以进行扩展以支持低性能用例。

另外，包括 SigFox、LoRa 和 Ingenu RPMA 在内的非蜂窝 LPWA 网络是基于专有技术的网络，它们采用了通用 2.4GHz ISM 频段，该频段工作在无执照频段，容易受到来自使用相同带宽的其他网络的干扰。为了增强并提供远程通信，其中一些技术采用了高度分散的低于 1GHz 的频带。与 SigFox 和 LoRa 网络不同，Ingenu RPMA 可以正常工作，因为它的接收器灵敏度为−145dBm，可以支持一个大覆盖范围的网络，这在全世界范围内都是可以接受的，不受 2.4GHz 频段的政策法规的限制。因此，为了支持大容量，要解决的一个问题是这些技术的可扩展性，在大多数此类网络中，当网络的原始容量耗尽时，必须配置基站以扩大容量。最后，LPWA 技术呈现出的不同属性差异很大，因此需要确保在部署物联网用例时考虑适当的连接解决方案。包括 LoRa、SigFox 和 Ingenu RPMA 在内的技术已经在多个市场中部署，而有前景的基于蜂窝的 LPWA 技术(如 LTE Cat-M1、NB-IoT 和 EC-GSM-IoT)尚未完全商业化。

2.2.3　针对 IoT 的 5G 无线增强技术

研究表明，未来的 5G 移动网络必须通过数十亿个连接着的智能对象和传感器来满足物联网的大规模部署要求，这些智能对象和传感器将支持关键物联网用例，要求跨不同操作领域的实时响应和动态过程自动化，如车辆对基础设施(V2I)、车辆对车辆(V2V)、过程控制系统等。

当前正在考虑的 5G 新无线网络有望满足大规模和关键物联网的用例，由于对于连接大量智能设备并受益于使用蜂窝网络的机器通信的需求持续增长，当前在 3GPP Release-14 中针对 CIoT 的 M2M 和 NB-IoT 系统中引入了进一步的增强功能，这是 5G 标准的第一个规范阶段。当前，为了适应不断增长的 IoT 用例，并最大限度地降低开发新网络的成本，3GPP 正在努力确保将 KPI 进一步增强并引入现有的 4G 网络中，确保从头开始设计 5G 移动网络。在 3GPP Release-14 中，针对大规模物联网和关键物联网应用重点介绍的 M2M 和 NB-IoT 系统，预期关键性能特征和增强功能主要有 MTC 增强、NB-IoT 增强、NB-IoT RF 与 CDMA 网络共存的要求、CIoT 扩展、对 Release-14 NB-IoT 的新频段支持、新服务和市场技术的推动等。

1. Release-14 CIoT 扩展

确保有效支持大量 MTC 用户设备并解决 MTC 应用的相关问题是 5G 无线电接入技术预期增强的一部分。下一代蜂窝网络中 MTC 连接解决方案的未来范式转变是为了确保关键 MTC 应用(包括工业自动化、移动医疗系统等)得到很好的支持，这些应用程序要求超高的可靠性、各种数据吞吐量范围以及极低的延迟性能。例如，“移动救护车”用例有望确保对患者进行及时的治疗，同时减小将患者从病发现场转移到医院就医的时间。这种实际需求要求此类救护车通过即时传输的智慧医疗系统(包括高分辨率图像/视频传输)与医院之间进行良好连接，因此，当在救护车内提供医疗时，医院单位对实时更新的需求非常高。对于 CIoT 应用，3GPP Release-14 考虑了以下功能要求，作为对 CIoT 的增强：授权使用覆盖增强功能、通过服务能力公开功能(SCEF)对非 IP 小数据的 GPRS 提供支持、UE 和 SCEF 之间的有效通信服务、往返 NB-IoT 的 RAT 间移动性等。在 3GPP Release-13 中，覆盖增强(CE)已得到解决，用于确认发送和传递消息，以便检测传输过程中的消息丢失，但是 Release-14 仅向完全订阅此覆盖增强服务与将 UE 和 SCEF 之间有效通信作为增强功能的用户引入了此功能。

总之，通过为 MTC 应用引入的低复杂度设备的 LTE 增强，CIoT 领域已经取得了许多进展，但仍需进行进一步的研究，以建立和增强基于 5G 移动网络的 MTC 用例的连接解决方案。这必将有助于物联网概念和跨垂直设备(如智慧医疗保健系统、工业自动化系统、公共安全和电子商务)的异构设备之间的普遍连接。

2. MTC 增强

尽管 CIoT 是一项有前途的技术，它支持向最终用户提供 MTC，并能够为移动服务运营商带来创收机会，但仍需进一步改进和增强用于 MTC 的 LTE 设备。因此，3GPP 提出了可用于实现 MTC 的进一步的复杂度降低方案。为了支持多播下行链路传输，Release-14 考虑了增强功能，这将扩展 Release-13 单小区点对多点(SC-PTM)的方式，以便支持 eMTC 的多播传输和增强的覆盖范围。对于各种物联网应用，设备的具体位置十分重要。因此，有必要评估和增强与时差测量值的接收和发送有关的 MTC，这也将确保考虑到达时间差(OTDOA)的 UE 复杂性和功耗。提高增强的 eMTC 的数据速率，增加传输块大小，支持 HARQ-ACK 捆绑和最多 10 个 DL HARQ 进程，确保将实现 eMTC 设备的 LTE 语音(VoLTE)增强，这些改进的目的是有效地增强和支持半双工 FDD 和 TDD UE 的 LTE 语音覆盖。

3. NB-IoT 增强

NB-IoT 已在 Release-13 中成为基于 3GPP 标准的蜂窝解决方案，改善室内覆盖范围，降低延迟灵敏度，支持大量低吞吐量设备，具有超低设备成本、低设备功耗以及能够优化的网络系统。NB-IoT 支持非实时语音，因此有助于满足当前物联网超低成本的需求。NB-IoT 的常见用例包括资产跟踪、智慧城市和智慧医疗以及环境控制系统等应用。对 NB-IoT 的 3GPP-LTE 功能的进一步增强是将支持扩展到位置定位、多播、移动性和链路适应性增强功能，以及 5G 新无线电(NR)网络的 Release-14 中预计将考虑的新功率等级，以确保有效满足市场驱动的 MTC 需求。

(1)多播：为了使支持增强的 NB-IoT(eNB)支持多播下行链路传输，Release-13 中考虑的 SC-PTM 将被扩展。

(2)移动性和服务连续性增强：NB-IoT 的这些增强功能实现了连接模式的移动性，同时增强了服务的连续性，在考虑控制平面(CP)和用户平面(UP)解决方案时，可以防止非访问层(NAS)恢复，而不会降低功耗。

(3)新功率等级：必须评估可能导致引入新用户设备且功率电平为 14dBm 的新类型。根据最终评估结果，开发一种信号系统，以降低最大发射功率，这可以为可穿戴设备的小型电池提供很大的便利性。它还打算通过考虑下行链路的 1352 位和上行链路 1800 位来增加最大传输块，这将使该版本中的 UE 支持最大数据速率，从而减少延迟和功耗。

在 3GPP Release-13 中，高优先级频段正式分配给 NB-IoT，包括 1、2、3、5、8、12、13、17、18、19、20、26、28 和 66。由于 NB-IoT 是面向未来应用的有前途的技术，因此需要考虑与其他已部署技术共存的问题，基于此，3GPP 当前审查了 CDMA 和 IoT 等技术之间的操作共存结构，以确保通过 385kHz 边缘分离可以实现约 49dB 的相邻信道泄漏比(ACLR)，这清楚地表明了 CDMA 系统与 NB-IoT 之间的共存 UE。当前为将来的 NB-IoT 用例部署与其他传统技术共存不需要其他任何要求。此外，为了增强 MTC 应用，已将 NB-IoT 支持引入以下频段：25(美国)、70(美国)、11(日本)和 31(日本和欧洲)。

4. 新服务和市场技术推动者

5G 移动网络被认为是未来的电信系统，有望为设计 3GPP 网络提供机会，该网络可以轻松优化以支持连接的设备和服务。3GPP 目前正在对 Release-14 进行评估，以应对潜在的

5G服务需求，这些需求有望在新服务和市场技术推动下涵盖70多个用例，这是下一代电信网络的机遇。这些新引入的用例[1]涵盖了从物联网到车辆通信和控制、无人机控制系统、触觉互联网和工业自动化等广泛的新服务市场，并满足了设备防盗和数据恢复等新服务的需求。当前系统将尽可能支持IoT的某些应用程序，因此需要有效利用资源，对不同接入技术的充分支持，在网络灵活性以及需要实现的网络切片方面进行改进。未来的5G无线电网络，不容易改装成已经运行的网络和现有网络。根据白皮书*LTE and 5G technologies enabling the Internet of Things*，未来的5G移动网络的目标是建立一个新的网络系统，以确保能够有效地支持多种服务维度。这些拟议的用例进一步分类如下。

1）大规模机器类型通信（Massive Machine-Type Communication，mMTC）

这项拟议的《针对mIoT的新服务和市场技术促成因素的可行性研究》涵盖了不同的应用用例（如智能公用事业、智能建筑和城市、电子医疗系统、智能可穿戴设备和库存控制系统的使用案例），并连接了大量的异构设备（包括可穿戴设备、执行器和传感器等）。各种特性和要求在考虑这些新的垂直服务时特别重要，例如，设想智能穿戴设备以确保人的衣服与许多超轻、低功耗传感器集成在一起，这些传感器将用于评估和确定环境与健康状况，包括温度、压力、心跳、血压、体温等。但是，重要的是建立一个管理系统，来控制这些设备和采集处理其生成的数据，以及有效部署mMTC的应用程序。

2）增强型移动宽带（Enhanced Mobile Broadband，eMBB）

这项拟议的《关于新服务和市场技术推动因素的可行性研究——增强型移动宽带》的设想是，为用户提供随时随地的移动宽带服务，包括在扩展覆盖范围内的受限制区域（如从城市移动到郊区和农村地区）。在此类别中考虑的用例需要更高的数据速率、高密度部署和覆盖范围、超低成本网络、更高的用户移动性以及固定网络和移动网络的融合。例如，由于农村地区的每用户平均收入（ARPU）非常低（人口密度分布低），网络运营商不容易部署网络基础结构设施及其终端。有了这项新的服务要求，可以设想5G移动网络在超低成本要求下的部署将更加灵活，以便向此类区域提供Internet接入，从而使服务欠缺地区的新业务模型和途径能够满足全球连接，以实现高效的IoT应用。

3）关键通信（Critical Communication）

根据拟议中的《关于关键通信的新服务和市场技术促成因素的可行性研究》，如工业控制应用程序（无人机、机器人、车辆等）和触觉Internet等一系列用例具有对实时交互的强烈需求，并需要增强以将重点放在移动性、延迟（高吞吐量）、关键的可靠性和可用性上，这可以通过改进的无线电接口和优化的网络架构来实现。诸如触觉交互之类的用例需要典型的触觉控制信号和音频/视觉反馈系统，在此系统中，人类可以通过无线方式控制真实/虚拟设备。例如，考虑在云上运行软件应用程序以使最终用户与此类环境进行交互不会意识到本地和远程内容之间的差异。但是，对于具有超可靠和低延迟通信（URLLC）的关键MTC用例，在触觉Internet用例中的实时反应可能会在毫秒级以内，因此这也具有很高的挑战性。

4）网络运营（Network Operation）

根据拟议中《关于新服务和市场技术推动者的可行性研究——网络运营》，用例场景预计将研究功能系统需求，如网络切片、灵活的功能和能力、路由、迁移和互联网络、优化和增强功能和安全性，以使异构网络的连接成为5G移动网络的独特功能。

5)增强车辆通向性(Enhancement of Vehicle-to-Everything，eV2X)

这些拟议的用例包括自动驾驶、与车辆相关的安全和非安全方面，需要基于实时响应提供超可靠的通信，以防止发生道路交通事故。希望新兴的5G移动网络将能够提供低延迟、高可靠性、高精度的定位和关键任务服务，这是未来安全应用所需要的，从而减轻交通事故的发生，提高交通效率并实现紧急情况的移动性。预计eV2X的增强功能不仅适用于车与车或车与基础设施之间的通信，还适用于其他弱势的道路使用者。

在3GPP中指定的建议使用用例是规范要求的基础，目前正在考虑将其作为未来5G下一代网络的服务要求。图2-12描绘了针对5G移动网络的服务要求提出的新增强功能，可以有效地支持多种服务维度。最后，通过对针对新兴物联网标准的3GPP新无线电(NR)(Release-13/Release-14)进行进一步研究，5G移动网络旨在实现未来5G新服务要求所必需的基本要求和KPI，以启用物联网用例。

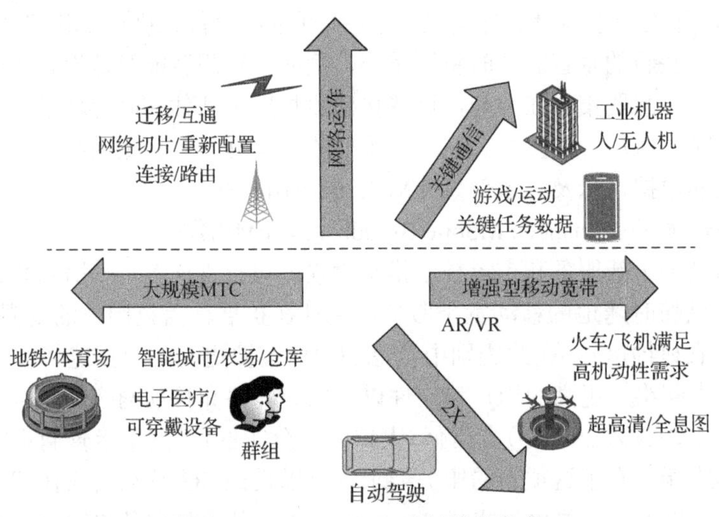

图2-12 FS_SMARTER新服务维度

5. MTC / IoT用例的性能分析

5G移动网络设想的各种用例、新服务及其所面临的网络要求，是未来实现IoT的下一代通信技术的主要设计原则。实现这些用例的一些要求包括扩展的覆盖范围、可靠性、电池寿命、低延迟、移动性支持、SLA支持等。

根据要部署的用例，某些应用程序可能只需要一个KPI，而另一些应用程序可能需要多个KPI以优化性能。5G移动网络的主要挑战是如何以更有效、更可靠的方式有效地支持各种设想的用例。下面将从业务角度对各种用例和新服务以及它们被利用到以下通用应用程序中的可能性进行分组，如车队管理部门、汽车应用、智慧社会、互联的消费者和工业自动化等。

在车队管理用例中，要考虑的一些可能应用包括路线优化、智能监控系统、驾驶员监视和管理系统以及运营管理等，以管理和控制运行成本，确保驾驶员和乘客的安全，提高体验质量(QoE)。这些用例需要可靠的连接性，无缝扩展的覆盖范围以支持偏远地区，并需要位置支持以通过不断发展的蜂窝技术进行有效部署，从而有望改善车队管理系统中的新服务。汽车应用将考虑使用移动通信来支持车辆的新用例，其中无论车辆当前位置如何，都将以高容量和高移动性的移动宽带连续车载乘客。该用例还有望确保将来在联网车辆之间建立通信，在联网车辆之间交换重要信息，以及在车辆与其他相关联网设备(车对行人(V2P))之间交换基础设施支持基础系统。因此，新兴的基于蜂窝的 LPWA 解决方案和设想的 5G 移动网络将进一步增强联网车辆的功能，并实现由这些用例创建的快速传输和大量数据处理。智慧社会包括如智慧城市和智能建筑之类的用例，这些用例是无线智能传感器网络的嵌入式系统，将能够识别和指定所需的成本和能效系统，这些系统可用于维护连通的城市和家庭。可以预见，随着 5G 移动网络的发展，这种多样化的连接“事物”将被适当地集成以进行有效的网络管理。互联的消费者用例包括智能交通中的应用，如城市地区的交通拥堵。新兴的 CIoT 技术将有助于收集实时、巨大的数据，这些数据将通过车辆、驾驶员、相连的道路传感器和摄像机生成，以控制和管理交通流量。在工业自动化中，用例包括智能计量、维护监控、智能电网以及石油和天然气管道等，它们有望具有低延迟和最小的概率误差，这是 5G 移动网络要考虑的新服务要求的一部分。

表 2-6 总结了基于 LPWA 技术的每个通用应用程序中可能的用例，这些用例可能基于出色的 KPI 满足用例的需求，每个用例都与可能满足该用例基本要求的 LPWA 技术相关联。此外，由于其 KPI 要求，并非所有情况下未经许可的 LPWA 解决方案(如 SigFox、LoRa、Ingenu RPMA 等)都能够满足此类用例需求。

表 2-6　MTC / IoT 用例的性能分析

应用领域	常见用例	LPMA		要求							
		Cellular-based LPWA	Unlicensed LPWA	增强型覆盖范围	SLA 支持	数据速率	移动性支持	可靠性	安全性	容量	带宽
车队管理部门	路线优化	√		√	√	√		√			
	智能监控系统	√		√	√	√		√			
	驾驶员监视和管理系统	√		√	√	√		√			
	运营管理	√		√	√	√		√			
汽车应用	车对基础设施(V2I)	√		√	√		√	√	√		
	车对车(V2V)	√		√	√		√	√	√		
	车对云(V2C)	√		√	√		√	√	√		
	车对行人(V2P)	√		√	√		√	√	√		
智慧社会	智慧城市	√	√	√	√			√			
	智能建筑	√	√	√	√			√	√		
互联的消费者	智能交通	√		√	√		√	√			
	自动驾驶	√		√	√		√	√			
工业自动化	智能计量	√	√						√	√	√
	维护监控	√	√						√	√	√
	智能电网	√	√						√	√	√
	石油和天然气管道	√		√	√			√	√	√	√

总而言之，这表明在部署 MTC 用例时，没有一种适合所有用户需求的技术。因为每种

LPWA 技术的属性都不同，所以在部署此类用例时，必须基于关于用例的 KPI 要求来确保选择适当的技术。但是可以预见，新兴的基于蜂窝的 LPWA 标准(如 eMTC、EC-GSM-IoT、NB-IoT 和 5G 移动网络)将肯定会增强和启用关键任务服务的部署，并且还将在全球范围内推动建立电子通信系统，并在现有网络中引入进一步的增强功能，从而在端到端通信方面对系统进行可靠性、可用性和安全性上的改进。

2.3 资 源 管 理

资源管理主要包括进程管理、内存管理、能源管理、通信管理和文件管理。物联网设备在资源受限的并发环境中运行，为了满足并发应用，需要进行内存的分配和进程的合理调用。物联网设备的资源管理是通过其操作系统来实现的，本节主要通过三个主流的物联网操作系统——Contiki OS、TinyOS 和 FreeRTOS 展现。下面主要从进程管理、内存管理、能源管理、通信管理和文件管理五个方面来介绍低端设备的操作系统是如何进行资源管理的。

2.3.1 进程管理

物联网操作系统的内核负责进程和线程的管理，以安全的方式分配系统资源。物联网环境中，在一个特定的时间段内可能会发生多个活动，通过公平地共享资源来管理这些活动和流程是非常重要的，这也取决于操作系统的执行模型。事件驱动的执行模型是事件以先进先出的方式进行排队和处理，所以事件驱动的并发模型在发生多个事件时会带来一定的复杂性，当遇到时间紧迫的任务时，事件驱动模型不能有很好的事件调整，所以该模型的实时性较差；多线程模型是为每个线程分配一个内存堆栈，即使在没有线程运行的情况下也会进行内存堆栈的分配，这样会导致内存被浪费。因此需要更加有效的混合模型来安排事件的运行顺序，以便能让物联网设备有更高的内存利用率和更低的进程复杂度，三个操作系统的进程管理如表 2-7 所示。

表 2-7 Contiki OS、TinyOS 和 FreeRTOS 进程管理概述表

操作系统	体系结构	编程类型	调度方式	编程语言	关键概念	优点	限制
Contiki OS	单内核	事件驱动	协作式	C	Protothread 切换机制	模块交互消耗低	合适的同步进程
TinyOS	单内核	事件驱动	协作式	NesC	TOS 线程机制	有限条件并发性最大化	异常任务不好执行
FreeRTOS	微内核	多线程	抢占式	C	使用微内核为系统提供实时性	时间跟踪机制	不能解决大型物联网系统任务

Contiki OS 是单内核的结构，采用事件驱动的编程方式，编程语言为 C 语言，该系统以协作方式进行线程管理，支持一种新颖的、轻量级的、无堆栈的线性机制——Protothread 切换机制，该切换机制类似于函数调用，只是每次调用时进入函数运行的起点不同，它通过提

供条件锁等待语句简化了事件驱动的编程模型，该语句使程序能够执行阻塞等待，而不必为每个 Protothread 引入额外的堆栈。Protothread 不像传统的线程需要独立的栈空间，因此开销较小，但是无法在多个线程间同步执行。

TinyOS 是单内核的结构，也是采用事件驱动的编程模式，编程语言为 NesC，该系统以协作式进行线程管理，TOSThread 是 TinyOS 中的一种抢占式的应用程序级线程库，在不增加资源使用的情况下为 TinyOS 实现最大的并发性。TOSThread 的基本架构主要由一个内核级线程、多个应用程序级线程、任务调度器、线程调度器和系统调用接口构成。内核级线程的优先级最高，且不能被应用程序级线程中断；应用程序级线程如果想要执行，则需要先通过执行系统调用 API 向内核线程发送消息，只有在内核线程不活动的状态下，应用程序级线程才可以被执行。TOSThread 为 TinyOS 提供一种抢先式的方式进行线程管理，但是增加了计算复杂度，为了解决这个问题又引用了 TinyOS 抢占式方法，这种方法为线程调度提供了灵活性并且不会增加额外的复杂度。

FreeRTOS 基于微内核架构，并利用了多线程方法，编程语言为 C 语言，区别于前面两个事件驱动类型的操作系统，它是实时的，以抢占式进行线程管理。对于 FreeRTOS 中的所有进程都可以被中断，由调度器切换不同进程执行相应程序，这些为低端设备提供了一个实时的、抢先的多任务环境，确保在任何给定时间段内执行优先级更高的任务。如果两个任务具有相同的优先级，调度器会在它们之间分配执行时间。

2.3.2　内存管理

内存管理提供了为各种进程和线程分配与释放内存的技术。操作系统有静态和动态两种内存分配方式。在静态内存管理中，操作系统分配给系统的内存在运行时是不能改变的，而动态内存管理技术在运行时内存的分配是灵活的。静态内存分配因为在分配之前无法预测需要内存的大小，所以可能会出现内存超支的情况；动态内存分配的内存如果没有被释放，可能会导致内存泄露，Contiki OS、TinyOS 和 FreeRTOS 内存管理如表 2-8 所示。

表 2-8　Contiki OS、TinyOS 和 FreeRTOS 内存管理概述表

操作系统	内存管理类型	关键概念	优点	限制
Contiki OS	动态	memb() macro：声明；memb_alloc()：分配内存；memb_free()：释放内存	提供内存大小，在运行时有着动态调整更改需求的能力	不提供内存保护单元
TinyOS	静态/动态	程序转换系统(CCured)为内存提供安全性；未堆叠 C 将多线程转换为无堆栈线程；TinyAlloc 组件用于提供动态分配能力；TinyPaging 机制用来提供额外的空间	静态分配可以防止出现内存碎片和运行时内存分配失败的问题	不能进行内存使用的预测，内存可能未被充分使用，造成资源浪费
FreeRTOS	动态	pvPortMalloc()和 vPortFree()提供了三个堆用来内存分配和取消内存分配	根据应用程序的需求提供几个堆管理调度	内存是不安全的

静态内存包含程序代码，动态内存包含运行时变量、缓冲区和堆栈。Contiki 操作系统的 C 库提供一组为堆分配和释放内存的函数。memb macro()用于内存声明，memb_alloc()用于内存分配，memb_free()用于内存释放。Contiki 的内存分配函数通过压缩已分配的内存将未使用的内存碎片释放出来，然而动态内存分配也有可能会导致栈溢出。

TinyOS 是基于 NesC 编程语言的，该语言不支持动态内存分配，程序状态和内存在编译时声明，这也防止了存在内存碎片和运行时分配失败的情况发生，也不需要维护额外的数据堆栈来管理动态堆。TinyOS 的新版本提供了内存安全检查功能，而不安全的 TinyOS 利用沙盒化技术(一种安全运行未信任程序的技术)来增强内存安全的特性。为了向内存受限的设备提供内存安全特性，还引用了 CCured 技术。CCured 在受信任扩展和不受信任扩展之间划定了一条界线，不受信任的扩展不能直接访问硬件和网络资源，可通过适当的 UTOS 系统调用接口与系统的其余部分扩展通信，如果扩展违反了系统的安全模型，则终止扩展。CCured 编译器在每个操作之前插入动态安全检查。为了使内存更有效地管理，引入了未堆叠 C。未堆叠 C 将 TinyOS 多线程程序转换成无堆栈线程，由于这些程序没有单独的堆栈，所以它们的内存开销大大减少。通过 MemAlloc 的接口来使用 TinyAlloc 的组件，可以在 TinyOS 中提供类似于动态分配内存的功能。额外的内存管理和容量是通过 TinyPaging 机制提供的，该机制利用了闪存。TinyOS 中提供更多执行和并发的额外线程，所以需要更多的内存使用，TinyOS 应用程序需要预测内存使用情况来防止内存分配不合理。

在 FreeRTOS 中内核为每个事件动态分配内存。Malloc()和 Free()函数在实时操作系统中不受欢迎，因为动态内存分配通常具有确定的运行时间，需要额外的代码空间，并且存在内存碎片。为了消除这些问题，FreeRTOS 引入了两个新函数，分别是 pvPortMalloc()和 vPortFree()，这些函数为内存分配提供了三种堆的实现：Heap_1 不允许在内存被分配后进行反分配，它适用于给内存大小始终保持不变的系统分配内存；Heap_2 与 Heap_1 相反，允许释放以前分配的内存，它不会将相邻的空闲块合并成更大的内存块，该堆适用于动态创建任务的系统；Heap_3 类似于 Malloc()和 Free()函数的分配，并且是一个安全的线程，但是这种方案没有内存效率，可能会增加内核代码的大小。

除了表 2-8 中列出的，Mbed OS 属于 OS 中较新的概念，Mbed OS 是动态分配内存，该系统提供一组函数，可用于研究软件的运行时内存分配模式：代码的哪些部分需要分配内存以及需要多少内存，哪些地方需要释放内存，启用内存跟踪需要定义 MBED_MEM_TRACING_ENABLED 宏。另外还可以使用 mbed_mem_trace_set_callback API 来设置内存跟踪的回调。

2.3.3 能源管理

物联网设备在传感、数据处理和数据传输过程中需要消耗能量。由于这些传感器主要部署在远程环境中且人工不可干预，对有限能源的管理一直是设备的关键问题，因此物联网应该提供一种节能机制来延长物联网网络的寿命。能源有效管理可以通过硬件和软件技术来完成。基于硬件的方法需要额外的硬件，这会增加系统成本；基于软件的技术更实用，但可能会带来额外的开销。能效可以通过网络协议设计和操作系统调度方面来实现，例如，睡眠/唤醒和脉宽循环模式在大多数开源软件中都用来保存能量。通过软件机制来降低能耗需要对系统不同层的应用程序有全面的了解，这是操作系统的基本条件，Contiki OS、TinyOS 和 FreeRTOS 能源管理如表 2-9 所示。

表 2-9 Contiki OS、TinyOS 和 FreeRTOS 能源管理概述表

操作系统	关键概念	优点	限制
Contiki OS	特定应用节能的实现	应用程序通过事件队列来设置休眠模式	没有提供一个内核级别的节能机制
TinyOS	软件线程集成；能量感知目标跟踪	通过软件线程集成增加电池寿命；最小化 CPU 周期数量	这种机制不适用于移动设备并且可能会引入额外的内存使用
FreeRTOS	tickless 设置	每隔一段时间使 CPU 进入深度睡眠模式来节省更多的能源	会引入运行时的开销

Contiki OS 内核没有明确的节能机制，应用程序提供了一种利用事件队列大小节能的模式，当事件队列为空时，应用程序可以将 CPU 置于休眠模式。

TinyOS 利用软件线程集成(STI)实现节能。节点在感知、处理和传输过程中面临空闲-繁忙时间，但是空闲时间太短，无法执行传统的上下文切换。使用 STI 机制处理器可以收集这段空闲时间来执行其他有用的任务。通过预测节点的功耗动态分配能量有利于节约能源；TinyOS 进程模式支持一种能量跟踪机制来跟踪各种组件的能量消耗。在 TinyOS 中利用聚类和数据聚合技术实现一种能量感知目标跟踪算法，通过该算法能进行能量跟踪优化，使 CPU 周期的数量最小化，但是该机制不适合移动设备，可能会引入额外的内存使用。

在 FreeRTOS 中，如果执行的所有任务都处于阻塞状态，那么该系统将创建并运行一个空任务，该任务可以使处理器在空闲时进入节电模式。空任务是通过 FreeRTOS 中使用空闲任务钩子函数实现的，但是如果节拍频率过高，处理器将在进入和退出空闲模式时浪费能量与事件，所以 FreeRTOS 又引入了无扰怠速技术。无扰怠速技术是 FreeRTOS 的一种功率管理技术，它在处理器空闲状态下更加节能。它使用时间跟踪机制，该机制能够每隔一段时间让处理器进入深度睡眠模式，直到高优先级的外部或内核中断后打破此模式，但是这种机制会带来额外的运行时开销。

此外，除了表中列出的 Mbed OS 主要通过睡眠功能来进行能源管理，通过 sleep()函数调用睡眠管理器，让其选择合适的睡眠模式。睡眠模式有标准睡眠和深度睡眠，睡眠管理器提供 API 和逻辑来控制设备睡眠模式选择，但是深度睡眠模式可能会引入一些应用程序的额外功耗，所以一般情况下都是标准睡眠模式。

2.3.4 通信管理

物联网设备之间能够通信是物联网操作系统的最终目标。物联网设备的无线性、异构性、密度和不同的传输模式使物联网网络变得复杂，所以 MAC 层、传输层和网络层的通信支持会影响整个物联网网络性能。通信管理需要遵循通信协议，Contiki OS、TinyOS 和 FreeRTOS 通信管理分别如表 2-10～表 2-12 所示。

表 2-10　Contiki OS 通信管理概述表

通信层	通信协议	优点	限制
MAC 层	ContikiMAC	提供有效的睡眠/唤醒机制	未提供内核级别的节能机制
	X-MAC	提供比 ContikiMAC 更好的重传和获取更高的 PDR	没有提供适当的避碰机制
	CSMA-MAC	避免冲突	遇到碰撞不能传递到上层，影响路由
网络层	ContikiRPL	IPv6 转发表机制	并不适用于所有的应用场景
	RER（BDI）	DODAG 结构可以取节点的剩余能量和电池放电指数	没有提供运营费用； 加载平衡和内存占用信息
	BRPL	支持节点的移动和流量的变化	移动节点时很难调整时间
传输层	uIP	适用于简单的 tcp 和 udp 场景	不支持多流和多导功能

表 2-11　TinyOS 通信管理概述表

通信层	通信协议	优点	限制
MAC 层	TinyLPL	允许用户定义睡眠/唤醒时间间隔	可能遭受误报
	MultiMAC	引进了虚拟网关的概念，它允许使用异构 MAC 协议的传感器网络互操作性	能源效率比互操作性更重要。LPL 在能源利用方面表现更好
网络层	TinyRPL	实现了一个基于 6LoWPAN 规范的 IPv6 栈	TinyRPL 使用 OFO 和 MRHOF 进行父级选择和路由构建，但该方法不理想
	QU-RPL	在 LLN（Link Inhibit，链路禁止）网络中实现负载平衡；提供了一种拥塞检测机制	DIO（Digital in and out，数字输入输出电路）开销成本可能会导致大型物联网网络的整体延迟
传输层	HDRTP,STCP, ERTP,RCRT	提供多种传输层协议	需要提供适当的拥塞控制机制，必须执行 TFRC（TCP-Friendly Rate Control，TCP 友好速率控制算法）和 DCCP（Datagram Congestion Control Protocol，数据拥塞控制协议）

表 2-12　FreeRTOS 通信管理概述表

通信层	通信协议	优点	限制
MAC 层	FreeRTOS MAC	提供低内存占用	CSMA MAC：可能会影响路由操作；TDMA MAC：要求严格的时间同步，对底层的移动性和拓扑变化非常敏感；X-MAC：没有提供适当的避碰功能
网络层	6LoWPAN Nanostack	提供 ICMP 实现和 NanoMesh，它覆盖多个跃点	不提供 RPL 实现
传输层	FreeRTOS TCP/IP 和 lwIP stack	简化了低端物联网设备的 TCP 和 UDP 操作；lwIP 基于 IPv6 和 6LoWPAN 提供更好的能源管理	FreeRTOS TCP/IP 仍在开发中，像多流和多归位这样的功能还没有出现

1. Contiki 支持的通信协议

1）Contiki 支持 MAC 层协议

MAC 层协议主要通过减少能源消耗来进行资源管理，目的就是减少无线电空闲监听时间，节约能源的消耗。X-MAC 协议提供了一个低功耗的监听机制，它通过短频闪灯来进行发送方和接收方的信号传递，减少了接收方空闲时间的唤醒状态，从而减少了能源消耗。Contiki 2.4 引入了多址载波感知（CSMA）MAC 协议，该协议只检测碰撞和重新传输数据包，为了节省计算成本，重传的数据信息不会传递到上层，但是这种操作可能会影响路由操作。在 Contiki 2.5 中引入了一种新的节能机制，称为 ContikiMAC 无线电任务循环协议。ContikiMAC 定期唤醒无线电监听数据包的传输，发送节点不断地将数据帧发送给接收方，监听时如果检测到数据包，接收方会保持醒着的状态接收数据包的传输，数据包接收完成后接收方发送一个确认信号。唤醒时间需要精确，为了提供省电的唤醒时间，Contiki 使用一种称为清晰信道分配（CCA）的机制，利用 RSSI 的值来预测信道的可用性。低于给定阈值的 RSSI 值返回 CCA 正值，表示通道是空闲的；大于阈值的 RSSI 值将返回 CCA 负值，表示通道繁忙。Contiki 采用 WiseMAC 引入的锁相机制，发送器可以利用 ACK 确认包估计接收方的唤醒时刻，并且可以在期望接收方处于唤醒状态之前重复发送数据帧。ContikiMAC 的这种锁相机制降低了能量和通道的利用率，但存在碰撞的风险。RAWMAC 是可以在 Contiki 实现的跨层的方法，它在路由层使用 Contiki RPL 协议。在 MAC 层使用 ContikiMAC 协议，它使用 RPL 的有向无环图（DAG），并将由 ContikiMAC 锁相机制内部估计的节点唤醒与父节点对齐，以最小化数据收集延迟。

2）Contiki 支持网络层协议

IETF 在低功耗和有损网络中提供 IPv6 路由。RPL 指定了如何构造一个面向目标的有向无环图（DODAG）。每个节点都根据一个目标函数给一个秩，秩表示节点在网络中的位置。在低功耗和有损网络中，目标函数使用路径计算来计算节点的秩。加入 RPL 网络的节点首先监听 DODAG 信息对象（DIO）消息。如果一个节点无法接收到 DIO 消息，它将广播一个 DODAG 信息请求（DIS）消息，这迫使相邻节点广播 DIO 消息。使用 DIO 消息，目标函数选择父节点，包被转发到每个父节点，直到包到达接收器。当需要进行反方向传播时，使用 DODAG 目的地广告对象（DAO）消息在每个节点上构建路由状态。节点向其父节点发送一个 DAO 消息，该消息将通过父节点的父节点转发到接收器。Ko 等[2]使用两个目标函数测试了 ContikiRPL 的实现，ContikiRPL 将目标函数分成多个模块。首先，协议逻辑模块维护 DODAG 信息和节点的父关联信息。其次，消息构造和解析模块为 ContikiRPL 提供了 RPL ICMPv6 消息格式和数据结构。最后，OF（Orange-Framework，模块化易迁移易分布的轻量级 php 框架）模块提供了一个 API。ContikiRPL 为 uIPv6 提供了一种可转发的机制，而不是对每个数据包进行转发决策。链路成本由邻居信息模块估计并更新到转发表。uIPv6 层将发送出去的数据包转发到 6LoWPAN 层，6LoWPAN 层提供报头压缩和碎片，然后将数据包转发到 ContikiMAC。当数据传输频率比较高时，RPL 也会面临着拥塞和数据包丢失的问题，并且 RPL 的运输配置是固定的，所以不适合物联网变化的环境，为了解决这些问题，Tahir 等[3]提出了背压 RPL；目前一些其他的路由协议也已经在 Contiki 中实施，Nidawi 等[4]提出的

Mesh_under Cluster_based Routing（MUCBR）协议在 802.15.4 标准下实现集群结构，降低节点能耗和无线电占空比。

传统的 TCP/IP 不能在有限的资源设备中实现；uIP 提供了实现完整的 TCP/IP 栈所需的最小特性，它包含简单的 TCP 和 UDP 传输层协议。然而，uIP 中的 UDP 不支持广播或多播传输，也不提供 UDP 校验和。

2. TinyOS 支持的通信协议

1）TinyOS 支持 MAC 层协议

TinyOS 中的 B-MAC 协议提供了一个低功耗的操作界面，引入了自适应前导采样机制，减少了无线电占空比循环和空闲监听。X-MAC 协议是一种低功耗的聆听方式，它通过在序言中嵌入接收节点地址信息的方式解决了监听问题并为非接收节点节约了能量，另外它还通过在短序言中添加暂停的操作（频闪序言），使接收节点能够在它醒来并立即识别自己的地址时中断序言，然后在序言之后的下一个暂停中传输 ACK。

TinyOS 还提供了一种称为 TinyLPL 的 MAC 机制。TinyLPL 允许用户自己定义睡眠/唤醒时间间隔，并通过执行短时间定期的接收检查来节省能源。节点在每个 LPL 周期中被唤醒来检测通道，如果通道上有活动，接收节点将打开其无线电来接收数据包并发送 ACK，发送器在收到 ACK 后停止包的传输，发送器仅在接收方的接收检查间隔期间发送数据包。在传统的 LPL 机制中，发送节点发送一个非常长的序言，在发送节点序言的整个过程中接收节点一直保持醒着状态，并在此之后等待数据包。因此长时间保持唤醒状态会消耗大量能量。TinyLPL 改进了这个机制，用一个更小的序言代替了长的序言包传输，还引入了一个低功耗接口，允许用户使用预定义的占空比或休眠时间部署节点。TinyLPL 机制通过无线电负荷循环机制提供能源效率，但是 TinyLPL 中默认的数据包间隔是 8ms，这可能会导致吞吐量降低。

为了给传感器网络提供能源效率，设计了各种各样的 MAC 协议。由于兼容性问题，传感器网络不能互操作，于是引入了使用单个无线电接口运行多个 MAC 协议的多机网络栈——MultiMAC 协议栈。MultiMAC 协议栈利用了三个已知的协议：CSMA/CA、LPL MAC 和 TDMA MAC，它们都位于同一个无线电驱动程序之上，MultiMAC 协议栈结构如图 2-13 所示。

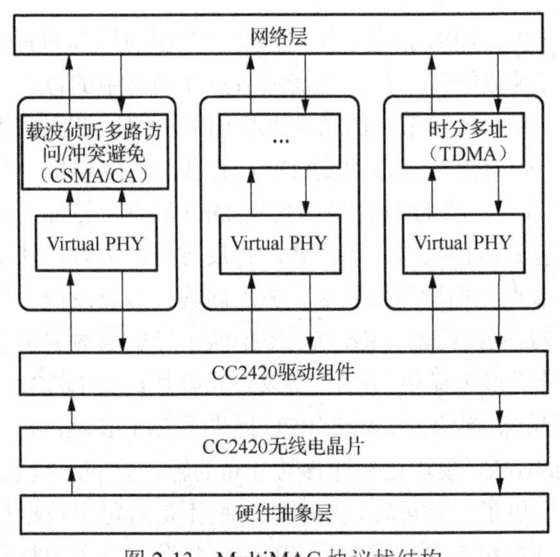

图 2-13　MultiMAC 协议栈结构

2）TinyOS 支持网络层协议

ContikiRPL 和 TinyRPL 基于 IETF RPL（RFC 6550）。TinyOS 2.x 利用了 Berkeley 低功耗 IP 栈（简称 blip）提供的接口实现了基于 6LoWPAN 规范的 IPv6 栈；blip 利用 6LoWPAN 报头

压缩、邻节点发现和 DHCPv6 在上层提供 IPv6，blip 结构如图 2-14 所示。ContikiRPL 和 TinyRPL 都实现了用 OF0 和 MRHOF 目标函数来选择路线，然而 RPL 中的路由也依赖于其他层函数。例如，MAC 层重新传输超时会影响链路发现功能。已有研究表明，由于 MAC 层重传超时的差异，ContikiRPL 重传超时是 TinyRPL 重传超时的两倍。

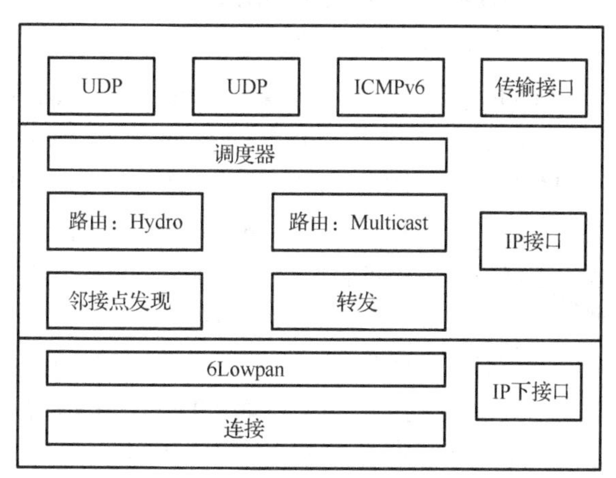

图 2-14　blip 结构图

RPL 中的负载均衡是通过队列利用率(QU)来实现的。QU-RPL 机制旨在通过提供更好的双亲选择方法来实现负载平衡，从而减少链路层和队列层的拥塞并提高包接收率。在 DODAG 构建期间，DIO 消息包含关于 RPL 节点等级和路由度量的信息。QU-RPL 过程在 DIO 中添加了新的 QU 信息。在大型的物联网网络中，由于繁忙的运输和快速的切换时间，这些开销可以导致严重的延迟，所以需要更加有效的 Tickletimer 来获得更好的输出，Tickletimer 的重置策略也取决于网络的大小。

WSN 的 TinyOS 机会路由协议(TORP)实现了一种高效的转发机制，它可以节省能源消耗。使用 TinyOS 对低能量自适应聚类层次(LEACH)协议进行测试，低能量自适应聚类层次协议使用其 RSSI 值形成节点集群，将本地集群头(CH)声明为路由器以便与基站通信。在该协议中，由于只有本地集群头负责与基站通信，所以是通过阻止每个节点进行远程通信来进行节能的。TinyOS 实现了另一种节能路由协议，称为信标向量路由(BVR)。BVR 定义了一个信标向量路由度量，并以贪婪的方式将包转发到下一个最近的跃点，该跃点由信标向量距离度量计算。TinyOS 实现了一种主动的距离向量协议(Babel)来支持低功率传感器操作，它基于目标序列的距离矢量(DSDV)路由和按需定制的距离矢量(AODV)协议。TinyOS 还实现了位置辅助路由(LAR)、目标序列向量路由(DSVR)和事件驱动的数据中心路由协议，以支持传感器电池寿命。

3) TinyOS 支持传输层协议

物联网应用对服务质量和资源需求有一定的要求。TinyOS 不提供任何特定的传输层协议的实现。TinyOS 的 blip 接口提供了一个 UDP 套接字层作为基本的传输层实现。blip 提供的 UDPShell 包含简单的命令，包括 help、echo、正常运行时间、ping 和 ident，用于向传感器节点提供调试命令。blip 还提供了一个非常简单的 TCP 堆栈。为了不耗尽传感器资源，TinyOS TCP 不做接收端缓冲；发送的新数据包不做发送端缓冲；被丢弃的片段立即自动重传。

除了上述传输层支持，TinyOS 还支持多种传输层协议来节省能源。例如，在 TinyOS 中实现并测试了传感器传输控制协议(STCP)，在 STCP 中大多数功能都是在基站上实现的，因此相当数量的能量被保存在传感器节点中。传感器节点使用会话发起包将自己与基站关联，该包通知基站有关流的数量、数据类型和传输类型以及可靠性要求。同时，利用 TinyOS 提出了混合动态可靠传输协议(HDRTP)。HDRTP 在成功率、平均延迟和平均交付比方面提高

了传感器节点的性能。

3. FreeRTOS 支持的通信协议

1)FreeRTOS 支持 MAC 层协议

FreeRTOS 是一个极简操作系统，不提供本地 MAC 层实现，但可以使用第三方实现。例如，IoT-LAB 提供了一个基于 FreeRTOS 的 MAC 层实现来提供更好的实时支持。这包括 CSMA-MAC、TDMA-MAC 和 X-MAC 三个 MAC 层。CSMA-MAC 在丢包之前提供用户定义的发送请求数量；TDMA-MAC 擅长处理同一信道上运行的大量节点；X-MAC 提供了一种适用于低流量网络的低功耗责任循环 MAC 机制。

2)FreeRTOS 支持网络层协议

FreeRTOS+TCP 是一个开源的 TCP/IP 协议栈，它基于 Berkeley 套接字接口，支持基于以太网的 IPv4 协议栈并且支持 UDP 和 TCP，而 lwIP 基于低 RAM 使用的 TCP/IP 协议套件，它适用于具有 10KB RAM 的设备，所以它适用于物联网低端设备。大多数 FreeRTOS 使用旧的 IwIP 版本，在网络层它支持 Internet 协议、Internet 控制消息协议(ICMP)和 Internet 组管理协议(IGMP)。IwIP 利用了基本的 IP 功能，发送、接收和转发数据包，但不使用 IP 选项处理碎片化的 IP 数据包。为了使 IwIP 更具可移植性，操作系统使用仿真层来提供 IwIP 功能。仿真层提供了内核和 IwIP 代码之间的公共接口，该接口提供的服务包括一个由 TCP/IP 使用的计时器，它处理同步信号量，并具有使用抽象的消息处理机制——邮箱(mailboxes)。在 Contiki 实现的 uIP 不支持所有 UDP 和多播功能，即 uIP 可以发送 UDP 多播消息，但无法加入多播组并接收多播消息。与 uIP 不同，IwIP 需要提供必要的 UDP 和多播组件。FreeRTOS 还支持由 Sensinode 开发的名为 Nanostack 的嵌入式网络堆栈的端口，它基于一个 6LoWPAN 实现，并通过在 FreeRTOS 下作为单个任务执行来减少 RAM 使用。

3)FreeRTOS 支持传输层协议

FreeRTOS 使用 TCP 和 UDP 作为传输协议。FreeRTOS+UDP 是一个基于套接字的完全线程感知栈，提供了一个类似 Berkeley 套接字的接口，对于有限资源的物联网设备之间的通信非常有用。FreeRTOS+TCP 栈提供了更可靠的流服务。

2.3.5 文件管理

一个典型的物联网由数千个感知环境和处理原始信息的微型设备组成，有时这些信息需要存储起来。在过去，WSN 以通信为中心将感知数据传输到一个或多个传感器设备或基站，然而近年来，物联网硬件平台上的板载闪存为传感器网络提供了存储能力。由于传感器节点的内存是一种稀缺资源，因此需要高效的文件系统进行文件管理，但并非所有的物联网场景都需要文件系统。Contiki 提供了一个基于闪存的文件系统 Coffee，它支持基于闪存的传感器设备。文件系统主要通过有效的存储和检索来支持以存储为中心的传感器应用程序与网络组件的存储需求。TinyOS 一个节点一次只运行一个应用程序。FreeRTOS+FAT 是 FreeRTOS 的一个 DOS 兼容的开源文件系统，Contiki OS、TinyOS 和 FreeRTOS 文件管理如表 2-13 所示。

表 2-13　Contiki OS、TinyOS 和 FreeRTOS 文件管理概述表

操作系统	关键概念	优点	限制
Contiki OS	Coffee 文件系统(CFS)	应用程序通过观察事件队列来设置睡眠模式	没有提供一个内核级别的节能机制
TinyOS	单级文件系统	可以通过软件线程集成来提高电池寿命；CPU 周期数量可以最小化	这种机制不适用于移动设备并且可能会引入额外的内存使用
FreeRTOS	压缩 FAT 文件系统	提供低内存占用	FAT 文件系统不适用于物联网，因为它不是为闪存设计的

1) Contiki 文件系统

Contiki 是一个虚拟文件系统，它为不同的文件系统提供一个接口。在有限的资源环境中(很少的代码和很小的 RAM 占用空间)构建存储抽象是一项具有挑战性的任务。每个文件系统都使用 API 来读取、写入和提取文件，其机制类似于 UNIX(POSIX)API 的可移植操作系统接口。具有比较完善功能的 Contiki 文件系统有 CFS-POSIX 和 Coffee。Contiki 平台上的 CFX-POSIX 以本机模式运行，Coffee 支持基于闪存的传感器设备的文件系统。Coffee 提供了一个编程接口来开发一个独立的存储抽象，使用一个小的内存占用配置文件，代码需要 5KB 的 ROM，运行时需要 0.5KB 的 RAM，因此 Coffee 适用于资源受限的设备。Coffee 还允许多个文件共存在同一板载闪存芯片，并提供 92%可实现的直接闪存驱动器吞吐量，但是该系统不是很节能。

2) TinyOS 文件系统

TinyOS 支持单级文件系统，这个系统会假设一个节点在任意给定的时间段内只运行一个文件。TinyOS 1.x 使用一个名为 Matchbox 的文件系统，该系统以非结构化的方式存储文件，并且只支持顺序读取和追加写入。TinyOS 还有其他第三方文件系统实现，如 TinyOS FAT 16 支持 SD 卡，旨在降低传感器节点的整体功耗；TinyOS 2.x 基于 NesC 编程语言，它提供了一个抽象层来分离硬件接口，并提供了一个开发可移植应用程序的框架；FAT 文件系统的可移植性可以让节点存储大量数据。TinyOS 还支持用于微传感器的日志结构闪存文件系统，它为 TinyOS 提供了更好的内存效率、低功耗操作以及支持常见类型的传感器文件。

3) FreeRTOS 文件系统

FreeRTOS 使用的是压缩 FAT 文件系统(FreeRTOS+FAT SL)。FreeRTOS+FAT(FAT12/FAT16/FAT32)文件系统是一个 DOS/ Windows 兼容的嵌入式文件系统，其主要目标是最小化闪存和 RAM 占用(分别要小于 4KB 和 1KB)。

2.4　本 章 小 结

当前以 5G 等为代表的新一代信息技术，推动数据感知触角不断延伸、深度下沉，从人与人扩展到人与物、物与物之间，正在形成面向全社会的泛在感知能力，万物互联时代加速到来。物联网数据感知层是实现数据采集的重要部分，是联系物理世界与信息世界的重要纽带。本章首先介绍了数据感知层的传感器设备以及感知层的关键技术，包含传感器等数据收集设备以及数据接入网关之前的传感器网络；然后介绍了对于物联网十分常用且关键的近距离无线传输技术、移动通信技术和物联网通信协议；最后讨论了物联网设备的资源管理技术。

第 3 章　物联网数据服务

物联网是在互联网基础上延伸和扩展的网络，它将各种信息传感设备与互联网结合起来，实现了任何时间、任何地点人、机、物的互联互通。物联网与数据的集成为实际生活带来了很多便利，也为智能时代提供了技术基础。3.1 节主要介绍数据融合技术，通过将来自不同数据源的数据进行整合优化，物联网数据可以更加实用。数据融合的方法主要分为两大类：数学方法和基于物联网特定环境的方法。本章主要介绍分布式环境、异构环境、非线性环境和目标跟踪四种特定情境下物联网数据的融合技术。3.2 节介绍物联网大数据分析技术，阐述物联网与大数据融合，介绍用于大数据分析的物联网结构并说明目前物联网数据分析中存在的挑战。物联网数据有规模大、异构性、时间和空间相关性、高噪声等特点，所以从物联网获得的大数据需要进一步处理分析才能更好地应用。3.3 节介绍物联网与云计算，数据处理离不开云计算，物联网与云计算相辅相成，物联网通过传感器采集到海量数据，云计算对海量数据进行智能处理与分析。本章的内容主体是物联网与数据，主要从数据融合、物联网大数据分析、物联网与云计算三个方面介绍相关的技术与发展。

3.1　数 据 融 合

数据融合是将来自大量不同数据源的数据进行整合优化的过程。数据融合方法主要分为数学方法和基于物联网特定环境的数据融合方法(图 3-1)，本节主要介绍基于不同物联网特定环境下的数据融合方法。

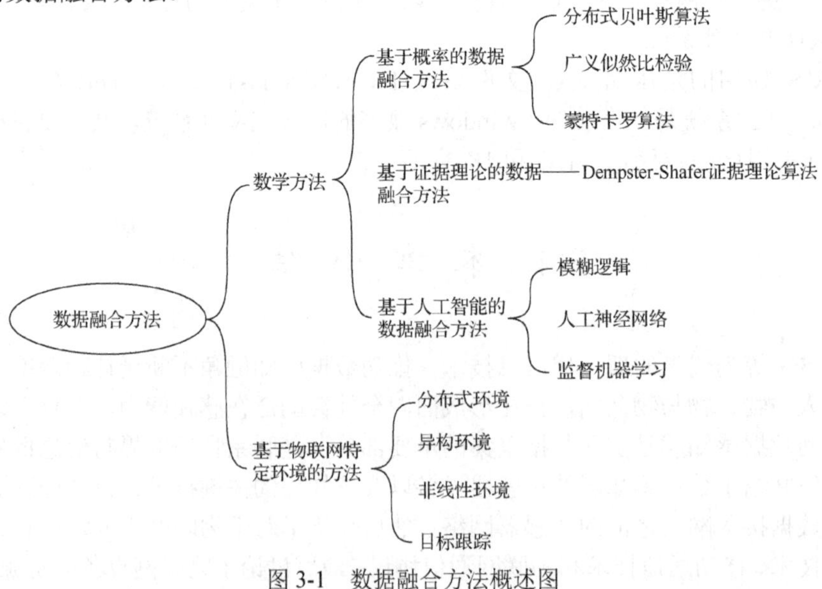

图 3-1　数据融合方法概述图

数学方法主要包括基于概率的数据融合方法，包括分布式贝叶斯算法、广义似然比检验、蒙特卡罗算法；基于人工智能的数据融合方法，包括监督机器学习、模糊逻辑、人工神经网络等；基于证据的数据融合方法理论。

物联网特定环境主要有：作为物联网子集的 WSN 的分布式环境；由于各种异构设备和数据导致的物联网高度异构环境；非线性环境；跟踪问题(多目标跟踪，成本效益，错误缓解，异步和轨道到轨道(Track-to-Track，T2T)问题)。

3.1.1 分布式环境

物联网中分布式信息融合系统的基本要素是传感器和处理器。传感器负责通过观察操作环境来生成数据，处理器负责融合数据。在分布式环境中，卡尔曼滤波器(Kalman Filter，KF)算法具有高度可扩展性，它通过状态传递和数据更新解决实际问题。分布式 KF 会应用在各个领域，包括天气和环境监测、跟踪和医疗领域等。

在物联网中会有数百个传感器一起运行，因此提高能源效率是非常必要的。在分布式无线传感器网络中，采用基于布谷鸟的粒子方法(Cuckoo Based Particle Approach，CBPA)对基于静态簇的节点进行随机部署和布谷鸟搜索。在选择簇头后，收集、聚合和转发数据，然后采用广义粒子逼近算法将数据转发到基站。利用广义粒子模型算法(Generalized Particle Model Algorithm，GPMA)将网络能耗问题转化为动力学和运动学问题，这种混合方法降低了成本并且提高了能源效率。

1. 分布式传感器节点数据融合算法

减少分布式无线传感器网络融合系统能量消耗可以通过将一些传感器节点置于休眠模式一段时间，而使其余的传感器节点处于活动状态。

1)传感器节点调度算法

一种分布式传感器节点数据融合算法，其在传感器节点调度时通过动态设置采集频率阈值使传感器节点在工作状态下的时间最少，工作完后使其进入睡眠状态；该算法也使数据冗余量最小。

在密集分布的传感器网络中，相邻节点之间是互相关联的，可能有一些节点向基站发送相同类型的监测数据。在基于时间驱动的传感器调度阈值条件下，传感器节点可以通过分时调度的方式使传感器节点分组失效。分组调度的原理是调用最少的传感器节点并且能得到区域全覆盖，还能保证不同时间调度的传感器节点满足所有监测数据结构的条件，图 3-2 为 k 时刻的传感器节点调度模型。

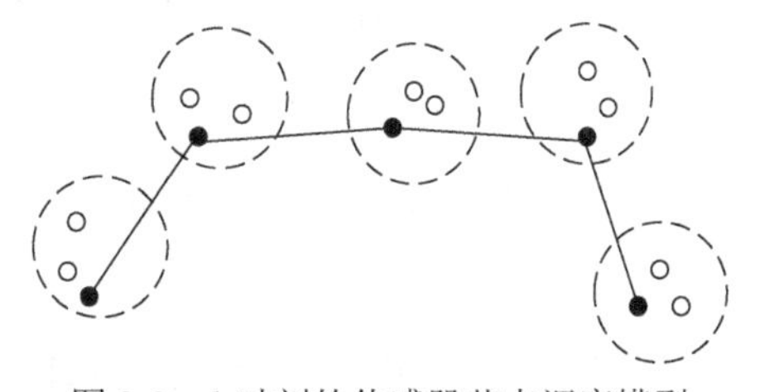

图 3-2 k 时刻的传感器节点调度模型

传感器节点的感知区域是一个簇群，簇头是被调度的节点。在某些情况下，同一簇群的节点监控数据是相关的，所以为了节省能量同一簇群的节点可以轮流保持工作状态。网络中不同的簇群定义为 $N(i)\left(i=1,2,\cdots,k\right)$，不同的簇群里面有着不同的传感器节点，一个簇群中的节点定义为 $S(j)\left(j=1,2,\cdots,n\right)$，假设簇的采集频

率阈值为 $f_{\text{th}-i}$，采集周期 $T_i(T_i=\dfrac{1}{f_{\text{th}-i}})$ 被分成 j 段，每个传感器节点只在一段的时间内保持工作状态，平均时间为 T_i/j。在调度过程中，接收器节点随机发送调度信息给传感器节点，节点工作过程如图 3-3 所示。

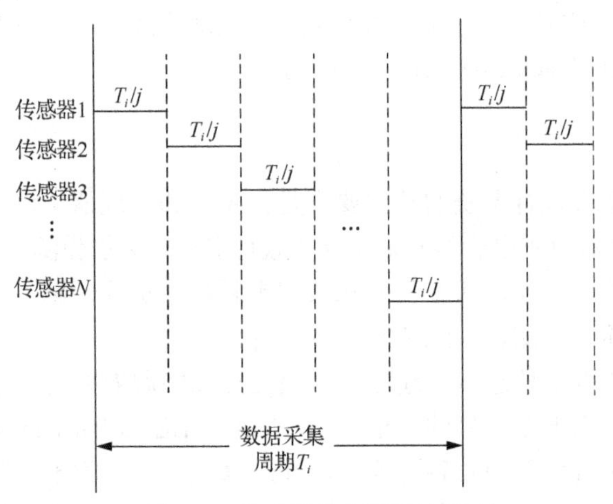

图 3-3 传感器节点调度过程

2) 网络数据融合算法

传感器节点调度降低了网络节点的冗余度，但数据必须经过进一步融合才能发送到接收器节点。考虑了桥梁结构和时间驱动的特殊环境下的频率特性，基于卡尔曼滤波的批估计融合算法可以将单个传感器的多个采集结构很好地融合成一个值，也可以用于多传感器数据融合。以桥梁伸缩缝的应变传感器组为例对算法原理进行了分析。

离散卡尔曼最优滤波观测方程为

$$Z(k)=C(k)X(k)+V(k) \tag{3-1}$$

其中，$Z(k)$ 是系统观察向量，$C(k)$ 是系统矩阵，$X(k)$ 是系统状态向量，$V(k)$ 是零均值白噪声向量，批次估计循环公式为

$$\begin{aligned}\hat{X}(k/k)&=A(k/k-1)\hat{X}(k-1/k-1)+K_k\left(Z(k)-C(k)A(k,k-1)\hat{X}(k-1/k-1)\right)\\&=\left(I-K_kC(k)\right)\hat{X}(k/k-1)+K_kZ(k)\\&=\left\{\left[P(k/k-1)+C(k)^{\mathrm{T}}R_k^{-1}C(k)\right]^{-1}P^{-1}(k/k-1)\right\}\hat{X}(k/k-1)+P(k/k)C(k)^{\mathrm{T}}R_k^{-1}Z(k)\end{aligned} \tag{3-2}$$

假设将 n 个应变传感器布置在伸缩缝的关键区域并将其分为两组，则 j 组可以表示为 $S_{j1},S_{j2},\cdots,S_{jn},n_j\geqslant 2,j=1,2$，并且 $\sum_{j=1}^{2}n_j=n$。这两个集合的平均值为

$$\overline{S_1}=\frac{1}{n_1}\sum_{i=1}^{n_1}S_{1i},\quad \overline{S_2}=\frac{1}{n_2}\sum_{i=1}^{n_2}S_{2i} \tag{3-3}$$

方差为

$$\sigma_{\bar{S}_1}^2=\frac{s_1^2}{n_1},\quad \sigma_{\bar{S}_2}^2=\frac{s_2^2}{n_2} \tag{3-4}$$

设置应变真实值为S_s，在最佳卡尔曼滤波器观测方程下获得应变数据测量公式为$S=HS_s+V$，S是应变测量值，H是系统的矩阵，V是高斯分布测量噪声。

V_1，V_2分别是S_1，S_2的噪声并且它们的均值为0。V_1，V_2相互独立，则测量噪声的协方差为

$$R=E\left[VV^{\mathrm{T}}\right]=\begin{bmatrix}E\left[V_1^2\right] & E\left[V_1V_2\right]\\ E\left[V_2V_1\right] & E\left[V_2^2\right]\end{bmatrix}=\begin{bmatrix}\sigma_{S_1}^2 & 0\\ 0 & \sigma_{S_2}^2\end{bmatrix} \tag{3-5}$$

初始条件先验知识$P(1/0)=\dfrac{I}{\varepsilon}\to\infty$，因此先前测量结构的方差是$P^-=\infty$，$\left(P^-\right)^{-1}=0$，可以根据误协方差矩阵$P(k/k)=\left[P^{-1}(k/k-1)+C(k)^{\mathrm{T}}R_k^{-1}C(k)\right]^{-1}$引入应变数据融合的方差为

$$P^+=\left[\left(P^-\right)^{-1}+H^{\mathrm{T}}R^{-1}H\right]^{-1}=\left\{\begin{bmatrix}1 & 1\end{bmatrix}\cdot\begin{bmatrix}\dfrac{1}{\sigma_{S_1}^2} & 0\\ 0 & \dfrac{1}{\sigma_{S_2}^2}\end{bmatrix}\cdot\begin{bmatrix}1\\1\end{bmatrix}\right\}^{-1}=\frac{\sigma_{S_1}^2\sigma_{S_2}^2}{\sigma_{S_1}^2+\sigma_{S_2}^2} \tag{3-6}$$

批估计应变数据融合值的输出为

$$\hat{S}^+=\frac{\sigma_{S_1}^2\sigma_{S_2}^2}{\sigma_{S_1}^2+\sigma_{S_2}^2}\cdot\begin{bmatrix}1 & 1\end{bmatrix}\cdot\begin{bmatrix}\dfrac{1}{\sigma_{S_1}^2} & 0\\ 0 & \dfrac{1}{\sigma_{S_2}^2}\end{bmatrix}\cdot\begin{bmatrix}S_1\\S_2\end{bmatrix}=\frac{\sigma_{S_1}^2\bar{S}_2+\sigma_{S_2}^2\bar{S}_1}{\sigma_{S_1}^2+\sigma_{S_2}^2} \tag{3-7}$$

分布式传感器节点数据融合算法是时间驱动的，通过节点调度和批量估计实现网络数据的聚合。实现传感器节点数量最少的调度是在集群中完成的，这是因为：第一，满足采集周期的条件；第二，减少传感器节点处于工作状态的时间。

2. 节能多路径数据融合算法

存在一种类似于分布式传感器节点的研究方法，该方法是基于簇的形成并在较高侧具有分组传送率的多路径选择算法，其降低了数据融合的能量消耗。

1) 簇头选择和数据传输

选择具有最高剩余能量的节点作为簇头可以延长网络寿命。随机选择一个节点为启动器节点并记为I，用启动器节点收集最近的传感器节点信息并根据能量信息选择簇头。

假设传感器节点是不动的并且具有的能量是有限的；接收器节点知道其他节点的位置信息。启动器节点I会根据节点的剩余能量来确定簇头。在同构网络中，簇头比非簇头节点消耗更多的能量，当簇头的能量下降时网络性能也会下降，所以为了平衡网络能耗，簇头是不断变化的，其过程如下。

(1) 启动器广播一个请求能量信息并且把自身所在的能量等级传递给周围节点；

(2)接收到该信息的传感器节点将自己的能量与启动器节点的能量进行比较；

(3)如果自己的能量大于启动器的能量，则返回一个回复信息，否则需要等待簇头节点广告信息(CH_{ADV})；

(4)启动器节点选择具有最多剩余能量的节点作为簇头；除去簇头外最多剩余能量的节点作为启动器节点；

(5)簇头确定后网络形成簇群；

(6)簇中的节点便向簇头广播一个(CH_{ADV})，簇头会把这个信息沿着簇群ID号发送给接收器节点；

(7)成员节点也跟着(CH_{ADV})广播一个连接请求信息J_{REQ}。

就这样一步一步缩小化传输范围，选择的簇头节点一旦从成员节点中接收到J_{REQ}，就会回复一个连接回复信息，然后簇头节点会把数据传送给接收器节点。

2)从簇头到接收器的多路径路由

从簇头到接收器之间可以创建多条路径，这些多路径节点不相交。多路径路由往往更倾向节点不相交的路径，因为当中间节点发生故障时只会影响包含该节点的路径，容错性很强。路径发现过程根据以下阶段执行。

(1)初始化阶段。每个簇头都会通过广播一个HELLO消息穿过整个簇群，所以每个簇头都会保存有关具有最高质量的邻居的信息。此阶段会保存和更新邻接表，簇头的相邻节点的信息都保存在该邻接表中。HELLO 消息中存在跳数，该跳数表示从开始发出消息到目前位置的距离。

(2)主路径探索阶段。在初始化阶段之后，有关计算簇头相邻节点成本函数的信息包含在簇头中。在接收器节点计算出首选的下一跳簇头之后，RREQ消息被发送到首选的下一跳，按照这样的方式进行操作直到源节点。

(3)备用路径发现。将下一个首选的邻居视为备用路径，并且接收器向该邻居发送备用RREQ消息。每个节点仅接收一个RREQ消息，以免与共享节点建立路径。当收到两个或更多RREQ消息时，仅接收第一个RREQ消息，拒绝其余消息。

例如，在图3-4中，计算了从簇头到接收器的多个路径。源节点将数据发送到簇头CH4，而CH4将数据发送到接收器，因此计算出四个路径。

路径1：源节点-簇头4-簇头2-接收器。

路径2：源节点-簇头4-簇头3-接收器。

路径3：源节点-簇头4-簇头3-簇头1-接收器。

路径4：源节点-簇头4-簇头5-簇头3-簇头1-接收器。

最佳路径是跳数最小的路径，所以选择路径1(源节点-簇头4-簇头2-接收器)作为主路径，路径2(源节点-簇头4-簇头3-接收器)作为备选路径。为了节省能量，以循环方式改变路径。

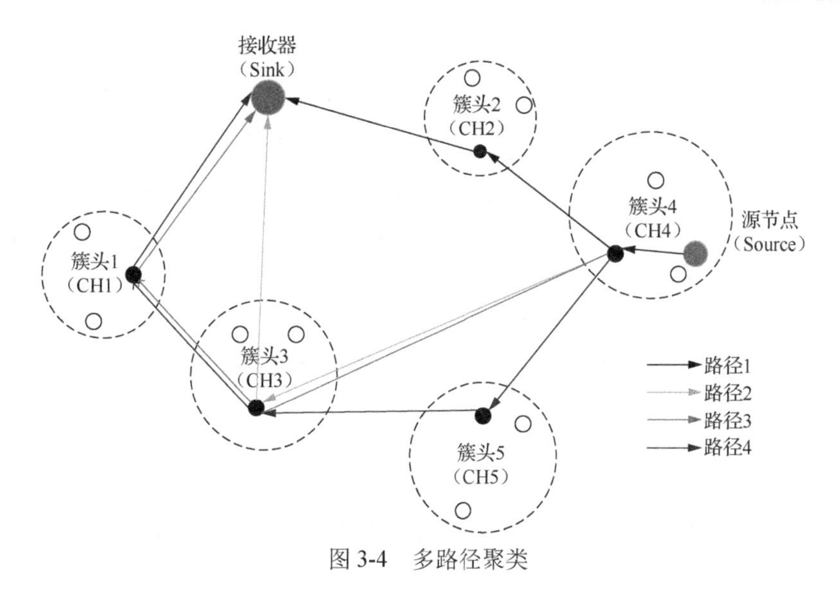

图 3-4　多路径聚类

3. 数据融合次优算法

可伸缩性在物联网等异构和动态的分布式环境中是一项具有挑战性的任务。在物联网环境中，数据融合算法必须能够有效地处理多个传感器可以同时被唤醒和在无线传感器网络中添加几个节点这样的情况。为了解决这个问题，讨论并分析了几种次优算法。

1）CHANNEL FILTER

CHANNEL FILTER 算法是一种简单的数据融合方法，只考虑第一顺序的冗余数据。每个信道都有一个发送代理和一个接收代理。发送代理可以移除冗余信息，但是有时无法到达另一端，因此在动态 AdHoc 网络中接收代理可以完成发送代理的任务。

信道滤波器融合方程为

$$p(x)=\frac{p_1(x)p_2(x)/\overline{p}(x)}{\int p_1(x)p_2(x)/\overline{p}(x)\mathrm{d}x} \tag{3-8}$$

其中，$p_1(x)$ 和 $p_2(x)$ 是密度函数融合概率，$\overline{p}(x)$ 是先前接收到的密度函数。这种算法的优点是不需要维护大量过去活动的历史。尽管在过滤过程中会有依赖信息被删除，但是如果当前处理与发生冗余之间的时间足够长可以将此影响最小化。

2）Naïve FUSION

Naïve FUSION 算法是最简单的数据融合技术之一。预计密度函数之间的依赖关系是最小的，然而该技术也是不可靠的。由于缺乏过去的历史信息，所以可能会出现过度自信。Naïve FUSION 方程为

$$p(x)=\frac{p_1(x)p_2(x)}{\int p_1(x)p_2(x)\mathrm{d}x} \tag{3-9}$$

3）ChernoffFUSION

在未知的依赖分布下，可以使用 Chernoff 技术。理论上可以用 Chernoff 融合以对数线性的方式组合两个任意密度函数，但是融合密度可能会分散。该方法的另一个缺点是需要大量

的计算。Chernoff 方程为

$$p(x)=\frac{p_1^w(x)p_2^{1-w}(x)}{\int p_1(x)p_2(x)/\overline{p}(x)\mathrm{d}x} \tag{3-10}$$

理论上的分布式数据融合重复信息的去除非常简单，在实际应用中分布式融合系统的重复信息识别却是一项艰巨的任务。在分布式融合中很难识别来自过去融合事件的相关信息，也很难得到以前数据集的值。物联网在设备和数据方面具有高度的异构性，这使得分布式融合具有挑战性。由于分布式无线传感器网络的动态性，其形状和大小经常发生变化，因此网络的可扩展性是分布式融合系统关注的问题，异构性也是物联网面临的挑战。

3.1.2 异构环境

异构融合系统面临的主要困难是数据集的特征空间不同。在异构系统中，数据集通常表示在几个特征空间中，即使数据集在语义上相互关联也使得分析不同数据之间的关系变得困难。

1. 基于图嵌入框架的异构融合系统空间对齐技术

为了解决上述问题，一种图嵌入框架可以解决异构融合系统中的空间对齐问题。该框架将每一个数据集转换成一个图并在相应的对之间进行零距离分配，最终得到一个图。另外还提出了一种使用秩序的非度量多维尺度，使融合系统可以管理对齐和变形。该方法比现有的约束拉普拉斯特征映射、张量分解和普式分析方法更有效。

图嵌入将一个图作为输入，其中数据项作为顶点，而边的权重是顶点之间差异或者距离；图嵌入输出生成指定维度空间的数据，这些数据很好地保存了图中描述的信息。

假设有两个数据矩阵 $A=\{a_i\}\in R^{m_A\times n_A}$ 和 $B=\{b_j\}\in R^{m_A\times n_B}$，参考对应对是每个数据集中第 1 到 r 项，即 $(a_1,b_1),(a_2,b_2),\cdots,(a_r,b_r)$。空间对齐输出表示为 m^f 维，即 $A^f=\{a_i^f\}\in R^{m^f\times n_A}$ 和 $B^f=\{b_j^f\}\in R^{m^f\times n_B}$，下面描述了空间对齐的图嵌入方法。

1）基于特征向量的距离图的生成

将数据矩阵 A 和数据矩阵 B 分别转化为异构图，分别对应一个邻接距离矩阵 D_A 和 D_B，这样不用再关心原始特征空间，只关心数据之间的关系。

2）规范化图形

此步骤是处理一个图中的距离值明显大于另一个图中的距离值的情况，并且两个图中的每个图都被规范化为具有相同的比例，方法是基于平均边缘权重的各方向同比例缩放，可以避免更改数据之间的相对关系。

3）两个图之间分配边

在两个图之间的参考对应对之间分配零距离边，这构成了关于两个数据集的单个连接图。

4）运行图嵌入算法

图嵌入在对齐空间中生成最佳矩阵 A_f 和 B_f，这两个矩阵保留了该图中给定的关系，零距离边是图嵌入中两个图合并的驱动力。

2. 有限 Dirichlet 混合模型

一些基于模糊逻辑的算法与基于模糊逻辑和卡尔曼滤波相结合的混合算法，对于具有不同动态及噪声统计特性的同一参数测量的异构传感器系统是更好并且更有效的。

给定 N 个对象的数据 $X_n(n_1,\cdots,N)$，目标是将这些对象划分为 K 类。$f(X_n|\theta)$ 表示给定 θ 下 X_n 的概率。在贝叶斯框架下，可以将先验分布放在 $\Pi=(\pi_1,\cdots,\pi_K)$ 和参数集 $\Theta=(\theta_1,\cdots,\theta_K)$，那么很自然地在 Π 上使用 Dirichlet 先验分布，然后可以使用如 Gibbs 抽样之类的标准计算方法来近似估计后验分布。Dirichlet 先验的特征是正实数的 K 维集中参数 β 低先验度(如 $\beta_k \leqslant 1$)允许一些估计的 π_k 很小，因此 N 个对象可能不代表所有 K 个簇。

3. 综合模型

为了适应来自 M 个源 $X_1,\cdots,X_M$ 的数据，对 Dirichlet 混合模型进行扩展可以得到综合模型。每个数据源可用于一组 N 个对象的公共集合，其中 X_{mn} 表示对象 n 的数据 m。每个数据源需要由 θ_m 参数化的概率模型 $f_m(X_n|\theta_m)$。在一般框架下每个 X_m 可能具有不同的结构。

假设每个数据源都有一个分离的簇群，但是这些对象松散地依附于一个整体集群。形式上，每个 $X_{mn}(n=1,\cdots,N)$ 由参数 $\theta_{m1},\cdots,\theta_{mK}$ 指定的K组分混合分布单独绘制。让 $L_{mn}\in\{1,\cdots,K\}$ 表示对应于 X_{mn} 的部分。此外，让 $C_n=\{1,\cdots,K\}$ 表示对象 n 的总体混合成分。源特定的簇 $L_m=(L_{m1},\cdots,L_{mN})$ 依赖于总体簇 $\mathbb{C}=(C_1,\cdots,C_N)$：$P(L_{mn}=k|C_n)=v(k,C_n,\alpha_m)$，其中 α_m 是调整依赖函数 v 的参数。$\mathbb{C}$ 是对 $L_1,\cdots,L_m$ 一致化的。条件模型是

$$P(L_{mn}=k|X_{mn},C_n,\theta_{mk})\propto v(k,C_n,\alpha_m)f_m(X_{mn}|\theta_{mk})$$

由于数据源的不同，物联网环境中的异构性是系统集成过程中需要解决的一个具有挑战性的问题。这些数据源无法按原样组合，需要使用方法将异构数据转换为同构空间。异构数据集增加了不确定性，但通过数据融合会发现异构数据之间存在的多元关系。

3.1.3 非线性环境

非线性时变传感也给多传感器数据融合带来了巨大的挑战，非线性会导致不太准确的估计。

1. 基于 SDP 的动态分配功率算法

一种基于各传感器信道条件的优化算法，用于动态为各传感器节点分配功率。该技术基于半正定规划(Semidefinite Programming,SDP)。因此它通过减少均方误差值来保证最佳可用状态估计。

给定两个随机变量 x 、y，期望为 $E\{x\}=\hat{x},E\{y\}=\hat{y}$，协方差为 $\mathrm{Cov}(x,y)=E\{(x-\hat{x})(y-\hat{y})\}$，问题是如何通过仿射函数 $A_K y+b_K$ 估计出 x。

定理 3.1：

$$\left(R_{yx}^{\mathrm{T}}R_y^{\dagger},\hat{x}-R_{yx}^{\mathrm{T}}R_y^{\dagger}\hat{y}\right)=\arg\min_{A_K b_K}E\left\{\left\|x-(A_K y+b_K)\right\|^2\right\} \tag{3-11}$$

对于任意随机变量 X 和 Y，基于观察 $Y=y$ 的 x 的线性最小均方差估计为 $\hat{x}+R_{yx}^{\mathrm{T}}R_y^{\dagger}(y-\hat{y})$。$x,y$ 关系的一阶矩模型是 $\hat{x}=R_{yx}^{\mathrm{T}}R_y^{\dagger}(y-\hat{y})+\hat{x}+e$，其中误差

$e = x - \hat{x} - R_{yx}^{\mathrm{T}} R_y^{\dagger}\left(y - \hat{y}\right)$，且$e$与$y$是没有关系的，即$R_{ey} = R_{yx}^{\mathrm{T}} - R_{yx}^{\mathrm{T}} R_y^{-1} R_y = 0$；$e$的均值是0，自协方差为$P_e = R_x - R_{yx}^{\mathrm{T}} R_y^{\dagger} R_{yx}$。

考虑在第k个时刻由N个节点组成的网络中动态传感器测量模型的状态空间表示为

$$\theta_{k+1} = g\left(\theta_k\right) + v_k,\ y_k = f\left(\theta_k\right) + n_k,\ z_k = A_k y_k + w_k \tag{3-12}$$

其中，g和f是非线性映射，$v_k \sim N\left(0, R_{vk}\right)$和$n_k \sim N\left(0, R_{nk}\right)$是互相独立的进程噪声和测量噪声，$\theta_k \in R^M, y_k \in R^N$是系统状态变量和传感器测量值，$z_k$是融合中心(FC)通过一个矩阵$A_k \in R^{N \times N}$获得的测量向量。

假设$\theta_{k|k-1}$是通过前面$k-1$次测量值$z_0, z_1, \cdots, z_{k-1}$得到的$\theta_k$的估计值。在第$k$步 FC 过滤问题涉及两个步骤。

(1)在收到所有传感器节点的观察信息之后，FC 通过在

$$y_k = f\left(\theta_{k|k-1}\right) + n_k,\ z_k = A_k y_k + w_k \tag{3-13}$$

中使用最佳放大系数α_i表现出最佳估计$\theta_{k|k} = \theta_k \mid z_k$，根据定理 3.1 和逆矩阵，估计误差方差矩阵$R_{e_k} := R_{\theta_{k|k} - \theta_{k|k-1}}$为

$$R_{\theta_{k|k-1}} - R_{\theta_{k|k-1} y_k} R_{y_k}^{-1} R_{\theta_{k|k-1} y_k}^{\mathrm{T}} + R_{\theta_{k|k-1} y_k}\left(R_{y_k} A_{\alpha_k}^{\mathrm{T}} R_{\tilde{v}_k}^{-1} A_{\alpha_k} R_{y_k}\right)^{-1} R_{\theta_{k|k-1} y_k}^{\mathrm{T}} \tag{3-14}$$

因此 FC 的目标是找到对角矩阵$A_{\alpha k}$在预算限制$\mathrm{tr}\left(A_{\alpha k} R_{yk} A_{\alpha k}^{\mathrm{T}}\right) \leqslant P_{\mathrm{total}}$条件下最小化 MMSE $E\left\{\left\|\theta_{k|k} - \theta_{k|k-1}\right\|^2\right\} = \mathrm{tr}\left(R_{e_k}\right)$，这些可以由 SDP 通过变量修改来表达：

$$\begin{aligned} &\alpha_{\alpha_k} = A_{\alpha_k}^{\mathrm{T}} A_{\alpha_k} \\ &\min \mathrm{tr}\left(G\right) \mathrm{s.t} X_{\alpha_k} \succ 0, \mathrm{tr}\left(X_{\alpha_k} R_{y_k}\right) \leqslant P_{\mathrm{total}} \\ &\begin{bmatrix} G & R_{\theta_{k|k-1} y_k} \\ R_{\theta_{k|k-1} y_k}^{\mathrm{T}} & R_{y_k} + R_{y_k} X_{\alpha_k} R_{\tilde{v}_k}^{-1} R_{y_k} \end{bmatrix} \succ 0 \end{aligned} \tag{3-15}$$

(2)将定理 3.1 应用到状态等式

$$\theta_{k+1|k} = g\left(\theta_{k|k}\right) + v_k \tag{3-16}$$

来更新$\theta_{k+1|k}$。

2. 扩展卡尔曼滤波器算法

下面介绍几种在非线性跟踪环境下的卡尔曼滤波器算法。

1)无迹卡尔曼滤波(Unscented Kalman Filter，UKF)

假设通过非线性状态方程传播具有均值$\bar{x}$和协方差P的一个状态变量x：

$$x_k = f\left(x_{k-1}\right) + v_{k-1} \tag{3-17}$$

测量方程为

$$y_k = h\left(x_k\right) + n_k \tag{3-18}$$

其中，v_k和n_k分别是过程噪声和测量噪声，相应的协方差矩阵是Q_k和R_k。

在通用的 UKF 框架下，x_k的递归估计可以通过下面步骤获得。

(1)计算 sigma 点。在$k-1$时刻，一组具有相关权重的确定性样本点生成的计算公式为

$$\chi_{0,k-1}=\overline{x}_{k-1}=\overline{x}_{k-1}+\left(\sqrt{(L+\gamma)P_{k-1}}\right)_i,\quad i=1,2,\cdots,L$$
$$=\overline{x}_{k-1}-\left(\sqrt{(L+\gamma)P_{k-1}}\right)_{i-L},\quad i=L+1,\cdots,2L \tag{3-19}$$

$$w_0^{(m)}=\gamma/(L+\gamma)=\gamma/(L+\gamma)+\left(1-\alpha^2+\beta\right)$$
$$=w_i^{(c)}=1/\{2(L+\gamma)\},\quad i=1,2,\cdots,2L \tag{3-20}$$

其中，χ_i 是 sigma 点，w_i 是相应的权重；L 是 x 的维度；$\gamma=\alpha^2(L+\kappa)-L$ 是一个缩放参数；α 决定了在 $\overline{x}$ 周围 sigma 点的扩散，通常是一个小的正值($1\times10^{-4}\leqslant\alpha\leqslant1$)；$k$ 是第二个缩放参数，通常设置为 0；β 用于合并 x 的先验分布；$\left(\sqrt{P}\right)_i$ 表示矩阵平方根的第 i 行。

(2)时间更新。在样本点通过非线性方程传播之后，预测的均值和协方差可以通过式(3-21)～式(3-28)计算：

$$\chi_{i,k|k-1}=f\left(\chi_{i,k-1}\right) \tag{3-21}$$

$$\hat{x}_k^-=\sum_{i=0}^{2L}w_i^{(m)}\chi_{i,k|k-1} \tag{3-22}$$

$$P_k^-=\sum_{i=0}^{2L}w_i^{(m)}\left[\chi_{i,k|k-1}-\hat{x}_k^-\right]\left[\chi_{i,k|k-1}-\hat{x}_k^-\right]^{\mathrm{T}}+Q_k \tag{3-23}$$

$$\chi_{i,k|k-1}^*=\left[\chi_{0:2L,k|k-1}\quad \chi_{0,k|k-1}+v\sqrt{Q_k}\quad \chi_{0,k|k-1}-v\sqrt{Q_k}\right]_i \tag{3-24}$$

$$Y_{i,k|k-1}^*=h\left(\chi_{i,k|k-1}^*\right) \tag{3-25}$$

$$\hat{y}_k^-=\sum_{i=0}^{2L^a}w_i^{*(m)}Y_{i,k|k-1}^* \tag{3-26}$$

$$P_{yy,k}=\sum_{i=0}^{2L^a}w_i^{*(c)}\left[Y_{i,k|k-1}^*-\hat{y}_k^-\right]\left[Y_{i,k|k-1}^*-\hat{y}_k^-\right]^{\mathrm{T}}+R_k \tag{3-27}$$

$$P_{xy,k}=\sum_{i=0}^{2L^a}w_i^{*(c)}\left[\chi_{i,k|k-1}^*-\hat{x}_k^-\right]\left[Y_{i,k|k-1}^*-\hat{y}_k^-\right]^{\mathrm{T}} \tag{3-28}$$

其中，$L^a=2L$，$v=\sqrt{L+\gamma}$；$w_i^{*(m)}$ 和 $w_i^{*(c)}$ 可以用式(3-19)计算方法计算，只是将 L 用 L^a 代替。从公式中可以看出通过从过程噪声协方差 Q 的矩阵平方根得出的其他点来增加 sigma 点，这样的目的是合并过程噪声对观测 sigma 点的影响。

(3)测量更新。计算卡尔曼增益来更新状态和协方差如下所示：

$$\kappa_k=P_{xy,k}P_{yy,k}^{-1} \tag{3-29}$$

$$\hat{x}_k=\hat{x}_k^-+\kappa_k\left(y_k-\hat{y}_k^-\right) \tag{3-30}$$

$$P_k=P_k^--\kappa_kP_{yy,k}\kappa_k^{\mathrm{T}} \tag{3-31}$$

上面三个公式概述了 UKF 算法。给定了初始条件 $\overline{x}_0=E\left[x_0\right]$ 和 $P_0=E\left[\left(x_0-\overline{x}_0\right)\left(x_0-\overline{x}_0\right)^{\mathrm{T}}\right]$，滤波过程可以循环执行。

2)迭代扩展卡尔曼滤波(Iterative Extended Kalman Filter，IEKF)

对于 IEKF，只要获得状态值 $\hat{x}_k^-$ 和相应的协方差 P_k^-，下面迭代过程(式(3-32)～式(3-34))

将会循环执行：

$$\hat{x}_{k,0}=\hat{x}_k^-,\ P_{k,0}=P_k^- \tag{3-32}$$

$$\hat{x}_{k,j+1}=\hat{x}_k^-+K_{k,j}\left[y_k-h\left(\hat{x}_{k,j}\right)-H_{k,j}\left(\hat{x}_k^--\hat{x}_{k,j}\right)\right] \tag{3-33}$$

$$P_{k,j}=\left(I-K_{k,j}H_{k,j}\right)P_k^- \tag{3-34}$$

$$H_{k,j}=\left.\frac{\partial h(x)}{\partial x}\right|_{x=\hat{x}_{k,j}} \tag{3-35}$$

$$K_{k,j}=P_k^-H_{k,j}^{\mathrm{T}}\left(H_{k,j}P_k^-H_{k,j}^{\mathrm{T}}+R_k\right)^{-1} \tag{3-36}$$

循环会一直进行直到遇到一个终止条件。

3)迭代采样卡尔曼滤波(Iterative Unscented Kalman Filter，IUKF)

在 UKF 中进行迭代是可以提高性能的，但是考虑到 IEKF 存在的问题，所以需要采取特殊步骤使迭代过滤器尽可能发挥作用，于是提出了 IUKF。该方法的主要步骤如下。

(1)对于每个时刻 $k(k\geqslant 1)$，通过式(3-19)～式(3-31)来评估状态估计值 $\hat{x}_k$ 和相应的协方差矩阵 P_k；

(2)让 $\hat{x}_{k,0}=\hat{x}_k^-,P_{k,0}=P_k^-,\hat{x}_{k,1}=\hat{x}_k,P_{k,1}=P_k$ ，设 $g=1,j=2$；

(3)用相同的方法(式(3-37))生成新的 sigma 点：

$$\chi_{i,j}=\left[\hat{x}_{k,j-1}\quad \hat{x}_{k,j-1}\pm\sqrt{(L+\gamma)P_{k,j-1}}\right]_i \tag{3-37}$$

(4)按照式(3-21)～式(3-30)重新计算式(3-22)～式(3-31)：

$$\hat{x}_{k,j}^-=\sum_{i=0}^{2L}w_i^{(m)}\chi_{i,j} \tag{3-38}$$

$$Y_{i,j}=h\left(\chi_{i,j}\right) \tag{3-39}$$

$$\hat{y}_{k,j}^-=\sum_{i=0}^{2L}w_i^{(m)}Y_{i,j} \tag{3-40}$$

$$P_{yy,k,j}=\sum_{i=0}^{2L}w_i^{(c)}\left[Y_{i,j}-\hat{y}_{k,j}^-\right]\left[Y_{i,j}-\hat{y}_{k,j}^-\right]^{\mathrm{T}}+R_k \tag{3-41}$$

$$P_{xy,k,j}=\sum_{i=0}^{2L}w_i^{(c)}\left[\chi_{i,j}-\hat{x}_{k,j}^-\right]\left[Y_{i,j}-\hat{y}_{k,j}^-\right]^{\mathrm{T}} \tag{3-42}$$

$$\kappa_{k,j}=P_{xy,k,j}P_{yy,k,j}^- \tag{3-43}$$

$$\hat{x}_{k,j}=\hat{x}_{k,j}^-+g\cdot\kappa_{k,j}\left(y_k-\hat{y}_{k,j}^-\right) \tag{3-44}$$

$$P_{k,j}=P_{k,j-1}-\kappa_{k,j}P_{yy,k,j}\kappa_{k,j}^{\mathrm{T}} \tag{3-45}$$

其中，下标 j 表示第 j 次迭代；$Y_{i,j}$ 表示 Y_j 的第 i 个部分。

(5)定义三个等式，如下所示：

$$\hat{y}_{k,j}=h\left(\hat{x}_{k,j}\right) \tag{3-46}$$

$$\tilde{x}_{k,j}=\hat{x}_{k,j}-\hat{x}_{k,j-1} \tag{3-47}$$

$$\tilde{y}_{k,j} = y_k - \hat{y}_{k,j} \tag{3-48}$$

(6) 如果式(3-48)成立，并且 $j \leqslant N$，那么设置 $g = \eta, j = j+1$，并返回到步骤(3)，否则继续执行下一步。

$$\tilde{x}_{k,j}^{\mathrm{T}} P_{k,j-1}^{-1} \tilde{x}_{k,j} + \tilde{y}_{k,j}^{\mathrm{T}} R_k^{-1} \tilde{y}_{k,j} < \tilde{y}_{k,j-1}^{\mathrm{T}} R_k^{-1} \tilde{y}_{k,j-1} \tag{3-49}$$

(7) 如果不等式(3-49)不满足或者 $j > N$ 停止执行，并且设置 $\hat{x}_k = \hat{x}_{k,j}, P_k = P_{k,j}$。

扩展卡尔曼滤波(Extended Kalman Filter，EKF)是非线性跟踪环境中最为综合的算法之一，然而在近似统计的帮助下从 KF 获得的值比 EKF 更精确。实际上 EKF 有三个缺点：一是 EKF 线性化会产生不稳定滤波器；二是只有当雅可比矩阵存在时，EKF 才能进行线性化；三是因为雅可比矩阵推导在大多数情况下都是非常重要的，所以使用 EKF 进行线性化非常困难。

3. 线性分式变换

线性分式变换(Linear Fractional Transformation，LFT)比 KF 更有效。线性调频变换将非线性系统转化为等效线性模型，无迹变换处理非线性结构。进一步使用贝叶斯方法将 LFT 技术扩展到多传感器环境。

从鲁棒控制理论可知，任何一阶可微的非线性映射都可以通过 LFT 模型进行等价表示，如下所示：

$$\begin{bmatrix} y \\ y_\Delta \end{bmatrix} = \begin{bmatrix} A & B \\ C & D \end{bmatrix} \begin{bmatrix} x \\ w_\Delta \end{bmatrix} \tag{3-50}$$

$$w_\Delta = \varDelta(x) y_\Delta \tag{3-51}$$

其中，$A \in R^{m \times n}, B \in R^{m \times n_\Delta}, C \in R^{n_\Delta \times n}, D \in R^{m_\Delta \times n_\Delta}$。辅助变量 $w_\Delta \in R^{n_\Delta}$ 和 $y_\Delta \in R^{n_\Delta}$ 通过 $\varDelta(x)$ 连接，$\varDelta(x) = \sum_{i=1}^{n} \varDelta_i x(i)$。

LFT 系统可以通过式(3-52)表示：

$$y = \left(A + B\varDelta(x)\left(I - D\varDelta(x)\right)^{-1} C\right) x \tag{3-52}$$

定义回归点 $w_{\Delta i} = \varDelta(x_i) y_{\Delta i}$，其中 $y_{\Delta i} = Cx_i + D\overline{w}\varDelta$；$\overline{w}_\Delta \approx E\{w_\Delta\}$

$$\overline{w}_\Delta = \left(I - \overline{\varDelta} D\right)^{-1} \left(\frac{1}{p+1} \sum_{i=0}^{p} \varDelta(x_i) C x_i\right) \tag{3-53}$$

$$\overline{\varDelta} = \frac{1}{p+1} \sum_{i=0}^{p} \varDelta(x_i) = \varDelta(x_0) \tag{3-54}$$

$$R_\Delta = \frac{1}{p+1} \sum_{i=0}^{P} \left(w_{\Delta i} - \overline{w}_\Delta\right)\left(w_{\Delta i} - \overline{w}_\Delta\right)^{\mathrm{T}} \tag{3-55}$$

$$R_{\Delta x} = \frac{1}{p+1} \sum_{i=0}^{P} \left(w_{\Delta i} - \overline{w}_\Delta\right)\left(x_i - x\right)^{\mathrm{T}} \tag{3-56}$$

可以看出式(3-53)～式(3-56)中 w_Δ 的一阶和二阶矩的近似值避免了式(3-52)中的线性化，但是这个在高度非线性模型中是不适用的。为了更好地应用于高度非线性结构，又提出一种计算方法：

对于随机变量 $y = f(x) + \tilde{B}w$，其因变量为 x，x 的均值为 $\overline{x}$，协方差为 R_x，

$w \sim N(\cdot;0,R_w)$，w 与 x 是相互独立的，用 LFT 等效表示形式为

$$\begin{aligned} y &= Ax + \tilde{B}w + Bw_{\Delta}, \\ y_{\Delta} &= Cx + Dw_{\Delta}, \\ w_{\Delta} &= \Delta(x)y_{\Delta} \end{aligned} \tag{3-57}$$

其中，$\tilde{B} \in R^{m \times n_w}$。$y$ 的期望为 $\overline{y} = A\overline{x} + B\overline{w}_{\Delta}$，$\overline{w}_{\Delta}$ 是按照式(3-53)计算的。y 的协方差 R_y 和 y 与 x 的交叉协方差为 R_{yx} 如下所示：

$$R_y = AR_xA^{\mathrm{T}} + \tilde{B}R_w\tilde{B}^{\mathrm{T}} + \tilde{B}R_{\Delta}\tilde{B}^{\mathrm{T}} + AR_{\Delta x}^{\mathrm{T}}B^{\mathrm{T}} + BR_{\Delta x}A^{\mathrm{T}} \tag{3-58}$$

$$R_{yx} = AR_x + BR_{\Delta x} \tag{3-59}$$

R_{Δ} 和 $R_{\Delta x}$ 按照式(3-55)和式(3-56)计算。

4. 全局最优分散贝叶斯滤波器

考虑 m 个传感器节点被部署以连续观察时变非线性过程的噪声版本，其状态动力学和测量模型如下所示：

$$\theta_{k+1} = f(\theta_k) + v_k \tag{3-60}$$

$$y_k = g(\theta_k) + n_k \tag{3-61}$$

$$z_k = H_{\alpha k}y_k + w_k \tag{3-62}$$

在时刻 k，式(3-60)是通过非线性映射 $f(\cdot)$ 的 N 维状态向量 $\theta_k \sim N(\overline{\theta}_k, R_{\theta_k})$ 演化的方程，式(3-61)是通过一个非线性确定函数 $g(\cdot)$ 的所有传感器的测量方程，式(3-62)是数据融合方程。噪声向量 v_k, n_k, w_k 是均值为 0 的高斯噪声，它们的协方差分别是 $R_{v_k}, R_{n_k}, R_{w_k}$。利用中继矩阵 H_{α_k} 将非线性传感器观测值传输到 FC，定义为

$$H_{\alpha k} = \mathrm{diag}\left[\sqrt{\alpha_i(k)}\sqrt{h_i}\right]_{i=1,2,\cdots,M} \tag{3-63}$$

其中，$\sqrt{h_i}$ 为第 i 个传感器节点和 FC 的信道增益，$\sqrt{\alpha_i(k)}$ 是时刻 k 的第 i 个节点控制发射功率的放大系数。

假设 $f(\theta_k) = (f_1(\theta_k), f_2(\theta_k))$，$g(\theta_k) = (g_1(\theta_k), g_2(\theta_k))$，其中 f_1，g_1 是中度非线性映射，f_2，g_2 是高度非线性映射。f_2，g_2 可以通过确定性矩阵 $F_k, B_k, G_k, D_k, F_{\Delta k}, B_{\Delta k}$ 和非线性映射 $\Delta_k(\theta_k)$ 转为一个 LFT：

$$\begin{bmatrix} f_2(\theta_k) \\ g_2(\theta_k) \\ \theta_{\Delta k} \end{bmatrix} = \begin{bmatrix} F_k & B_k \\ G_k & D_k \\ F_{\Delta k} & B_{\Delta k} \end{bmatrix} \begin{bmatrix} \theta_k \\ w_{\Delta k} \end{bmatrix}, \quad w_{\Delta k} = \Delta_k(\theta_k)\theta_k \tag{3-64}$$

给定初始信息 $E[\theta_0] = \overline{\theta}_{0|-1}$ 和 $R_{\theta_0} = R_{0|-1}$，FC 层的问题是基于实时信息 z_k 追踪状态 θ_k。如果把 $\theta_{0|-1} \sim N(\overline{\theta}_{0|-1}, R_{0|-1})$ 作为 θ_0 的初始估计，在时刻 k 时 $\theta_{k|k-1}$ 是 θ_k 的估计值，FC 在每个时刻 k 会处理两个迭代的过程。

基于 KF 的数据融合方法是非线性环境下的一种普遍选择，但异常的数据会导致 KF 故障，因此在虚假的数据信息环境中(特别是在物联网等传感器密集环境下)是不可行的。

3.1.4　目标跟踪

目标跟踪是数据融合技术应用最早的领域之一。跟踪领域的数据融合在军事应用、机器人技术、无线系统和交通运输等领域发挥着重要作用。例如，跟踪与监视融合系统能够正确选择目标、定位威胁、识别高层安全区域中未经识别和未经授权的移动物体以及及时做出决策。本节将分析多目标跟踪、成本效益、错误缓解、异步和跟踪到跟踪问题。

多目标跟踪算法采用场景自适应的分层数据关联。有的方法可以自适应地确定给定目标在各自场景中具有高可靠性的特征。在可靠特征的帮助下创建了层次特征空间，并进行不同图层的数据关联，该方法在室内和室外系统中都有效地工作。

1. 多目标跟踪模型

定义目标 j 的轨迹状态向量为 $\mu_j=\left[x_{a,j},y_{a,j},\dot{x}_{a,j},\dot{y}_{a,j}\right]^{\mathrm{T}}$，$\dot{x}_{a,j}$ 和 $\dot{y}_{a,j}$ 分别是 x 和 y 的目标速率。在每个时间段 t，目标运动服从线性离散时间马尔可夫过程，建模为

$$u_j(t)=A_j(t)u_j(t-1)+C_j(t)v_j(t) \tag{3-65}$$

其中，$A_j(t)$ 是状态转换矩阵，$C_j(t)v_j(t)$ 是过程噪声，$v_j(t)$ 服从高斯分布，$v_j(t)\sim N(0,Q_j(t))$。

在每个时间段 t，目标 j 的测量向量 z_{ij} 建模为

$$z_{ij}(t)=H_{ij}(t)u_j(t)+w_{ij}(t) \tag{3-66}$$

其中，$H_{ij}(t)$ 是测量矩阵，$w_{ij}(t)$ 是测量噪声，$w_{ij}(t)\sim N(0,R_{ij}(t))$。

2. 用于航迹融合的序贯卡尔曼滤波器

在传感器管理模块中进行目标传感器分配决策 $\{S_j(t)\}_{j=1}^{N_a}$ 后，通过 $S_j(t),\forall j$ 中各传感器之间的协作对各目标 j 进行航迹融合，使用基于线性动态模型和测量模型中卡尔曼滤波器。

根据卡尔曼的符号约定，$\hat{\mu}_j(t|t-1)$ 表示在给定到 $t-1$ 的所有可用测量值的情况下，在时间 t 时目标 j 的预测先验状态向量，并且 $\hat{\mu}_j(t|t)$ 表示在合并来自分配的传感器 $i\in S_j(t)$ 的测量值 $\{z_{ij}(t)\}_i$ 之后更新的后验状态估计值。相应地，目标 j 的先验估计误差和后验估计误差分别是

$$e_j(t|t-1)=u_j(t)-\hat{u}_j(t|t-1) \tag{3-67}$$

$$e_j(t|t)=u_j(t)-\hat{u}_j(t|t) \tag{3-68}$$

误差协方差矩阵分别为

$$P_j(t|t-1)=E\left[e_j(t|t-1)e_j^{\mathrm{T}}(t|t-1)\right] \tag{3-69}$$

$$P_j(t|t)=E\left[e_j(t|t)e_j^{\mathrm{T}}(t|t)\right] \tag{3-70}$$

为了便于传感器管理采用 KF 信息形式进行航迹融合，将状态向量估计 $\hat{u}_j$ 和估计误差协方差矩阵 P_j 分别变换为信息状态向量 $\hat{y}_j=P_j^{-1}\hat{u}_j$ 和信息矩阵 $Y_j=P_j^{-1}$。传统 KF 中的更新 $(\hat{u}_j,P_j)$ 可以等价地从 $(\hat{y}_j,Y_j)$ 中获得，这是由转换后的 KF 更新规则给出的。

预测：

$$\hat{y}_j(t|t-1) = Y_j(t|t-1)A_j(t)Y_j^{-1}(t-1|t-1)\hat{y}_j(t-1|t-1) \tag{3-71}$$

$$Y_j^{-1}(t|t-1) = A(t)Y_j^{-1}(t-1|t-1)A^{\mathrm{T}}(t) + C(t)Q(t)C^{\mathrm{T}}(t) \tag{3-72}$$

估计：

$$\hat{y}_j(t|t) = \hat{y}_j(t|t-1) + \sum_{i\in S_j(t)} H_{ij}^{\mathrm{T}}(t)R_{ij}^{-1}(t)z_{ij}(t) \tag{3-73}$$

$$Y_j(t|t) = Y_j(t|t-1) + \sum_{i\in S_j(t)} H_{ij}^{\mathrm{T}}(t)R_{ij}^{-1}(t)H_{ij}(t) \tag{3-74}$$

上述信息形式的 KF 在跟踪性能上与传统的 KF 相当，为多传感器融合提供了计算优势。

3. 融合雷达、图像和自动车辆里程计融合技术

一种多目标跟踪融合技术使用了 ego 车辆里程计、图像和雷达，其中数据融合在高水平上进行，从而会有高度可靠的结果[5]。该方案还可以定位静止目标并进行宽度估计。这些算法是使用 SASPENCE 应用程序实现的，这种方法在困难的环境条件下是非常可靠的。

数据融合系统通过融合雷达、图像和 ego 车辆里程数据生成了一个目标列表，并在 ego 车辆坐标系下进行跟踪。使用的灰阶相机分辨率为 640 像素×480 像素，水平开度为 22.5°，更新率为 30Hz。远程 77GHz 雷达开角 15°，更新速率为 10Hz，最大射程 120m 左右。数据在高水平上进行融合，这意味着两个传感器的处理几乎彼此独立。假设许多数据融合系统来自不同来源的数据是同步的，但通常不是同步的。图 3-5 显示了整个数据融合系统架构，该系统估计了在离散时间 k 每个对象 $o\in O$ 对象状态 $\boldsymbol{x}_0$，对象状态向量是 $\boldsymbol{x}_0=(x_o\ y_o\ \theta_o\ v_o\ \omega_o\ d_o)^{\mathrm{T}}$，其中 (x,y) 是位置，θ 是 ego 车辆坐标系中对象的方向，v 是相对速度，ω 是角速度，d 是对象的宽度。

在时间 k 进行一次新观察之后的第一步是补充发生在上一次观察的 $\boldsymbol{y}_{k-1}$ 和目前的 $\boldsymbol{y}_k$ 之间的自身运动；在这之后，每个对象 $o\in O$ 的一个新的状态 $\boldsymbol{x}_{o_k}^*$ 可以被预测。这些预测状态被转换为相应的观察空间：

$${}^{R(\mathrm{adar})}\boldsymbol{y}_o = \left({}^{R}r_o \quad {}^{R}\phi_o \quad {}^{R}v_o\right)^{\mathrm{T}} \tag{3-75}$$

$${}^{I(\mathrm{mage})}\boldsymbol{y}_o = \left({}^{I}x_o \quad {}^{I}y_o \quad {}^{I}d_o\right)^{\mathrm{T}} \tag{3-76}$$

其中，r 是距离，ϕ 是角度，v 是雷达测量的相对速度，(x,y) 是位置，d 是图像坐标中得到的对象宽度。通过将非线性转换函数应用到预测状态 $\boldsymbol{x}_{o_k}^*$ 和相应的雅可比行列式 ${}^{R/I}J_o=\dfrac{\partial^{R/I}h_o(t+T)}{\partial\boldsymbol{x}_o^*}$，预测的测量状态和协方差可以按照式(3-77)计算：

$$\begin{aligned}\boldsymbol{y}^* &= {}^{R/I}h_o(\boldsymbol{x}_o^*)\\ U^* &= {}^{R/I}J_oP_o^*\,{}^{R/I}J_o^{\mathrm{T}}\end{aligned} \tag{3-77}$$

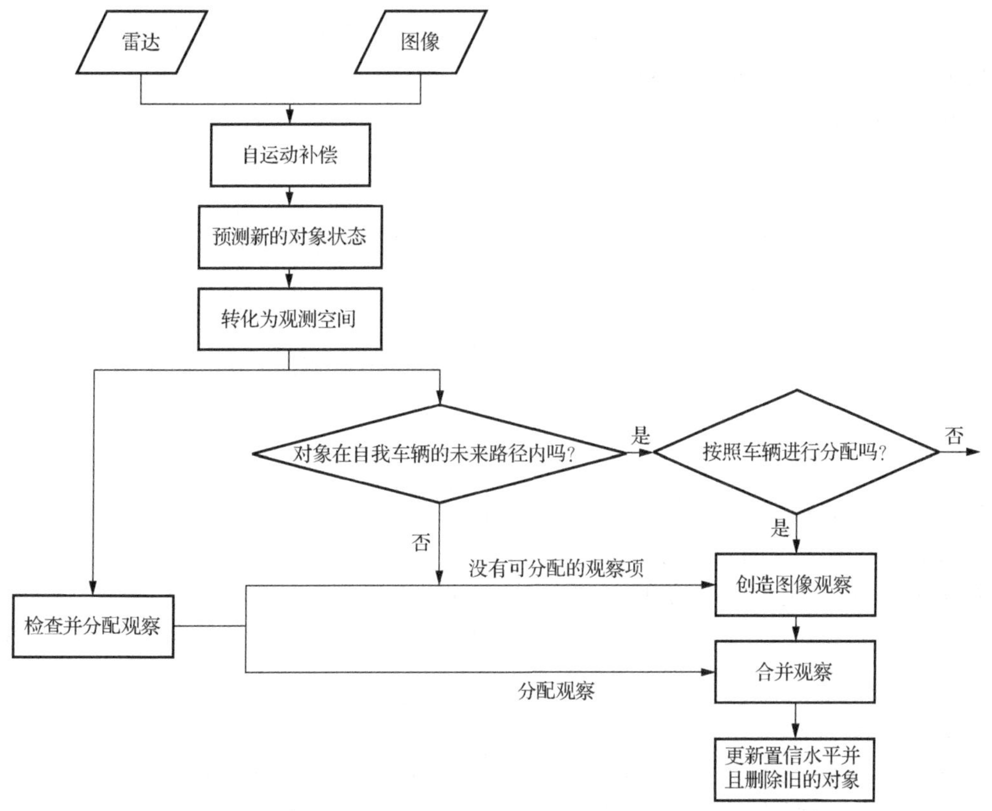

图 3-5 数据融合系统架构

如果是新的雷达观测，则一个门控可以从观测列表中删除异常值：如果由密度函数(式(3-78))计算的概率 p 小于某个阈值，将观测的值从观测列表中移除并用于初始化新对象(R 表示雷达测量协方差)。使用简单的最近邻方法对剩余观测值和滤波器列表应用一对一分配；使用标准 EKF 方程更新观测值分配到的滤波器。

$$p\left(y \mid y^*\right)=\frac{1}{2\pi^{\frac{n}{2}}\sqrt{\left|\det\left(U^*+R\right)\right|}}\mathrm{e}^{-\frac{1}{2}\left(y-y^*\right)^{\mathrm{T}}\left(U^*+R\right)^{-1}\left(y-y^*\right)} \tag{3-78}$$

4. T2T 融合算法

跟踪数据融合系统是由关联和估计两部分组成的。物联网系统使用的两种广泛的关联类型是测量跟踪(Measurement Tracking，MT)和 T2T 关联。两者的主要区别在于传感器级的实现是在 MT 中，而数据融合中心级的实现是在 T2T 中。T2T 融合中的关联性是至关重要的，但是由于伪迹和漏迹，随机误差和传感器偏差会更加复杂。

在快速运动目标跟踪过程中，T2T 融合会产生一个复杂的异步问题，但对于慢速运动目标来说这一问题并不重要。为了解决这个问题，将数据融合分三个不同的阶段执行。在第一阶段，估计在融合中心进行，记录获取的传感器数据后与融合中心时间基准相对应的实际时间。在第二阶段，融合中心通过预测来移动接收到的数据，然后开始下一个融合周期。此步骤同步实时非相关航迹到航迹融合所需的数据。在第三阶段，采用线性最小方差无偏估计算法对伪同步数据进行融合。

异步 KF 通常用 T2T 融合，这里比较分析了三种成熟的 T2T 算法：互协方差、协方差交集和协方差联合与异步 KF，以获得 T2T 融合问题的性能。

这些方法的数学公式如下。

1) 交叉协方差方程

X 和 Y 交叉协方差矩阵如下所示：

$$\mathrm{Cov}[x,y]=\begin{pmatrix} E\left[\left(X_1-E[X_1]\right)\left(Y_2-E[Y_2]\right)\right] & E\left[\left(X_1-E[X_1]\right)\left(Y_2-E[Y_2]\right)\right] \\ E\left[\left(X_2-E[X_2]\right)\left(Y_1-E[Y_1]\right)\right] & E\left[\left(X_2-E[X_2]\right)\left(Y_2-E[Y_2]\right)\right] \\ E\left[\left(X_3-E[X_3]\right)\left(Y_1-E[Y_1]\right)\right] & E\left[\left(X_3-E[X_3]\right)\left(Y_2-E[Y_2]\right)\right] \end{pmatrix} \tag{3-79}$$

其中，$X=[X_1X_2X_3]^{\mathrm{T}}$，$Y=[Y_1Y_2]^{\mathrm{T}}$。

2) 协方差交集方程

协方差交集算法用于融合具有未知相关性的 KF 中的两个或多个状态变量估计。a 和 b 是要融合到信息项 c 中的两个已知信息项。a 和 b 具有均值 $\hat{a}$、$\hat{b}$，协方差 A、B，但是互相关性是未知的。通过协方差交集更新给出了 c 的平均值和协方差为

$$C^{-1}=\omega A^{-1}+(1+\omega)B^{-1} \tag{3-80}$$

$$\hat{c}=C\left(\omega A^{-1}\hat{a}+(1+\omega)\right)B^{-1} \tag{3-81}$$

3) 协方差联合方程

即使状态估计的差异超过其中任意一个轨迹的协方差，协方差联合方法也可以对两个轨迹进行融合。利用一个新的状态向量 $\hat{\varepsilon}_c$ 得到 u 融合估计。融合协方差矩阵用 P_c 表示，P_c 大于 P_a 和 P_b。融合估计 $C=\{\hat{\varepsilon}_c,P_c\}$ 是由 $U_a=P_a+(\hat{\varepsilon}_c-\hat{\varepsilon}_a)\cdot(\hat{\varepsilon}_c-\hat{\varepsilon}_a)^{\mathrm{T}}$ 和 $U_b=P_b+(\hat{\varepsilon}_c-\hat{\varepsilon}_b)\cdot(\hat{\varepsilon}_c-\hat{\varepsilon}_b)^{\mathrm{T}}$，$P_{ab}=\max(U_a,U_b)$，$\hat{\varepsilon}_c=\arg\min\left(\det\left(P_{ab}\right)\right)$ 组成。

互协方差 T2T 融合的性能优于其他两种方法且互协方差的运行时间最小。协方差交集给出了第二个最小运行时间，其中均方根误差刚好超过异步 KF。在协方差联合中，均方根误差近似等于互协方差，但计算量大。用于 T2T 融合的异步 KF 产生最小性能的两个原因：一是当新传感器对象列表到达时，统一的 KF 对象列表会在每个实例上异步更新。根据先前滤波的结果和被跟踪对象观察到的相同的相关现象来看，每个传感器的对象在时间上都是相关的，所以这对于 KF 来说是不正确的；二是对已经经过 KF 的数据实施 KF 会因为 KF 的低通特性产生额外的相位延迟。

跟踪定位方面的数据融合技术在汽车工业中也很流行。GPS 的数据融合和惯性导航系统(Inertial Navigation System，INS)的数据融合在定位系统中得到了广泛的应用。虽然 INS 应用程序是高度精确的，但是 INS 的安装是昂贵和耗时的。车辆定位系统的估计必须具有高度的准确性、可靠性和信息连续性。低成本 GPS 接收机是传统汽车应用中常用的接收机，这些系统的精度和可靠性都不高，不能保证 GPS 误差期间的信息连续性。

智能手机、智能手表和平板电脑等移动设备越来越普及，这些设备上的各种应用程序为了能更好地了解环境需要访问大量和不同类型的信息，这增加了对设备传感器数据融合的平台的需求，也为未来智慧社会的下一代智能移动设备提供动力。

3.2　物联网大数据分析

大数据和物联网正在飞速发展，物联网产生的数据增长在大数据分析领域发挥了重要作用，然而如果没有分析能力，这些数据是没有用的。物联网数据不同于通过系统收集的常规大数据，数据收集过程中涉及的传感器和对象多种多样，包括异构性、噪声、多样性、快速增长等特点。到 2030 年传感器的数量将增加 1 万亿个，这将影响大数据的增长。将数据分析和物联网引入大数据需要巨大的资源，物联网可以提供优秀的解决方案。物联网服务提供适当的资源和密集的应用，以便在各种部署的应用程序之间进行有效的通信。该过程满足物联网应用的需求，可以减少未来大数据分析的一些挑战。此外，实施物联网和大数据集成解决方案可以帮助解决存储、处理、数据分析和可视化工具等方面的问题。它还可以帮助改善智慧城市中各种对象之间的协作和通信。智能生态环境、智能交通系统、智能电网、智能建筑、物流智能管理等应用领域将受益于上述安排。物联网大数据分析已在帮助商业协会和其他组织提高对数据的理解，能够做出高效的决策。大数据分析使数据挖掘人员和科学家能够分析大量非结构化数据，这些数据可以使用传统工具加以利用，此外大数据分析旨在立即提取知识信息，这些技术有助于做出预测，识别最近的趋势，发现隐藏的信息和做出决策。对于物联网大数据分析将从下面几个方面进行详细介绍。

3.2.1　物联网数据分析

物联网是大数据的生产者，而物联网数据不同于一般的大数据，为了更好地了解物联网数据分析的需求，就要更好地认识物联网数据分析与一般的大数据分析的区别以及它们的属性。

物联网数据的特点：一是大规模数据流。大量的数据捕捉设备被分发和部署到物联网应用程序中，并持续生成数据流。这导致了大量的连续数据。二是异构性。各种物联网数据采集设备采集的信息不同会导致数据异构。三是时间和空间相关性。在大多数物联网应用中，传感器设备连接到特定的位置，因此具有每个数据项的位置和时间戳。四是高噪声数据。由于物联网应用中的小块数据，很多数据在采集和传输过程中可能会出现误差与噪声。

虽然从大数据中获取隐藏的知识和信息有望提高我们的生活质量，但这并不是一项简单而直接的任务。对于这样一个超越传统推理和学习方法能力的复杂且具有挑战性的任务，需要新的技术、算法和基础设施去处理。最近快速计算和先进的机器学习技术方面取得了进展，这为大数据分析和适合物联网应用的知识提取打开了大门。

除了大数据分析，物联网数据还需要另一种新的分析类型，即快速流数据分析，以支持具有高速数据流且需要时间敏感的应用程序(即实时或接近实时)动作。事实上，如自动驾驶、火灾预测、驾驶员/老年人姿势(以及意识和/或健康状况)识别等应用程序需要快速处理输入数据并快速采取行动来实现目标。物联网应用中可以使用一种利用云基础设施和服务的能力进行快速流数据分析的方法与框架，但需要在更小的平台上进行。实际上，这类决策应该通过快速分析可能来自多个来源的多模态数据流来支持，包括多个车辆传感器(如摄像头、雷

达、光学雷达、速度计、左/右信号等)、来自其他车辆的通信以及交通实体(如交通灯、交通标志)。在这种情况下，将数据传输到云服务器进行分析并返回响应导致的延迟可能会导致交通违规或事故，更关键的情况是通过这样的车辆来检测行人要严格做到实时准确识别，防止发生致命事故。这些情况意味着物联网的快速数据分析必须接近或位于数据的源头，以消除不必要的和令人望而却步的通信延迟。

根据物联网应用的要求采用不同的分析类型。表 3-1 给出了基于分析类型及其级别的比较。

表 3-1 分析类型及其级别比较

分析类型	指定条件	体系结构	优势
实时分析	分析传感器的大量数据	Greenplum/Hana	传统关系数据库和基于内存的计算平台的并行处理集群
离线分析	低精度快速响应量	SCRIBE/Kafka/Time-Tunnel/ Chukwa	基于 Hadoop 的离线分析架构可以降低数据转换成本
内存级分析	数据小于集群内存	MongoDB	实时
BI 分析	数据大于内存级	Data analysis plans	离线在线并行
海量分析	数据量大于传统数据库BI 分析产品全部容量	MapReduce	大多属于离线

3.2.2 物联网与大数据的融合

物联网的部署在数量和类别上增加了数据量，这为大数据的应用和发展提供了机遇。大数据技术在物联网中的应用加速了物联网的发展，物联网与大数据的融合如图 3-6 所示。

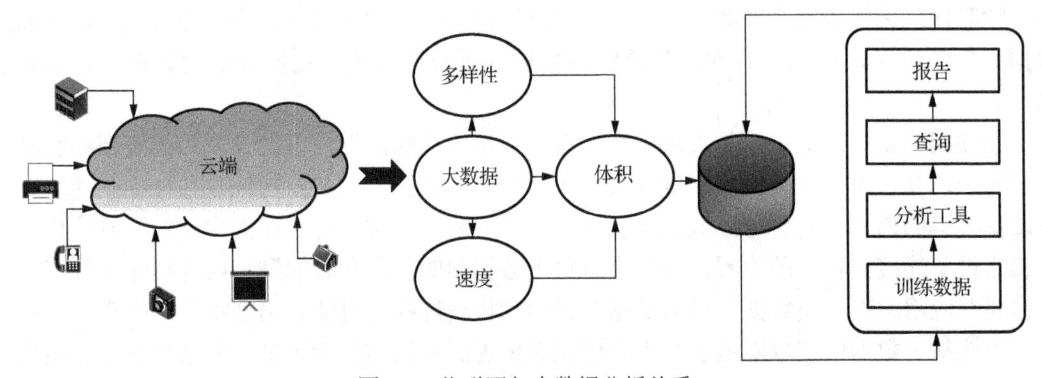

图 3-6 物联网与大数据分析关系

实现物联网数据的管理可以分为三个步骤。第一步包括管理物联网数据源，其中连接的传感器设备使用应用程序相互交互。例如，闭路电视摄像头、智能交通信号灯、智能家居设备等之间的交互会产生大量不同格式的数据源。这些数据可以存储在云中。第二步生成的数据称为大数据，是因为它们的体积、速度和多样性。这些海量数据存储在共享分布式容错数据库的大数据文件中。第三步应用分析工具，如 MapReduce、Spark、Splunk 和 Skytree，可以分析存储的大型物联网数据集。这三个层次的分析从训练数据开始，然后转向分析工具、查询和报告。

3.2.3　用于大数据分析的物联网结构

物联网架构概念在基于物联网领域的抽象和识别有了多种定义。它提供了一个参考模型，定义了各种物联网之间的关系，垂直领域上有智能交通系统、智能家居、智能健康。大数据分析的架构提供了一种数据抽象的设计，此外还提供了一个建立在参考模型之上的参考体系结构。一个以云计算为中心的物联网架构的体系结构是以物联网为统一体系结构，通过无缝的泛在感知、数据分析和信息表示来实现。图 3-7 展示了物联网架构和大数据分析，在该图中传感器层包含所有的通过无线网络连接的传感器设备和对象。这种无线网络通信可以是 RFID、Wi-Fi、超宽带、ZigBee 和蓝牙。物联网网关允许互联网和各种网站的交流。图 3-7 的上层是大数据分析，从传感器接收到的大量数据存储在云中，通过大数据分析应用程序进行访问。这些应用程序包含应用程序接口(Application Programming Interface，API)管理和一个仪表盘，用来帮助与处理引擎进行交互。

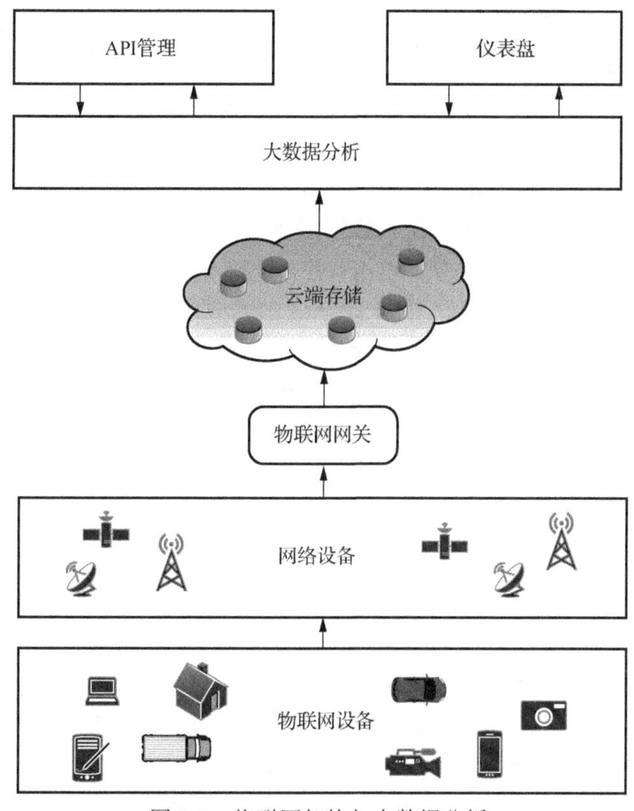

图 3-7　物联网架构与大数据分析

基于元模型的物联网体系结构对象集成方法的概念被半自动地合成一个整体的数字企业架构环境，其主要目标是为复杂的业务、体系结构管理和评估系统的开发以及 IT 环境提供足够的决策支持。因此，物联网的架构决策与代码实现紧密相连，使用户能够理解企业架构管理与物联网的集成。

3.2.4 物联网数据分析的问题

物联网数据分析存在一些待解决的问题，如数据隐私。尽管数据是由匿名用户生成的，但当系统使用大数据分析工具推断或恢复个人信息时就会出现隐私问题。随着大数据分析技术在物联网数据中的广泛应用，隐私问题已成为数据挖掘领域的核心问题。因为这些系统没有提供关于用户个人信息盗窃或误用的可靠服务级别协议(Service Level Agreement，SLA)条件，所以大多数人是不愿意依赖这些系统的。实际上用户的敏感信息必须受到保护且不可以受外界干扰，目前也有临时身份、匿名和加密等几种加强数据隐私的方法。

与物联网数据相关的另一个安全风险是使用的设备类型和生成数据(如原始设备、数据类型和通信协议)的异构性。用于与应用程序进行通信的设备在网络之外可以有不同的大小和形状，物联网系统应该为每个设备分配一个识别系统，另外企业应该维护这些连接设备的元存储库以便进行审计。这种对专业安全人员来说是崭新领域的异构物联网体系结构会增加安全风险，因此此场景中的任何攻击都会损害系统安全性并断开连接的设备。在物联网大数据背景下，安全和隐私是处理和存储大量数据的关键挑战。此外为了执行关键操作和承载私有数据，这些系统高度依赖第三方服务和基础设施，因此数据速率的指数增长给保护关键数据的每个部分都造成了困难，对动态增加数据部署的安全方案也是很困难的。

通过物联网生成的数据会出现一些安全问题：一是很难做到及时更新，使系统保持最新；二是事件管理，很难确定可疑流量以及无法捕捉到无法辨认的事件；三是互操作性，自营和找到隐藏的特定于供应商的过程会带来攻击；四是协议聚合，尽管 IPv6 目前与最新的规范兼容，这个协议还没有完全部署，因此 IPv4 安全规则的应用可能不适用于保护 IPv6。

目前还无法解决这些问题，但是做到这三点也能尽量避免出现问题：一是要避免互操作性和可靠性问题，必须有一个真正开放的生态系统和标准的 API；二是设备之间通信时必须得到良好的保护；三是装置应以最佳保护措施硬编码，以防止常见的隐私威胁。

3.3 物联网与云计算

物联网和云计算息息相关。物联网通过传感器采集到海量数据，云计算对海量数据进行智能处理与分析。在云计算技术的支持下，物联网能够进一步提升数据处理和分析能力，也为物联网的海量数据提供了足够大的存储空间，所以物联网的发展离不开云计算的支持；作为云计算的最大用户，物联网也不断促进云计算的发展，物联网和云计算是相辅相成的。

云计算技术的一些主要特征与物联网的特征相关，这些特征包括互联网存储、互联网服务、互联网应用、能源效率和计算能力。表 3-2 列出了云计算在物联网中的贡献。

表 3-2　云计算在物联网中的贡献

物联网特征	互联网存储	互联网服务	互联网应用	能源效率	计算能力
运输领域的智能解决方案	√	√	√		√
融合更多可再生能源的智能电网	√	√			√
机场远程监控		√	√		√
家庭和机场传感器	√	√	√	√	√
检测和预测维修问题的发动机监控传感器		√	√	√	√

从表 3-2 可以看出，物联网的特性受云计算影响较大的是家庭和机场传感器。在云计算方面，影响最大的是互联网服务和计算能力。通过物联网和云的集成可以扩大云环境中可用技术的使用，云为移动和无线用户提供了访问物联网连接所需的所有信息与应用程序，云和物联网的特点往往是互补的。为了在特定的应用场景中获得更好的效果，物联网和云计算集成被提出。一般来说，物联网可以受益于云的存储能力和资源，以弥补其技术限制(如存储、处理、通信)。云可以为物联网服务的管理、应用和服务的实现提供有效的解决方案。另外，云可以从物联网中受益，它可以扩展其范围，以分布式和动态的方式处理现实世界的事物，并在现实生活场景中提供新的服务。在许多情况下，云可以提供事物和应用程序之间的中间层，隐藏实现后者所需的所有复杂性和功能。

3.3.1　物联网与云计算的集成

云计算提供了一个集中式的可配置计算资源池和计算外包机制，用类似于电力、水和污水等系统的方式为不同的人提供不同的计算服务。例如，在电力方面人们连接到电力公司的中央电网，而不是依靠自己生产电力。这种迁移有助于降低生产成本和时间，并提供更好的性能和可靠性。云以较低的成本为客户提供高性能和更可靠的计算服务，如电子邮件、即时消息和 Web 服务。

云计算还没有一个公认的定义。美国国家标准与技术研究院(NIST)定义了云计算的五个基本特征，即按需自助服务、广泛的网络访问、资源池、快速弹性或扩展以及可测量的服务。另外云计算是一个通过互联网为用户提供透明的虚拟资源的动态的、易于扩展的平台。云计算架构由三层组成：软件即服务(Software as a Service，SaaS)、平台即服务(Platform as a Service，PaaS)、基础设施即服务(Infrastructure as a Service，IaaS)。云也可以看作由客户端、应用程序、平台、基础设施和服务器五个组件组成的架构，其有以下四种部署模式：由服务提供商拥有和管理实体基础设施的公共云、有形基础设施由一个组织财团拥有和管理的社区云、由特定组织拥有和管理基础设施的私有云和前三种模型组合成的混合云。图 3-8 显示了云部署模型及其内部基础

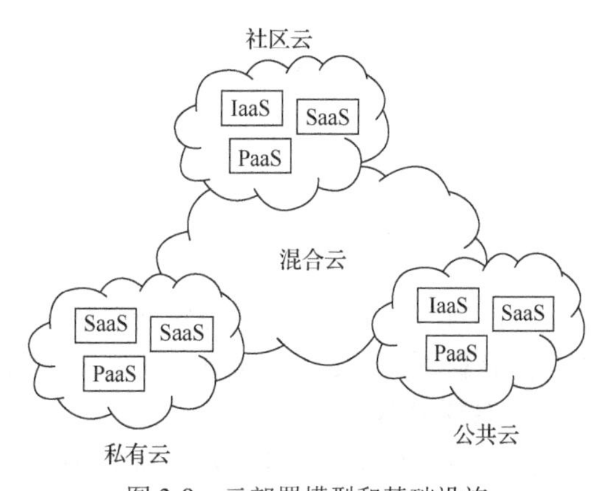

图 3-8　云部署模型和基础设施

设施(IaaS、PaaS 和 SaaS)。云部署模型具有类似的内部基础设施，但在策略和用户访问级别上比较谨慎。

物联网与云计算集成的主要驱动因素(即推动云与物联网集成的动机)主要有通信、存储、计算和范围。

(1)通信。数据和应用程序共享是属于通信范畴的两个重要的云计算驱动因素。通过物联网与云计算的集成，个性化和无处不在的应用程序可以通过物联网进行交付，且自动化能以低成本应用于数据收集和分发。云提供了一个有效且低成本的解决方案——通过使用定制门户和内置应用程序，随时随地连接、跟踪和管理任何事物。高速网络的可用性可以实现对远程事物及其协调性和通信及实时访问产生的数据的有效监视与控制。虽然云计算可以显著改善和简化物联网通信，但在某些情况下它并不是理想化的。在过去 20 年中数据存储密度和处理器功率分别增长了 10^{18} 倍和 10^{15} 倍，而宽带容量仅增长了 10^{4} 倍，因此当将大量数据从互联网边缘传输到云上时可能会出现实际限制。

(2)存储。从定义来看，物联网涉及大量信息源(即事物)，产生大量的非结构化或半结构化数据，这些数据还具有大数据的三个典型特征：体积(即数据大小)、多样性(即数据类型)和速度(即数据生成频率)。由于云提供了几乎无限制、低成本和按需的存储容量、大规模和长期存储成为重要的云计算驱动力。对于物联网产生的数据，在云端处理是最为方便、最具成本效益的解决方案。具体体现为云为数据的聚合、集成、与第三方共享创造了新的机会，对于进入云端的数据能够通过定义好的应用程序接口视为同构的，其次能够提供顶尖安全性保护数据，最后可以从任何地方直接访问服务器同时进行数据可视化。

(3)计算。物联网设备的处理能力和能源资源有限，不允许复杂的数据实时处理。收集到的数据通常会传输到功能更强大的节点，可以在这些节点上对数据进行聚合及处理，但如果没有适当的基础架构则很难实现可伸缩性。云提供了近乎无限的处理能力和按需使用模型。这是另一个重要的云物联网驱动因素，物联网处理需求可以得到适当满足，可以进行实时数据分析，实现可扩展、实时、协作、以传感器为中心的应用程序，管理复杂事件以及支持任务卸载。

(4)范围。随着事物的发展，越来越多的人和新类型的信息被连接起来，遍布世界各地的用户很快就进入了万物互联网，万物互联网是一个网络中的网络，数十亿的连接创造了前所未有的机遇和新的风险。云物联网模式的采用使基于云扩展的新的智能服务和应用程序能够通过事物实现，从而使云能够处理许多新的现实生活中的场景，这是云物联网的另一个重要驱动因素。

3.3.2 云物联网的应用

物联网与云计算集成的云物联网会创造一组新的智能服务和应用，这些服务和应用与日常生活息息相关，如智能电网、智能家居和智能交通系统等。

1. 智能电网

智能电网是新一代的电网，利用双向通信技术和计算能力对供应商及消费者之间的电力管理与分配进行升级，以提高可靠性、安全性、效率、实时控制和监控。电力系统的主要挑战之一是整合可再生和分散的能源。电力系统需要一个智能电网来管理分布式能源的不稳定行为，然而大多数能源系统必须遵守政府的法律法规并考虑业务分析和潜在的法律约束。网格传感器和设备持续快速地生成与控制回路和保护相关的数据，实时处理、分析 M2M 或人机交互(Human Machine Interface，HMI)以便向系统发出控制命令，系统也必须满足可视化和报告需求。

2. 智能家居

智能家居应用涉及无线传感器网络并实现智能家电与互联网的连接，以便远程监控其行为，如监控设备的用电情况以改善用电习惯等；或远程控制如管理照明、供暖等。云可以实现用户与传感器和执行器的直接交互，即支持基于事件的系统，并可以满足一些关键要求，如内部网络互连，即智能家居中的任何数字设备应能够与任何其他设备互连；智能远程控制，即智能家居中的设备和服务任何地方的任何设备在任何时候都应该能够智能地管理家庭；自动化，即家庭内部的互联设备应该通过链接到智能家居云提供的服务来实现其功能。

3. 智能交通系统

智能交通系统是一个基于物联网的应用。智能交通系统旨在为智慧城市的管理部署强大而先进的通信技术。传统的基于图像处理的交通系统会因为受到天气条件的影响所捕获的图像可能不是太清晰的，利用 RFID 技术设计的 e-plate 系统为车辆的智能监控、跟踪和识别提供了一个很好的解决方案。此外将物联网引入车辆技术将使交通拥堵管理比现有基础设施表现出更好的性能。这项技术可以改善现有的交通系统能够在没有人为干预的情况下以系统的方式有效地相互沟通。

卫星导航系统和传感器也可以实时应用于卡车、轮船和飞机上。这些车辆的路线可以通过使用大量的公共数据来优化，如交通堵塞、道路状况、送货地址、天气状况和补给站的位置。在运行时地址发生变化，则可以优化、重新计算更新信息(路由、成本)并实时传递给驱动程序。这些车辆上安装的传感器还可以提供实时信息来测量发动机的状况，确定设备是否需要维护和预测误差。

3.4　本 章 小 结

物联网与数据的结合为智能应用的发展提供了新技术，使得这些智能应用能够更加方便地为人类服务。本章从数据融合、物联网的大数据分析以及物联网与云计算三个方面介绍了物联网的数据服务。在不同的物联网环境中有着不同的数据融合算法，在设计算法时需要考虑节省成本和提高能源效率。

对于分布式的数据融合算法，为了节省成本提出了节能多路径数据融合算法。在异构环境中，为了解决数据集特征空间不同的问题，提出了基于图嵌入框架的异构融合系统空间对齐技术，以及对异构传感器系统更有效的基于模糊逻辑的算法。在非线性环境中，为了提高估计的准确性，提出了基于 SDP 的动态分配功率算法、扩展卡尔曼滤波器算法、线性分式变换和全局最优分散贝叶斯滤波器算法。此外，目标跟踪作为数据融合应用最早的领域之一，也有着不同场景下的数据融合算法。例如，多目标跟踪模型，序贯卡尔曼滤波器算法，融合雷达、图像和自动车辆里程计的数据融合技术，以及用来解决快速运动物体追踪问题的 T2T 融合算法。

物联网产生了大量数据，但是需要对这些数据进行分析处理才能发挥其价值，因此产生了用于大数据分析的物联网结构。物联网与云计算的结合可以将二者的优势最大化并弥补各自的不足，云物联网的主要驱动因素有通信、存储、计算和范围，云物联网技术应用到实际生活中，创造出了新的智能服务和应用，如智能电网、智能家居以及智能交通系统等。

第 4 章　场景角度的 IoT 安全

近年来物联网迅速发展，连接到物联网上的设备可以实现智能系统，但是这些设备也面临着被攻击的风险。本章主要从智能电网、智能家居和智能交通系统三个场景分析物联网应用所存在的安全问题。4.1 节介绍物联网如何提高智能电网对发电、输电、变电、配电、用电及调度等环节的信息感知深度和广度，主要从场景描述、物联网在智能电网中的应用和智能电网的安全隐患等方面进行分析；4.2 节介绍智能家居场景，通过实际案例分析关键场所以及非关键场所中设备所遭受的攻击；4.3 节介绍智能交通场景以及系统架构，分别阐述针对智能汽车和交通控制、铁路控制系统、飞机和海面舰艇等攻击的案例。

4.1　智 能 电 网

物联网技术是智能电网的关键技术，通过物联网技术可以全方位地提高智能电网对发电、输电、变电、配电、用电及调度等六个环节的信息感知深度和广度，有效提高信息传递的稳定性、安全性、准确性、快速性和便捷性，提升电力系统自我预测、自我修复、自我调节和分析灾害的能力，提高现有的电力设施的利用率，如发电设备和供电设备，有助于电网企业和用户的互动，符合当前节能降耗、经济高效的理念。同时物联网和智能电网的融合能够带动许多产业的快速发展，如智能终端、智能传感器、信息通信设备、电力芯片、软件以及运行维护产业。

4.1.1　场景描述

通过先进的传感和测量技术、控制方法和决策支持系统来实现智能电网系统，保证可靠、安全、精确和高效地利用电网。智能电网具有完全自动化、智能化的特点，主要分为三个领域，包括发电、传输和分配电力。如图 4-1 所示，发电厂产生电力，沿着传输系统传输到配电系统，然后电力被输送到最终的家用或工业用电客户。这些物理系统通过广泛部署的传输线和变电站相互连接。位于控制中心的能量管理系统（Energy Management System，EMS）通过数据采集与监视控制（Supervisory Control and Data Acquisition，SCADA）系统监控、控制和优化电网的运行。在这些系统之上，独立系统运营商协调提供商和客户之间的电力流与数据交换。

如图 4-1 所示，广域、异构的 SCADA 系统、高级计量架构（Advanced Metering Infrastructure，AMI）和家用电器扩展了攻击面。若从云端发起攻击，攻击途径为因特网（如通过运营商的 IT 网络攻击传输系统），而其他近距离攻击需要接近目标物体（如通过红外端口对智能仪表的攻击）。

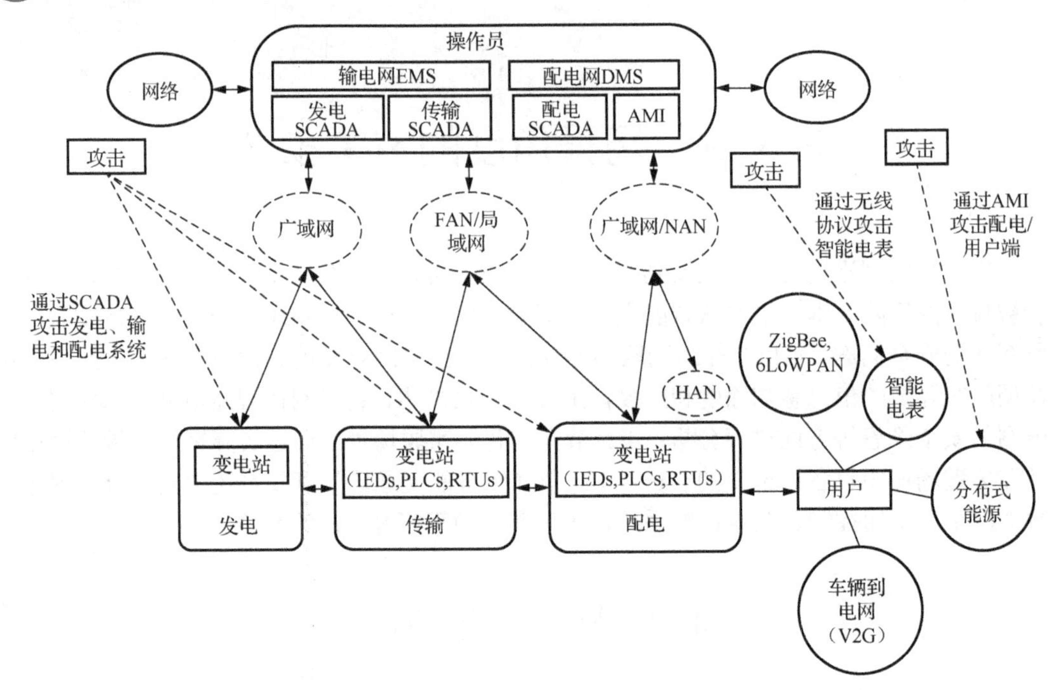

图 4-1 典型的智能电网架构

从网络安全的角度来看，智能电网的关键组件是 SCADA 系统和 AMI。SCADA 系统通过多个通信网络实时监控和控制电力传输系统。AMI 负责测量、收集和分析消费者的能源使用情况，主要由智能电表、数据管理系统(Data Management System，DMS)和多个通信网络组成。智能仪表通过家庭局域网(Home Area Network，HAN)向 DMS 发送测量结果。多个家庭局域网连接形成了每个子站下的邻域网(Neighborhood Area Network，NAN)，而 WAN 用于连接分布式邻域网。

智能电网是一个现代化的电网基础设施，通过自动控制和现代通信技术提高了效率、可靠性和安全性，从而能够整合可再生能源和替代能源。从未来主义学术概念到短期可部署的商业模式，智能电网在过去几十年中发展迅速。下一代电力系统的新概念将具有先进的可配置性、反应性和自我管理等特点。电力通过两部分从供电方输送到用户：一是传输变电站(Transmission Substation，TS)，二是配电变电站(Distribution Substation，DS)。传输变电站将电力从发电厂传输到配电变电站，配电变电站将电力分配到建筑物馈线(Building Feeder，BF)，最后根据客户的要求重新将电力分配给客户。用户要求通过通信网络发送到控制中心，随后控制中心部署特定的调度方案以满足不同的要求。

从图 4-2 可以发现，智能电网的基础设施可以由网络表示，可以将各种智能设备视为该网络的节点。来自智能仪表的数据(如当前状态和请求信息)首先从客户传送到网关，然后网关将其传送到 WAN 基站。通常此广域网用于具有多个客户的特定区域。之后基站将流量转发到控制中心进行数据处理和存储。该网络的重要部分总结如下。

(1)智能电表：智能电表的作用是收集电气的功耗要求。通过采用电力线通信技术，HAN 由不同的设备和智能电表组成。

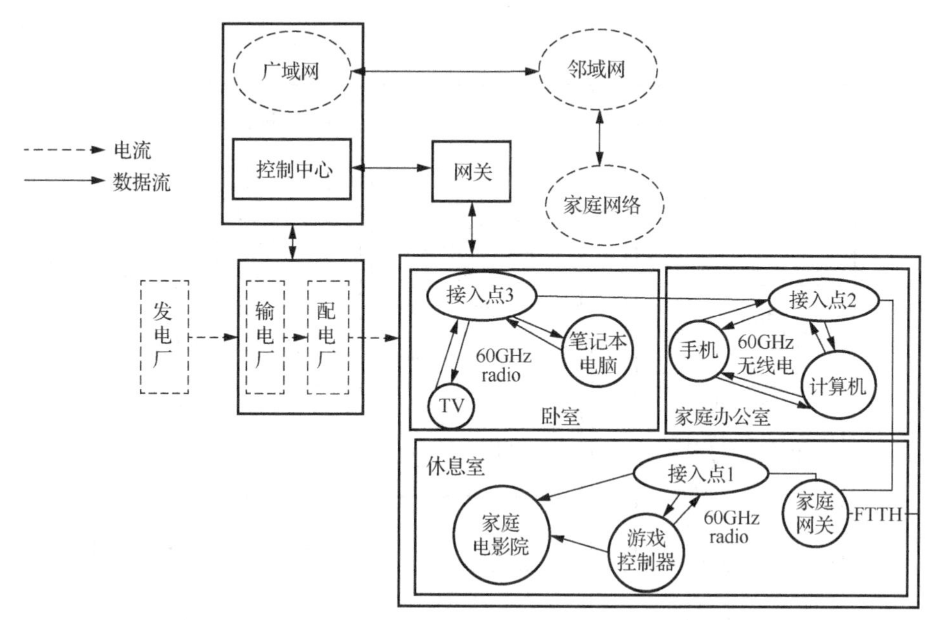

图 4-2　典型的智能电网架构(注：图中 FTTH 为光纤到楼)

(2)网关：邻域网由许多异构的智能仪表组成。邻域网部署了一个网关，使用一些无线传输技术从智能仪表收集数据包。首先在网关缓冲区中收集接收到的分组，然后将它们传送到广域网基站。

(3)基站：广域网处理每个网关之间数据传输的带宽分配问题。在基站从网关接收到数据之后，它们可以通过有线网络传输到控制中心。

(4)控制中心：控制中心负责电力调度，它处理接收的数据以优化发电和分配。

4.1.2　物联网在智能电网的应用

智能电网将成为物联网最重要的应用之一。在 21 世纪，物联网是一种物理消费产品，通过传感器和执行器连接到网络并相互通信，是一种在无线通信领域不断发展的混合范式，长期以来一直随时随地地推动通信技术的发展，其中无线技术发挥了关键作用。物联网实现了三个概念，即面向事物、面向 Internet 和面向语义。智能电网一直是智能能源的关键推动因素，智能能源指的是能够智能地整合与其相关的所有利益相关者的行为和行为相关的电力网络，如发电机、客户或者两者的融合，以便有效地提供可持续、经济和安全的电力供应。

1. 智能电网的数据采集和分析

1)数据采集

智能计量框架会显示整个智能计量过程和环境的整体观点，在图 4-3 中显示了由两个关键部分组成的框架。

图上部分描述了当前的智能计量方案：数据方面、基于利益相关者需求的应用程序以及尝试从可用或派生数据支持应用程序需求的技术工具和算法。当前的技术和算法显示为使用不同工具实现的核心分析构建块。

图下部分描述了由于技术进步、人类行为和期望的变化、竞争以及消息灵通的消费者等出现的新要求。

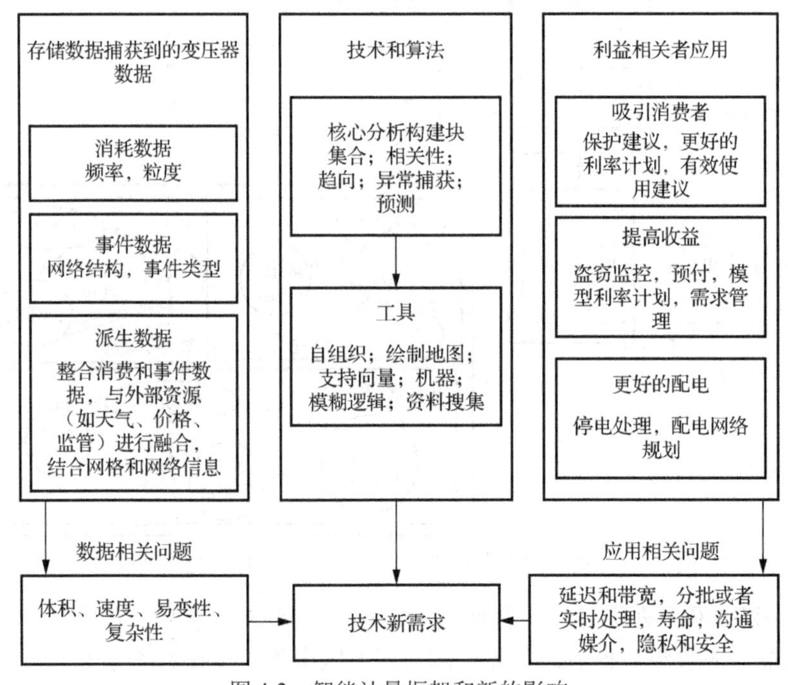

图 4-3　智能计量框架和新的影响

现有工具的新要求和限制催生了新的研究和开发需求。

高级计量基础设施功能为收集、传输和累积数据与信息提供了基础。如图 4-3 所示，数据类型可以分解为(功率)消耗数据和派生数据，电能质量测量和事件数据。其中智能计量活动中使用最广泛的测量数据是详细的消耗数据，包括基于时间(15 分钟到 1 小时)的电力消耗读数。其他类型的消费数据有计费间隔数据(计费间隔开始和结束时的读数，以实现可变定价)、汇总统计数据(每月消费、与邻居比较、使用历史等)、广播数据(价格变化信息、关键峰值时间折扣、可靠性状态等)传达给用户。

事件数据是指在仪表端点生成的信息，包括实时设备状态、电能质量信息和仪表状态信息，可以由源和代理、严重性级别和类别等属性组成。由源发起事件负责代理捕获和通信，主要事件类别包括仪表状态、电能质量事件(电压骤降)、仪表篡改和仪表硬件事件(电池电量不足)。电能质量数据通常用于提高故障分析的可靠性；预故障和后故障分析通过使用电能质量信息提高配电网可靠性；发电数据提供如太阳能使用等信息，能够在家庭、郊区等地区有效地识别用电模式，替代发电以及配置相关文件。消费、事件和其他数据类别的集成可能有助于了解网格基础架构，有助于解决容量规划和预算等问题，天气和地理等外部数据与消费的融合可以为预测用电量提供有效信息。

2) 数据分析

数据分析是指通过对采集的大量数据进行分析，从而发现数据间的隐藏模式、未知相关性和其他有用信息的过程，通过获取有价值的信息帮助用户做出判断。智能计量中的利益相关者应用程序分为几个关键类别，如图 4-4 所示。利用高级计量基础设施和智能电网基础设施来捕获与传输数据，智能电表分析的机会已经转移到新的层面。但是为了利用这些机会，分析技术必须成功地面对和解决与数据相关的新问题，如图 4-3 所示。由于数据收集时间间隔短，存储量大，因此收集的数据量会大幅增加，同时智能仪表和高速运作的基础设施频繁捕获数据也会产生大量数据流。由于智能电表的高新技术以及包括公共事业竞争关系在内的利益相关者(Stakeholder)数量增加，需要收集不同类型的数据为利益相关者提供更多价值，这在数据分析中称为可变性问题。同时在天气、消费者档案、季节、地理区域、基础设施、房屋和配件类型等因素的影响下，如何有效衡量能效计划的有效性变得更加复杂。

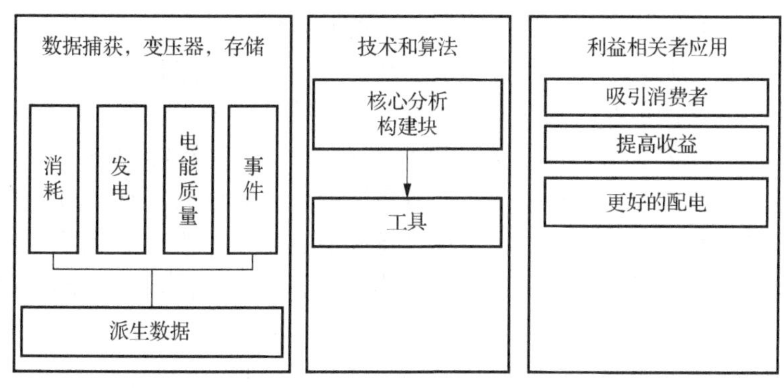

图 4-4　智能电表数据智能框架

由于技术能力的不断进步，利益相关者的需求也越来越多，图 4-4 右侧突出显示了各种类型的应用。这些应用会带来以下关键性问题。①延迟和带宽：不频繁和低容量的信息(如广播)需要满足的传输带宽小、延迟低的条件；数据的消耗需要的带宽更高，能容忍更高的延迟。②批量或实时处理：在时间数据和信息的处理上，家用场景中侧重于实时处理，而消耗数据则更侧重于批处理。③寿命：数据的保留时长取决于使用情况。例如，计费或统计类数据需要在某些时段内进行保留和监管，而详细的消耗数据只需要保留很短的时间。④通信媒体：可以在门户网站上显示实时信息，如价格、统计数据和汇总数据。⑤隐私和安全：价格属于公共信息，但消耗属于敏感信息，是需要被保密处理的。

2. 智能计量面临的问题

1)智能电表数据分析中的问题

为了实现智能计量需要解决许多技术问题，其中关键性要求是处理大量数据，以及处理如天气信息、消费者信息和地理数据等各种数据的能力，因此需要数据有效融合、集成技术。这样的大数据集成和分析引擎由 C3 能源开发，在电压优化、资产管理、停电管理和故障检测等领域研发了数据处理系统，同时以客户为中心的服务，整合需求响应、负载预测、客户细分和定位，以实时监控和诊断为重点的分析将是此类系统的重要要求。

为了实现分析结果的切实作用，获得消费者对智能电表的认可和接收至关重要。智能电表的应用要想获得消费者的信赖最关键的要求是提高该过程的透明度，目前政府监管机构和公用事业正在解决这一问题。易于理解和可视化信息的可用性是另一个重要的需求，而在网络和移动设备上提供智能电表数据和分析结果，不仅能使消费者较容易地获得数据，还保证了信息传递的实时性。因此智能电表分析的进一步发展，对现有知识和技术提出了挑战。

2) 智能仪表和大数据

“大数据”是目前广泛用于数据分析的术语。大数据有多种释义，可概括为以下三个主要特征：数据量(Volume)、速度(Velocity)和方差(Variance)。智能电表捕获的数据与这三个特征相关，从而满足大数据的定义。例如，从每月一次的读取电表数据到每 30 分钟一次的读取会大大增加数据管理量。由于数据收集较为频繁，因此需要研究近实时分析的技术。分析技术不仅要处理消费数据，还要处理消费者信息、天气和许多基于网格行为的读数。为了管理和使用这些信息，公用事业公司必须能够管理高容量数据并使用高级分析将数据转换为可操作数据。构建此功能的实用程序可以深入了解其操作和资产，并可以主动采取基于分析的操作。由于数据量，尤其是消费类数据的增加，智能电表在捕获、速度等方面是非常重要的，其中速度是指能够快速及时地收集、处理和使用数据。某些处理大量数据的分析算法无法满足在相对短的时间内完成数据收集等任务，如隔夜无法进行实时任务、设备的可靠性监控、防止停机或安全监控等。目前已经有几种可以分析流数据的研究技术，但仍需要做很多工作才能使这些技术具有商业可行性。多样性意味着越来越多的数据类型，这些数据类型不仅来自工业控制系统等传统领域，还来自安全摄像机、天气预报系统、地图、图纸和图片以及网络。随着公用事业开始分析社交媒体和呼叫中心对话，并将这些信息整合到智能电表和网格生成的数据中作为决策和规划过程的一部分，各种数据可能对公用事业变得越来越重要。

3) 智能仪表和云计算

尽管智能电网支持分布式的生成，但根据需求控制能源生成仍然是一个问题，比较新颖的方法是使用基础设施(如宽带网络访问、性能、可扩展性和灵活性)来协调能源供应和需求，可通过云平台来提供。云计算是一种范例，其中包括计算、存储和网络在内的服务被打包并提供为在使用和使用持续时间方面按需销售的计量公用事业服务。优势包括按需自助服务、资源池以及按使用付费或按使用量收费的云服务的使用，也会增加安全性和隐私问题，同时保护智能电表数据免遭未经授权的使用。

针对此前无力承担此类技术的小型公用事业和社区，丹麦目前已拥有第一个基于云的智能计量解决方案。IBM 和 Cable＆Wireless Worldwide 开发一种名为 U.K. Smart Energy Cloud 的新型智能通信解决方案以支持英国的智能电表计划，该解决方案有望提供更准确的计费、更强大的智能电网功能。

由于云平台和技术需要使用智能计量与网格，因此需要分析工具的扩展性功能。许多供应商已经提出了如 IBM Coremetrics 和 Google BigQuery 之类的工具，还有一些基于云的数据驱动分析软件平台，这些系统已尝试合并先前若干新的高级分析要求，如实时数据分析、可扩展的机器学习技术和数据集成，以展示新的高级分析技术如何为未来的智能计量和智能电网系统提供基础。

4) 智能仪表和物联网

智能电网及其创造的环境称为能源互联网。如果根据收到的信息(如电价)对专业消费者设备的行为进行调整，则消耗和生产设备将不是黑盒子，而是能够相应地进行调整。从智能电网的角度来看这种环境称为物联网。连接的智能电网提供通信网络，该网络将连接从输电和配电电力基础设施、电力、水、气体和热量表到家庭和楼宇自动化能源相关设备，所以迈向物联网的第一个关键步骤是智能电表的大规模部署。

物联网提供的连接性和可访问性进一步改善了客户体验和效率，从而实现了更强的交互和控制。此外物联网使制造商和公用事业提供商能够通过诊断与基于邻域的抄表来降低成本，因此物联网将产生连接更密集、经济高效且更智能的智能电网。

4.1.3　智能电网的安全隐患

智能电网是能源生产、输电、配电和消费系统的现代版本。它们可以视为由若干SCADA系统和通信网络系统组成的系统。将数字监测、控制和测量功能整合到传统能源系统中，为能源生产者、供应商和消费者等相关利益方带来了巨大的利益。另外，智能电网的分布式智能和宽带功能增加了网络安全的风险。

虽然智能电网可以看作特殊的、大规模的SCADA系统，但考虑到它们作为关键基础设施(Critical Infrastructures，CI)的重要性，需要进一步对其进行分析。通常针对客户端组件的物联网攻击，如智能电表、终端用户发电系统(太阳能电池板、风力涡轮机)和连接到电网的电动车辆。

智能电网的网络安全问题一直是人们研究的热点。一些调查针对智能电网不同资产的网络物理攻击提出了分类和有效的安全对策。智能电网存在潜在概念验证(Proof of Concept，PoC)攻击，如网络罪犯、恐怖分子和国家组织间的竞争者可能会试图破坏智能电网服务，成功攻击的后果可能包括大规模停电、人身安全威胁、对公司造成重大经济损失以及如小规模停电或消费者设备损坏等不太严重的后果。

许多智能电网漏洞与网络和通信有关。由于网格网络的异构性、多样性和日益增加的复杂性，新的安全性和隐私问题出现了。此外将低成本、低功耗的无线协议(如ZigBee或6LoWPAN)集成到智能电网组件中，尤其是在AMI中引入了新的漏洞。尽管在HAN或NAN中采用更安全的协议(如Wi-Fi)，但是强烈动机的攻击者可以破解所支持的加密方案并执行中间人攻击(Man-in-the-Middle，MITM)。

由于智能电网主要由SCADA系统控制，因此容易出现类似的安全问题。与SCADA系统类似，存在智能电网组件与企业IT网络(如电网运营商和服务提供商)之间的间接连接路径，扩展了智能电网SCADA系统的攻击面。例如，公用事业公司必须不断了解有关能源使用的实时数据从而完成智能交易，出于经济目的，攻击者可以利用现有零日(Zero-day)漏洞控制能源行业的经济。

越来越多的智能体直接与智能仪表交互，并通过它们与配电和传输领域进行交互。智能电表收集大量的数据并通过无线通信传输给公用事业公司和服务提供商。除此之外作为发电领域的一部分，电网必须整合和管理大量分布式小规模可再生能源，如风力涡轮机、太阳能电池板或生物质发电厂。为便于彼此交互和自我调节，网络物理系统严重依赖物联网互连，因此级联故障迫在眉睫。仅仅通过利用智能电表的漏洞，攻击者就可以获取消费者的私人信息、监控消费者的活动或永久禁用智能电器。

目标领域将智能电网的攻击分为四类：对发电系统的攻击、对传输系统的攻击、虚假数据注入攻击、对可再生能源和分配/客户端系统的攻击。

如表4-1结合实际场景，根据最具特色的案例，概述和分析了分类攻击和攻击方向。

表 4-1 智能电网攻击案例概述表

序号	风险评估				漏洞评估			影响评估		危险等级
	通道	能力	动机	威胁级别	嵌入式	网络	漏洞级别	连接方式	影响级别	
1	[内部，非私有]	[高，专家]	强	低	[较小，主要]	[主要，较小]	高	间接	高	中
2	[外部，非私有]	[中，专家]	强	中	[较小，主要]	[主要，主要]	高	间接	高	高
3	[外部，非私有]	[中，专家]	强	中	[适中，主要]	[主要，主要]	高	直接	高	高
4	[外部，非私有]	[中，中等]	中	中	[N/A,主要]	[主要，主要]	高	直接	高	高
5	[外部，非私有]	[中，专家]	强	中	[适中，主要]	[主要，主要]	高	直接	高	高
6	[内部，非私有]	[中，专家]	强	低	[适中，主要]	[主要，主要]	高	直接	高	中

场景 1：对发电系统的攻击

案例 1：PLC 对 SCADA 系统的攻击

利用可编程逻辑控制器(Programmable Logic Controller，PLC)破坏 SCADA 系统对发电系统发起攻击，该攻击主要包括以下三种途径：①在 IT 互联网中攻击计算机，如蠕虫病毒使用 Windows 木马保持隐形；②自复制到其他计算机，如利用网络共享或可移动的驱动器传播蠕虫病毒；③查找并滥用西门子公司的编程软件 Step7 对 PLC 进行编程并破坏离心机。需要攻克的主要技术难点在于缺乏适当的网络分割；其涉及的攻击场景主要集中于对国家或组织的某些关键设施的破坏；其潜在的影响力危害较大，据估计在某次袭击中摧毁了 984 台铀浓缩离心机，浓缩效率至少下降了 30%。

该攻击的安全事件包括：①2007 年在爱达荷州美国国家实验室进行了 Aurora 攻击实验，这也是对电力发电机的首次安全测试实验之一。Aurora 攻击能够迫使一个或多个断路器以非常快的速率(如间隔 0.25s)执行打开或关闭指令，导致发电机失去同步，造成系统的物理损失。同时带来短期停电或长期发电不足的后果。总体而言，Aurora 攻击可以通过命令注入来破坏相关的 PLC，如在表 4-1 中列出了几种类似于 Aurora 的攻击场景，利用控制断路器的网络和物理系统漏洞达到攻击的目的。②美国曾发生了几起针对电厂的安全违规事件，其中包括堪萨斯州的一座核电站，有人怀疑此事件与乌克兰智能电网的攻击有关，但并未检测到数字指纹。黑客设法渗透到运营商网络中窃取敏感数据，但由于工业计算机系统与公司网络完全分离，因此没有报告对发电厂的运营造成影响。此次攻击并未波及任何关键的发电系统，但仍可以参照此次攻击事件作为初步的侦察步骤，从而收集到有价值的信息。

场景 2：对传输系统的攻击

案例 2：HMI 对 SCADA 系统的攻击

通过 HMI 攻击 SCADA 系统对传输系统发起攻击，该攻击主要包括以下四种途径：①使用 Shodan 定位综合业务数字网控制子层(ISDN Control Sublayer，ICS)；②获得安全 HMI 区域的通道；③修改设备设置(泵压力和水温)，更改 HMI 设置点；④计划抽水机关闭。需要攻克主要技术难点在于较差的 IT 安全策略和 HMI 服务；其涉及的攻击场景为网络罪犯监视一家大公司的 CI 并停止目标 SCADA 设备的运行；其潜在的影响力是攻击会破坏生产线，造成重大经济、声誉损失，同时造成设备的损坏。HMI 对 SCADA 系统的攻击与关键系统的连接是间接的，对手通过攻击 SCADAC&C 服务器以转移到连接的设备。

案例3：面向Internet的PLC对SCADA系统的勒索软件攻击

对传输系统的攻击还可以面向Internet的PLC对SCADA系统的勒索软件攻击，该攻击主要包括以下四种途径：①使用Shodan定位易受攻击的PLC模型；②用勒索软件感染PLC；③蠕虫在同一供应商的可编程逻辑控制器上水平传播；④蠕虫锁定可编程逻辑控制器并发送赎金通知(通过可编程逻辑控制器电子邮件客户端)。需要攻克主要技术难点在于易受攻击PLC的定位获取容易、大多数PLC的弱身份验证和没有完整性保护；其涉及的攻击场景有攻击者感染了一座城市水处理厂的可编程逻辑控制器，并威胁要增加氯的含量；其潜在的影响力是该种袭击可能影响人身安全，导致公众丧失信心，或可造成重大经济损失。勒索软件攻击与关键系统的连接是直接的，PLC直接受到来自互联网的攻击，是CI的一部分。

该攻击的安全事件如下。

(1)智能电网中最著名的攻击是乌克兰能源工业中的攻击。2015年12月，乌克兰一个地区遭遇大规模停电影响了近23万名客户，名为BlackEnergy和KillDisk恶意软件被包裹在一份文字文件中，附在一封冒充乌克兰议会信息的钓鱼电子邮件中，打开附件导致执行种植BlackEnergy恶意软件的恶意负载，然后蠕虫在整个电力公司的网络中传播并设法检索用于访问远程SCADA系统进行维护的虚拟专用网络(Virtual Private Network，VPN)的凭证。使用VPN凭证使他们能够让多个配电站中的互连断路器跳闸，从而中断了整个区域的配电。除此之外，攻击方还设法通过更换变电站的串口转以太网转换器的合法固件来永久阻止合法运营商恢复供电，该转换器用于将较旧的电路制动器连接到网络。最后，攻击方禁用了控制站的电池备份系统并运行KillDisk恶意软件来清除存储在公司受损工作站上的信息。

(2)2016年，针对基辅发射站发生了类似但更隐蔽的网络攻击。这一次中心站受到攻击的强度为200MW，从而取代了2015年袭击中所有站点的总功率。攻击者使用相同的方法并通过鱼叉式网络钓鱼活动种植恶意软件CrashOverride /Win32/Industroyer。恶意软件在被攻击者触发之前一直处于隐身状态。它是一个框架，其中包含用于众多ICS协议栈的模块，如IEC 101、IEC 104、IEC 61850和OPC，用于删除文件和进程的擦拭器以及用于打开远程终端单元(Remote Terminal Unit，RTU)上的断路器，并强制它们进入无限循环的模块。安全公司ESSET的恶意软件分析显示蠕虫可以编程为扫描受害者的网络自主发现潜在目标和断路器并且无需对手的干预。

场景3：虚假数据注入攻击

案例4：工业机器人的攻击

通过攻击工业机器人达到虚假数据注入攻击(False Data Injection Attack，FDIA)的目的，该攻击主要包括以下四种途径：①利用Shodan定位易受攻击的工业机器人；②危害主计算机绕过身份验证(静态文件传输协议凭据)并上载恶意负载；③使FlexPendant自动执行恶意代码；④破坏机器人改变它的固件，如比例-积分-微分(Proportion Integration Differentiation，PID)控制器参数。需要攻克的主要技术难点在于不安全的网页界面、默认凭证或不好的身份验证、脆弱的系统和错失编码信号；其涉及的攻击场景包括向大量的产品中注入微缺陷，导致产品无法通过供应商的检查并最终被客户发现；其潜在影响是对手可以破坏生产成果，威胁生产成果，威胁人身安全，造成重大经济损失。工业机器人的攻击与关键系统的连接是直接的，机器人直接受到来自互联网和部分CI的攻击。

状态估计(State Estimation，SE)在智能电网运行中起着重要作用。它计算每个电路的当前状态，并将原始测量值从智能电网组件传输到操作控制中心。为了影响 SE 过程，攻击者可以注入伪造的状态估计数据，以便破坏 EMS 的操作和控制。以下从三个主要方面考察了 FDIA 的潜在影响。①电力市场：主要关注 FDIA 的经济方面，通过较低的节点价格获取虚拟电力并以较高的节点价格出售而潜在地获得大量利润。②系统操作：目标是操纵能量供应和响应的数量以及链路状态信息。能源欺骗攻击可能会破坏电力供应和需求之间的平衡,从而导致电力中断和成本大幅增加。③分布式能源路由：如负载再分配攻击以安全受限的经济调度为目标，用于最小化总成本。注入伪造数据可能会使系统处于未优化的运行状态，并且可能潜在地破坏配电网络的大段的稳定。

场景 4：对可再生能源和分配/客户端系统的攻击

案例 5：受感染的 PLC 对 SCADA 系统的攻击

利用受感染的 PLC 破坏 SCADA 系统对可再生能源和分配/客户端系统发起攻击，该攻击主要包括以下四种途径：①安装受感染的可编程逻辑控制器到机器上；②蠕虫通过 TCP 端口传播到其他可编程逻辑控制器；③蠕虫接触 C&C 中心并操纵更多的可编程逻辑控制器；④DoS 超时时间改变，可编程逻辑控制器进入无休止循环。需要攻克的主要技术难点在于没有完整性保护、禁用访问保护和弱密码方案；其涉及的攻击场景包括供应商公司的一名员工恶意将受感染的 PLC 引入生产线；其潜在影响是扰乱生产线，造成重大经济、声誉损失并对设备造成破坏。自动化坦克仪表攻击与关键系统的连接是直接的，PLC 控制器在现场受到攻击，是 CI 的一部分。

案例 6：自动化坦克仪表攻击

通过破坏自动化坦克仪表(Automated Tank Gauges，ATG)对可再生能源和分配/客户端系统发起攻击，该攻击主要包括以下三种途径：①通过搜索引擎查找易受攻击的 ATG；②访问未受保护的串行控制/监视器端口；③虚假的燃油油位报告导致电厂关闭。需要攻克的主要技术难点在于不安全的网页界面、不合规的证书认证或身份验证；其涉及的攻击场景包括黑客攻击导致多个加油站被迫关闭；其潜在的影响是竞争者被迫关闭多个加油站，造成用户不适、公众丧失信心并带来经济损失。与关键系统的连接是直接的，ATG 直接受到来自互联网的攻击，是 CI 的一部分。

PoC 攻击描绘了 AMI 上的威胁情景，包括易受攻击的智能电表连接到家庭网络中的潜在影响，同时分析了 AMI 的硬件、嵌入式软件和网络的不安全特性。2010 年联邦调查局的一份报告分析了波多黎各的案件，该案件揭露了对电力公司的欺诈。Adversaries(前公司的员工)使用红外通信端口篡改智能电表并修改测量和计费数据，据报道估计的财务损失可能高达 4 亿美元。2016 年提出了一个命令注入漏洞(ICSA-16-231 01)，该漏洞允许黑客远程控制易受攻击的智能太阳能电表，并伪造功率水平报告或执行分布式拒绝服务(Distributed Denial of Service，DDoS)攻击，最后通过一个更新的固件版本来解决这个问题。

可再生能源系统，如风力涡轮机和太阳能电池板直接与配电网络相互作用，在大多数情况下能够直接连接到因特网上。2016 年在太阳能电池板管理单元(Tigo Energy MMU)上进行了测试，发现了一个开放的远程控制接入点并通过 VPN 隧道从其设备到供应商的永久连接，使用 Wigle.net 引擎能够检测到近万个类似的系统暴露在互联网上，其中 160 个是连续连接的。

使用的Web界面容易受到远程代码执行的影响，使用未加密的HTTP接口易于猜测/默认的凭据。2015年另外一个研究发现清洁能源系统存在诸多缺陷，如XZERES 442SR风力涡轮机，Sinapsi eSolar Light和RLE新风涡轮机。这些漏洞已报告给ICS-CERT(ICSA-15-160-02，ICSA-15-342-01B/C，ICSA-15-162-01/A)，其中包括存储在纯文本文件中的密码和/或使用跨站请求伪造(Cross-Site Request Forgery，CSRF)漏洞更改Web界面管理员密码。可以在这些设备上执行各种控制操作，如改变风向标校正或更改网络设置以使Web界面无法访问。

易受攻击的车辆到电网(Vehicle-to-Grid，V2G)通信是攻击配电网络的另一种方式。虽然黑客攻击智能车已被证明是可行的，却没有关于V2G网络攻击智能电网的相关报道，即便如此V2G电力和通信交互仍然存在安全问题和挑战。

4.2 智能家居

4.2.1 场景描述

通过对50个实际家庭物联网设备的分析，在用于远程控制设备或相关物联网云平台的应用程序中发现了各种Web漏洞，包括弱认证方案(如使用弱嵌入密码而不应用“锁定”策略)、未经认证的固件更新过程和未加密通信的使用过程等。相关研究发现家庭物联网设备中使用的各种无线协议存在安全漏洞，如Wi-Fi、ZigBee和Z-Wave，提出了脉冲拒绝DoS攻击(即通过向所有信道发送脉冲来阻止整个RF频谱)、节点特定的DoS(即检测和干扰目标节点)和拦截MiTM。

目前已经发布了一系列默认登录凭证，这些凭证对应于大量家用路由器和1700多个物联网设备。这1700多个物联网设备使用144个唯一的用户名密码对进行Telnet服务身份验证。在关于僵尸网络(如Mirai)的报告中，2017年1月至6月主要从家庭物联网设备收集的实际数据，F5 Labs发现基于Telnet的攻击增加了280%。直观地说，对家庭环境中安装的物联网设备的攻击似乎不如对智能电网、交通运输或医院等关键部门使用的物联网设备的攻击普遍，但是智能家庭中使用的自动化设备也可以安装在关键基础设施的场所中(如安装在数据中心中的智能恒温器或安装在医院中的智能灯)。虽然仅用于辅助和支持操作，但它们与关键系统的物理距离可能会触发间接攻击路径。即使在非关键的家庭环境中，它们仍然可能导致高影响的潜意识攻击(如在针对关键任务系统的DDoS攻击中由僵尸网络控制的众多因特网连接的家庭物联网设备)。

图4-5展示的攻击可能由安装在关键系统附近的设备或安装在非关键设施中的设备触发。在第二种情况下使用大量易受攻击的物联网设备来放大攻击的后果。

下面介绍这两种情况的真实和经过验证的攻击。由于此类设备不是关键控制系统的一部分，因此将根据实际目标对攻击进行分类。图4-5概述了基于安装在关键和非关键设施中的智能家居设备的可能性攻击行为。

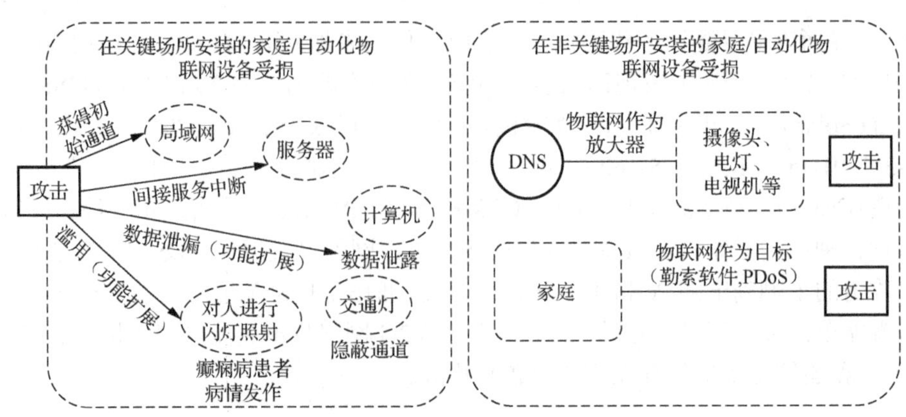

图 4-5　基于智能家居设备的攻击

4.2.2　基于关键场所中安装的设备的攻击

对于安装在关键环境中的家庭、自动化物联网设备的实时和 PoC 攻击可分为四个类别：获得初始访问权限、间接访问中断/拒绝关键服务、数据泄漏以及系统滥用/滥用攻击。这些攻击通常是通过扩展设备的功能来实现的，下面将概述对于关键场所中安装的设备攻击，分析攻击方向并根据实际事件或现实场景评估最具特色的案例，如表 4-2 所示。

表 4-2　智能家居关键场所攻击案例概述表

序号	风险评估				漏洞评估			影响评估		危险等级
	通道	能力	动机	威胁级别	嵌入式	网络	漏洞级别	连接方式	影响级别	
1	[内部，私有]	[低，学习型]	强	高	[主要，适中]	[次要，主要]	高	无	高	高
2	[内部，非私有]	[中，学习型]	强	中	[主要，主要]	[适中，次要]	中	无	中	中
3	[外部，非私有]	[高，专业型]	强	中	[适中，主要]	[主要，适中]	高	无	高	高
4	[内部，非私有]	[低，学习型]	强	中	[次要，主要]	[主要，主要]	高	间接	高	高
	[外部，非私有]	[低，学习型]	强	中	[次要，主要]	[主要，主要]	高	无	高	高
5	[内部，非私有]	[低，学习型]	中	中	[主要，次要]	[主要，次要]	高	直接	中	中

场景 1：获得对内部网络的初始访问

案例 1：对 LIFX 智能灯攻击

通过攻击 LIFX 智能灯授权无线网络访问从而实现对内部网络的初始访问，该攻击主要包括以下四种途径：①从智能灯中提取固件(F/W)；②逆向工程 F/W；③提取嵌入式加密密钥(在所有设备中通用)；④使用提取的密钥解密目标设备 Wi-Fi 密码。综合以上受攻击方式，LIFX 智能灯存在 H/W 易遭篡改、可逆 F/W、设备中嵌入普通密钥以及未验证、未加密的命令等漏洞。LIFX 智能灯通常安装在医院等易受攻击的场景中，即使智能照明系统未连接任何关键设备，但由于连接了 Wi-Fi，不法分子也能通过该案例下的攻击方式攻击某些关键设备从而获取对点的初始访问权(如通过 Wi-Fi)。

该攻击的安全事件如下。

(1) Chapman 展示了一系列针对支持 Wi-Fi 的灯泡的攻击，最初通过使用名为 BusBlaster 的开源硬件 JTAG 调试器提取设备的固件，然后在对固件进行反向工程之后可以检索以纯文本(未加密)形式存储的各种凭证。其中一个凭证是预共享加密密钥，对于同一型号的所有灯泡都很常见。密钥是在免费的高级加密标准(Advanced Encryption Standard，AES)解密程序的帮助下提取的。有了这个密钥的访问权限很容易解密 Wi-Fi 凭证并获得智能灯泡所连接的 Wi-Fi 网络的访问权限。

(2)一位安全专家设法控制了酒店的各种系统，将平板电脑连接到酒店房间的外露式以太网插座，然后经过一些被动窃听并使用 Github 提供的 Python 程序后设法远程控制灯光、打开/关闭电视并移动房间的窗帘。缺乏网络安全机制(例如，适当的网络隔离，使用不安全的网络协议—— 基于 TCP 的 Modbus)使其能够控制整个酒店或其他支持物联网系统。虽然在这种攻击情形中对手需要进入酒店内部，但它可能会影响其他居民的安全，侵犯居民的隐私或者引起不适和事故。

场景 2：间接破坏/拒绝关键服务

案例 2：对智能 Nest 恒温器的攻击

通过对智能 Nest 恒温器的攻击可能会间接影响 IT 系统的运行，该攻击主要包括以下四种途径：①启动设备重置；②连 USB 启动设备；③执行/安装自定义内核和后门；④远程控制设备。智能 Nest 恒温器存在易于访问的嵌入式通信接口、启动过程中缺乏安全机制等漏洞；其涉及的攻击场景包括内部人员恶意攻击数据中心中安装的恒温器；其潜在影响是攻击者可以中断关键任务系统和服务，导致服务器过热和关闭。与关键系统之间是无连接的，设备与其他系统是隔离的，但安装在数据中心。

该攻击的安全事件包括：2014 年有人在 BlackHat 2014 中展示了一个关于支持物联网的恒温器(Nest)的攻击情景，该恒温器通过业主的 Wi-Fi 网络远程控制中央空调机组。还可以通过 ZigBee 与其他 Nest 设备通信，并连接到 Nest 云服务以上载使用情况统计信息，能源提供商可以使用这些统计信息来提高能源效率。通过利用引导过程中的嵌入式通信接口和漏洞设法安装自定义 Rootkit 和 Linux 内核，从而确保即使在固件更新后也可以对设备进行持久性和远程控制。极端情况下在数据中心等关键基础设施中安装了受损的智能恒温器，只需改变室温即可启动 DoS 攻击从而迫使服务器出现故障和/或关机。

场景 3：数据泄露(隐蔽渠道)

案例 3：对智能电视创建隐蔽的音频频道的攻击

通过易受攻击的智能电视创建隐蔽的音频频道造成数据泄露，该攻击主要包括以下三种途径：①利用已知 S/W 漏洞；②远程控制设备；③修改设备特性，使麦克风处于关闭模式，并创建一个隐蔽的音频通道。需要攻克主要技术难点在于软件漏洞、使用未签名的 F/W 更新以及使用不安全(http)通信来控制设备；其涉及的攻击场景包括国家或组织间的攻击者通过勘察安装在高度安全的建筑物内的智能电视，过滤数据以及监视选定人员；其潜在影响是国家或组织间的攻击者可以监视高度安全的设施(如政府)。对智能电视创建隐蔽的音频频道的攻击与关键系统是无连接的，智能电视与其他系统是隔离的，但它在一个绝密的前提下是支持互联网的。

案例 4：扩展智能灯泡的功能

通过扩展智能灯泡的功能以控制闪烁造成数据泄露(隐蔽渠道)，案例发生的结果有两种：创建隐蔽通道和不间断的故障。该攻击主要包括以下四种途径：①操作 API 注入定制的

命令；②修改脉冲宽度调制(Pulse Width Modulation，PWM)信号控制闪烁(人眼无法识别)；③用一盏灯来感应闪烁的变化(创建隐蔽通道)；④将闪烁修改为特定范围(导致不间断的故障)。需要攻克的主要技术难点在于没有对 API 命令进行加密或完整性检查、输入未净化、缺乏网络安全机制和使用未加密的 Wi-Fi 密码。其涉及的潜在影响包括：①创建隐蔽通道的情况下内部人员可以使用隐秘通道来过滤高度敏感的数据而不会被任何安全系统检测到；②攻击者可能滥用闪烁在人员密集地或引起癫痫患者病情发作，影响人身安全。前者情况与关键系统之间是间接连接的，智能照明系统间接连接到安装在附近的关键系统；后者与关键系统无连接。

该攻击的安全事件如下。

(1) 2017 年 3 月 Wiki-Leaks 发布了一份文件，揭示了名为 Weeping Angel 的 CIA 项目。该计划包括各种黑客攻击，导致连接到互联网的各种设备(如智能电视和智能手机)被迫中断，同时能使用连接到互联网的一些智能电视模型的麦克风创建隐蔽频道。攻击者可以将目标电视置于假关闭模式，从而让所有者错误地认为智能电视已经关闭，麦克风可以用于记录房间中的对话，然后通过因特网将它们发送到隐蔽服务器。该攻击利用了几个已知和未知的软件以及网络漏洞，显然这些攻击可能被国家或组织间的攻击者通过智能电视泄露敏感环境中的数据。

(2) Ronen 和 Shamir 展示了基于智能 LED 的各种 PoC 攻击。其中一种攻击利用了控制器和智能 LED 之间通信中缺乏加密和完整性保护来创建隐蔽通道。由于控制器的 API 没有对命令强制执行输入验证，因此能够扩展设备的功能。通过有效地定制负载，研究者能够修改 PWM 信号，这是一种可用于调暗 LED 的功能。通过控制 PWM 信号，研究人员能够使灯泡产生准确定时，对人眼无法察觉增加/减少亮度等级(闪烁)，然后通过使用笔记本电脑、光传感器、Arduino 板和望远镜，设法将这些轻微的亮度变化转换为距离最远 100m 的可用数据。现在考虑以下场景：对手远程控制类似易受攻击的智能照明系统，间接连接(如通过 Wi-Fi 控制器)到它已经妥协的任务关键系统。通过扩展灯泡的功能(闪烁)，可以创建隐蔽通道并泄露敏感数据而不会被任何计算机安全系统检测到。

场景 4：系统滥用/滥用攻击

案例 5：非法侵入酒店的智能自动化系统

非法侵入酒店的智能自动化系统造成系统滥用/滥用攻击，该攻击主要包括以下三种途径：①通过外部接口连接酒店网络；②监视所有网络流量(TCP 模式总线)；③使用开源 S/W 访问其他连接到 Modbus 的控制系统。需要攻克的主要技术难点在于公开接口、未分段网络缺乏网络安全机制，其涉及的攻击场景包括安装在酒店里的智能自动化系统；其潜在影响是攻击者可能会损害其他居民的安全(水暖)，造成用户不适(电梯)或隐私损失(知道居民是否在里面)。非法侵入酒店的智能自动化系统与关键系统是直接连接的，直接连接到酒店的安全关键控制系统(空调、热水器和电梯等)。

该攻击的安全事件包括：同案例 4，Ronen 和 Shamir 描述了第二种攻击场景，攻击者可以利用 LED 闪烁诱发癫痫患者病情发作。已知特定频率范围的闪光灯会影响患有光敏性癫痫的人。极端情况下，对安装在医院或公共场所的众多易受攻击的智能照明系统的类似攻击可能对公众的信心、安全和健康产生严重影响。

4.2.3　基于非关键设施中安装的设备的攻击

安装在非关键设施(如家庭、办公室)中的物联网设备仍可用作攻击启动程序。将这些攻击分为两类：使用大量家庭物联网设备放大对关键系统的攻击、对于家庭物联网设备的攻击。表 4-3 中基于非关键场所中安装的设备的攻击，分析攻击方向并结合实际场景评估主要案例。

表 4-3　智能家居非关键场所攻击案例概述表

序号	风险评估				漏洞评估			影响评估		危险等级
	通道	能力	动机	威胁级别	嵌入式	网络	漏洞级别	连接方式	影响级别	
1	[外部，非私有]	[中，专业型]	强	高	[次要，主要]	[主要，主要]	高	无	中	高
2	[外部，非私有]	[中，学习型]	中	中	[次要，主要]	[适中，适中]	中	无	中	中
3	[外部，非私有]	[低，专业型]	强	高	[主要，主要]	[主要，主要]	高	无	中	高
4	[外部，私有]	[中，学习型]	中	中	[次要，主要]	[主要，主要]	高	无	中	中
5	[外部，非私有]	[中，学习型]	强	高	[次要，主要]	[主要，次要]	中	无	低	中
6	[外部，非私有]	[低，学习型]	强	高	[次要，主要]	[主要，主要]	中	无	低	中

场景 1：作为放大器的家庭物联网

案例 1：基于家庭物联网设备的 DNS 服务器 DDoS 攻击

作为放大器的家庭物联网中有基于家庭物联网设备的 DNS 服务器 DDoS 攻击。该攻击主要包括以下三种途径：①利用家庭物联网设备上的漏洞；②远程控制设备；③对 DYN 的域名系统(Domain Name System，DNS)服务器发起 DDoS 攻击。需要攻克主要技术难点在于物联网设备(如路由器、摄像头和 DVR)中的弱/默认密码和 DNS 协议的特点。其涉及的攻击场景包括针对 DYN DNS 服务的攻击。这次攻击的潜在影响力导致 1200 多个域名服务中断持续近 12 小时，包括同一案件中的主要网站(亚马逊、贝宝等)。基于家庭物联网设备的 DNS 服务器 DDoS 攻击与关键系统是无连接的，设备没有连接到实际目标。

案例 2：对 WeMo 智能家庭设备、智能应用和平台的攻击

作为放大器的家庭物联网中还有对 WeMo 智能家庭设备、智能应用和平台的攻击，该攻击主要包括以下三种途径：①通过搜索引擎查找易受攻击的设备和服务(如 Shodan)；②通过 SQL 注入远程执行命令以获取根用户的访问；③远程控制设备。需要攻克的主要技术难点在于缺乏卫生投入和暴露的易受攻击的网络接口。其涉及的攻击场景包括针对易受攻击的 WeMo 智能家庭设备进行远程控制同时创建僵尸网络。在这种情况下的潜在影响是，敌方可以使用受损设备作为僵尸网络的一部分来攻击关键服务(DDoS 攻击)。与关键系统是无连接的，设备没有连接到实际目标。

该攻击的安全事件如下。

(1) DDoS 攻击。利用许多不安全的物联网设备的可用性来创建僵尸网络并放大对实际目标的攻击。2014 年安全服务提供商报告了涉及数千个智能家居设备的网络攻击事件。全球攻击活动涉及超过 750000 次恶意电子邮件通信针对全球的企业和个人，这些电子邮件通常每天发送三次，每次 10 万次。这次攻击涉及超过 10 万种日常消费设备，如家庭网络路由器、

连接多媒体中心、电视和冰箱。

(2) 2016年10月实现对DYN DNS服务进行速率超过600Gbit/s的DDoS，这导致互联网发生瘫痪。该攻击使客户无法访问超过1200个域名，包括亚马逊、Twitter、GitHub、Spotify、PayPal、Verizon和Comcast等主要域名，其起源于名为Mirai的僵尸网络，nixon2016之后包括大约 10 万个受感染的物联网支持的数字设备，如家用路由器、监控摄像机和数字视频录像机。攻击的实施主要基于老式TCP SYN泛洪请求以及直接针对DYN DNS服务器端口53的子域攻击。大多数受感染的家庭支持物联网的设备都有密码漏洞（使用默认密码或弱密码）和操作系统漏洞。

(3) 针对贝尔金的基于Wi-Fi的产品（销售量超过150万件）和智能家居云平台（WeMo）的各种攻击场景，通过SQL注入执行任意代码并远程接管设备，通过连接到设备的通用异步收发传输器（Universal Asynchronous Receiver/Transmitter，UART）接口绕过本地认证机制并利用WeMo应用程序中发现的漏洞。

场景2：作为目标的家庭物联网（并发攻击）

案例3：使用自定义的自传播固件从远处控制智能灯

作为目标的家庭物联网中有使用自定义的自传播固件从远处控制智能灯，该攻击主要包括以下六种途径：①利用差分/相关功率分析（Differential/Correlation Power Analysis，DPA/CPA）检索嵌入式H/W密钥；②创建自传播固件；③用H/W密钥签署固件；④绕过邻近检查并强制设备加入网络；⑤更换远程固件；⑥自我传播到大规模收购智能灯设备。需要攻克主要技术难点在于通用嵌入密钥、H/W易于篡改、阿特梅尔的“泄漏”H/W高级加密标准（Advanced Encryption Standard，AES）引擎和阿特梅尔的邻近检查错误802.15.4x网络中缺少公钥密码术（Public Key Cryptography，PKC）导致主ZigBee灯链接（ZigBee Light Link，ZLL）密钥的泄露。其涉及的攻击场景是将易受攻击的智能灯广泛地安装在人口稠密地区（家庭、办公室、公共场所）。其潜在影响包括由于最远可以从350m的地方触发自传播攻击行为，因此如果密集地安装脆弱灯光，则可能导致照明系统大规模接管超文本预处理器（Hypertext Preprocessor，PHP）数据对象或遭到勒索软件攻击。

案例4：基于控制应用漏洞的物联网设备攻击

作为目标的家庭物联网中有基于控制应用漏洞的物联网设备攻击。该攻击主要包括以下五种途径：①获取嵌入在智能APP客户端ID和密钥；②将OAuth令牌的一部分替换为攻击者的域；③向不知情人员发送恶意链接；④向Web服务智能APP非法注入命令及设置后门（持久性）；⑤遥控门锁机构。需要攻克的主要技术难点在于智能应用程序特权过大、输入字符串未经初始化、使用硬编码凭证以及缺少敏感数据的加密；其涉及的攻击场景有罪犯利用智能APP的漏洞入室行窃；其潜在影响是通过远程控制许多易受攻击的智能锁，对手可以攻破某些智能APP从而获取设备的访问权限。

案例5：对智能电视的攻击

作为目标的家庭物联网中有对智能电视的攻击，该攻击主要包括以下三种途径：①传播恶意电视信号；②使用无人机（战机）或其他设备在人口稠密地区传播信号；③接管易受攻击的智能电视。需要攻克的主要技术难点在于利用现有应用程序注入恶意命令、输入数据不安全；其涉及的攻击场景有攻击者将勒索软件安装在易受攻击的智能电视中；其潜在影响包括对手可能将勒索软件安装在一定范围内所有存在安全隐患的智能电视上，造成用户、制造商的经济损失。

案例 6：利用 ZigBee 协议实现攻击

作为目标的家庭物联网中有利用 ZigBee 协议实现 DoS、劫持和命令注入等攻击，该攻击主要包括以下两种途径：①向跨帧插入伪造的确认字符(Acknowledge Character，ACK)；②使用泄露的 ZLL 控制密钥注入自定义命令。需要攻克主要技术难点在于未经验证的跨帧、使用通用 ZLL 主密钥；其涉及的攻击场景有通常普遍用于智能家居系统中；其潜在影响是攻击者可能会发起大规模 DoS 攻击，导致用户的产品体验感降低。

此类攻击的目标是物联网设备本身。这种攻击的特点在于攻击危害性大，如通过永久拒绝服务(Permanent DoS，PDoS)或勒索软件入侵设备。有些攻击者接管智能灯并以类似蠕虫的方式自我传播攻击，基本思路是绕过智能灯在加入网络时使用的检查机制，欺骗用户加入恶意网络并通过 OTA 安装修改后的固件来控制设备。为了绕过检查机制，利用 Atmel 的 BitCloud Touchlink 存在的缺陷，使用差分和相关功率分析技术来检索嵌入的硬件密钥，如果研究人员利用恢复的密钥对以前感染了恶意代码的固件文件进行身份验证，攻击者就能执行各种攻击，如 PDoS 攻击或阻塞相同频段内的无线网络。另外 2.4GHz 免许可频段(IEEE 802.15.4x)也可用于其他领域(工业、医疗)以及各种协议(Wi-Fi，WirelessHART，MiWi，ISA 100.11a，6LoWPAN，Nest Weave，JenNet)中。

对于互操作性(Interoperability)，ZLL 协议允许应用程序控制下的非 ZLL 设备加入 ZLL 网络而无须任何接近检查。由于设备处于初始化状态时才可以实现互操作，因此攻击者向智能灯单播发送恢复出厂设置请求，导致设备被迫扫描附近的 ZigBee 网络，然后攻击者向设备发送 ZigBee 欺骗消息接入网络。为了发起自传播攻击，最初通过 802.15.4 无线网络的主要信道发送恢复出厂设置信息，而信标和关联消息则使用辅助信道，这样已经加入攻击者网络的设备就不会响应任何新的恢复出厂设置的消息，通过这种技术可以仅从一个受感染的灯传播到附近所有相同类型的设备。

虽然涉及智能照明系统的攻击场景可能看起来不太重要，但如果大量安装智能照明系统则会产生较大的影响。研究表明，通过驾驶、飞行等技术也能实现攻击，因此攻击者可以在 350m 的距离内发动攻击。

Fernades 等[6]对 499 个智能家居控制应用程序和 132 个设备处理程序的漏洞及攻击情景进行了全面分析。使用静态代码分析技术发现超过 55%的应用程序存在过度使用的现象，并且缺少针对敏感数据(如门锁代码)的基本保护机制，物联网家庭监控系统对可能面临的攻击情况进行了展示，其中包括门锁密码的盗窃/交替，禁用休假模式以及发出假火警。目前已经对智能电视进行了安全测试，发现通过 MiTM，攻击者可以将未经身份验证的未加密 HTTP 请求(如在下载固件/应用程序的情况下)重定向到恶意站点并获得对设备的控制权。Scheel 展示了攻击者能够通过发送特制的电视流 DVB-T 信号(HbbTV 命令)，远程接管智能电视以获得 root 访问权。该攻击利用嵌入式 Web 浏览器的两个已知安全漏洞，适用于 90%的智能电视。Morgner 等[7]基于 ZLL 协议的已知漏洞提出了一系列攻击，这些攻击分为两大类：不需要使用加密协议(闪烁、重置、DoS)以及需要访问 ZLL 主密钥(劫持，网络密钥提取和命令注入)的攻击，目标系统包括流行的照明模型，如飞利浦 Hue、Osram Lightify 和 GE Link。

通过利用其主密钥漏洞和用于不同个人区域网络(Personal Area Network，PAN)之间通信的不安全 PAN 间帧来展示针对 ZLL 协议的一系列攻击。

4.3 智能交通

4.3.1 场景描述

智能交通系统(Intelligent Transportation/Traffic System，ITS)包括智能汽车、道路基础设施、铁路控制系统、空中交通管制系统和智能海上水面船舶系统(图 4-6)。ITS 中的网络攻击不仅会对运输业务产生严重影响，还会对其他行业甚至民众安全造成严重后果。

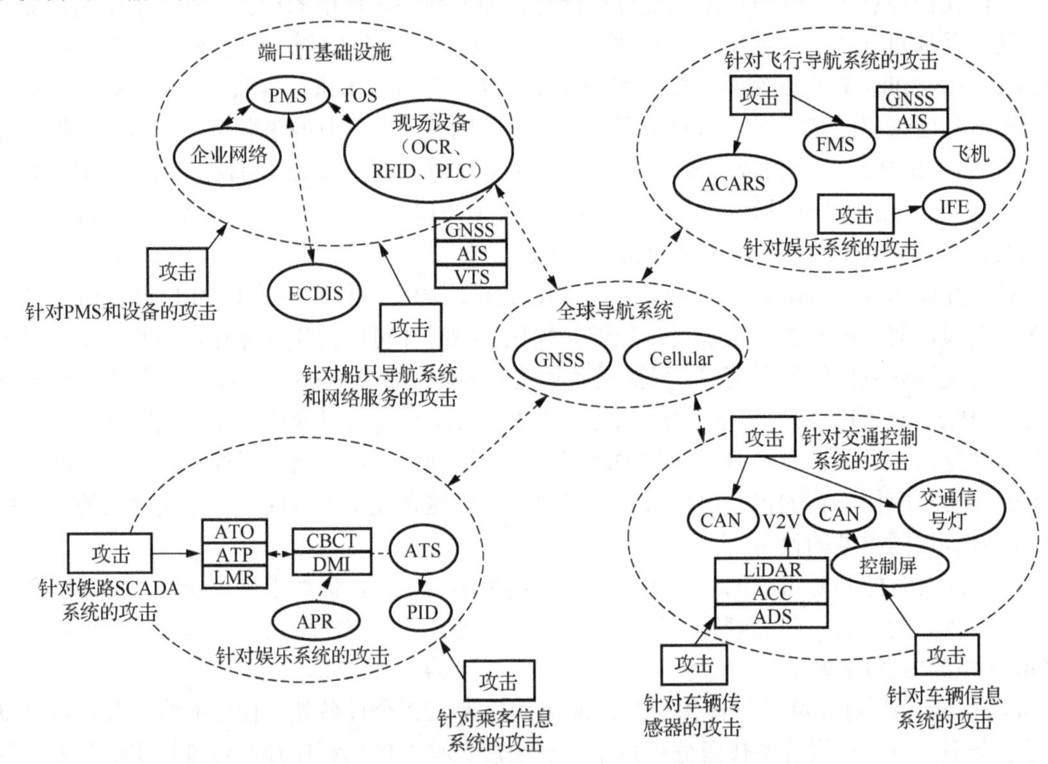

图 4-6 智能交通系统架构和相关的物联网攻击

1. 智能汽车和道路基础设施

现代汽车被视为“车轮上的计算机”。汽车上囊括了数十种小型计算机，这种专门的车载计算机也称为电子控制单元(Electronic Control Unit，ECU)。ECU 能够管理及调度以机械电子系统为代表的传统子系统和具有传动、锁定、安全气囊、信息娱乐、紧急呼叫、合作巡航等功能的现代子系统。下面介绍一个具体的智能汽车演示平台。

智能汽车演示平台系统架构分为三个主要单元(图 4-7)：①交互单元，带有一个透明的风窗玻璃监视器，可以快速显示内容并带有多种车内传感器，可以将信息传递给用户或计算和通信单元；②计算和通信单元，能够提供对外部和内部服务的访问和执行，并具有互联网接入能力；③应用程序单元，便于下载第三方应用程序。

交互单元：智能汽车演示平台包括两类输入传感器，用于传输关于车外环境和用户预期行为的信息；以及一类输出设备，用于传输关于计算和通信单元的反馈的信息。输入传感器包括车辆环绕传感器和用户行为传感器，其中车辆环绕传感器指的是：智能汽车演示平台周围的六个图像传感器和一个GPS传感器，用于捕获道路场景和定位汽车位置；用户行为传感器指的是：在智能汽车的车辆仪表板上的三种运动传感器(包括姿态传感器、语音传感器和视觉传感器)，用于接收用户的命令并将其发送到计算和通信单元。输出装置中的透明风窗玻璃显示屏是指智能汽车演示平台的风窗玻璃内置透明显示屏。因此风窗玻璃起到了显示器的作用，用户不仅可以透过屏幕看到，还可以通过这个视觉界面在增强现实中实时显示按需信息。在这里点播信息是指驾驶员对智能车功能需求。

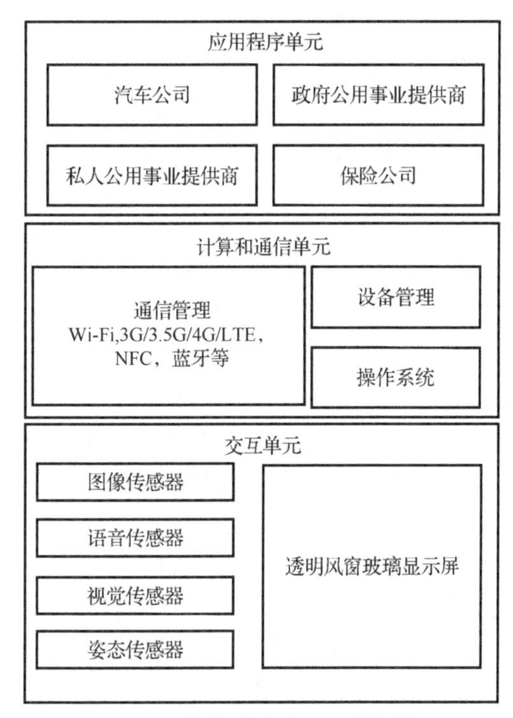

图4-7　智能汽车演示平台架构

计算和通信单元：智能车的计算和通信单元应提供外部/内部服务的实时访问与执行，并处理从交互单元的不同传感器获取的多个数据集。因此车内系统的复杂性越来越高，要求软件模块的集成与协作、多传感器数据融合、稳定的存储和即插即用的能力。

应用单元：智能车提供了一个开放平台，用户可以从汽车公司、政府/私人公用事业公司下载应用程序，以便自定义性能和功能。这个平台中的应用程序可以通过手势、声音和眼睛进行操作。透明风窗玻璃显示屏的用户界面由页面标题容器(屏幕的上部)、页面内容容器(屏幕中部)和页面页脚容器(屏幕下部)组成。页面标题容器始终显示车辆状态、交通信息、天气状况等信息，页面内容容器和页面页脚容器显示激活的应用程序的完整与简化的内容。

2. 智能铁路系统

现代列车控制系统和铁路信号系统已能实现完全的自治。在基于通信的列车控制(Communication-based Train Control，CBTC)系统帮助下，列车可以根据从车载传感器(如转速计)以及绝对位置参考应答器(Absolute Position Reference，APR)接收的数据来确定其位置和速度，然后通过基于无线的通信链路将这些数据发送给侧向系统，该无线通信链路又将数据转发到运行控制中心的中央自动列车监控(Automatic Train Supervision，ATS)系统。由区域控制器对这些数据进行处理并确定列车的运动限制权限和与下一个障碍物之间的距离。图4-8是使用轨道电路和路边信号(类似于交通信号灯)构

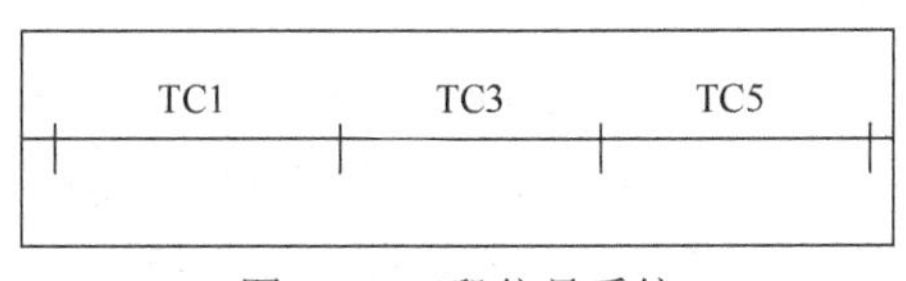

图4-8　三段信号系统

建的简单但安全的火车控制系统。

若轨道电路 TC5 被占用(被列车调车)，TC5 入口处的信号显示红色；若块 TC5 被占用而 TC3 未被占用，则 TC3 的入口信号显示黄色；若 TC3 和 TC1 都未占用，则 TC1 的入口信号显示绿色。这些信号由列车的安全制动距离分开，安全制动距离的计算和设置长度足以使列车从轨道区段规定的最大运行速度安全停车。

列车驾驶员知道绿色表示信号前方有两个街区(或至少两次安全制动距离)是安全的；黄色显示意味着一个块(至少是安全制动距离)在信号前面是清晰的；红色表示前方有一列列车占用轨道电路。轨道电路允许列车控制系统独立于时间表之外，使用轨旁轨道电路确定列车位置的系统称为固定闭塞系统，即闭塞无法移动。

驾驶室信号实施：随着列车控制系统的发展，电子驾驶室信号设备安装在列车上。轨道电路现在用于列车检测和驾驶室信号。轨道电路将轨道上的编码能量传送到显示器上向驾驶员提供连续信号显示信息(以及随后的速度信息)。编码能量通过位于列车前轴的天线线圈传输到列车的车载设备。捡拾线圈将轨道电路的编码能量转换为存在于捡拾线圈上的编码电压，然后由车载驾驶室信号设备使用。

速度强制驾驶室信号(步进速度)：驾驶室信号的下一个发展是删除大多数路旁信号，这是因为轨道电路的编码信息被解码为允许的速度，消除了连锁过程中的信号间隔问题。为了提高允许的速度开发了一种新的制动保证装置，该装置利用初始加速度计(有时称为晃动管)的原理测量列车的有效制动力。

行驶距离速度强制驾驶室信号(基于轮廓)：将数字轨道电路用于列车检测和驾驶室信号，利用二进制频移键控调制轨道电路的编码能量可以向列车传输更多的信息。图 4-9 展示了带距离剖面系统的列车自动防护(Automatic Train Protection，ATP)机制，通过轨道电路获得所有列车的位置，让每个轨道电路生成编码信息。此信息包含允许的线路速度、列车的目标速度和达到目标速度的距离。利用这些信息列车的车载设备计算出列车要遵循的速度-距离曲线。此外，每辆车的驾驶室信号设备中还存储有一个包含坡度、曲率、车站位置和民用限速信息的轨道图数据库。列车通过驾驶室信号信息的唯一 ID 获取轨道电路位置，然后驾驶室信号设备使用轨道图数据库计算准确的速度-距离曲线。在这种每个列车都在区域控制器控制的情况下，ATP 和自动列车运行装置(Automatic Train Operation，ATO)系统能够将各列车的行车许可界限(Length of Movement Authority，LMA)信息与本地列车数据相关联，通过驱动程序机器接口向列车发出特定的控制命令。

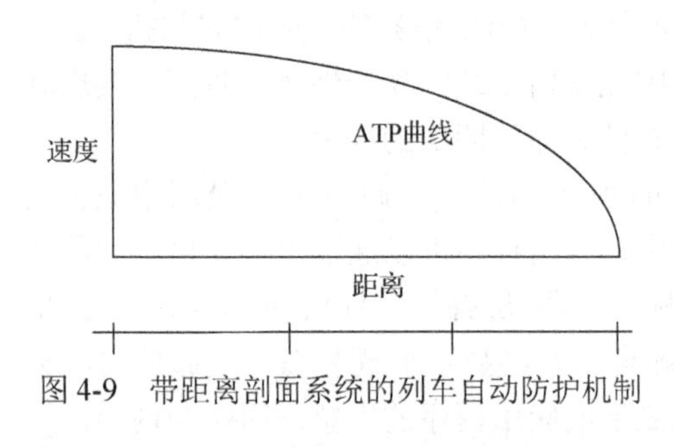

图 4-9 带距离剖面系统的列车自动防护机制

3. 飞机和民用空中交通系统

目前用以增强飞机连通性和开放性的空中交通管制和大部分支持系统都极其依赖无线技术，但同时伴随着高风险，如目前发展较好的甚至能够取代雷达系统在跟踪领域的地位、可使飞行器通过卫星导航确定并广播其位置用于跟踪目的的自动相关监视广播系统以及飞机通信寻址、报告系统和交通碰撞避免系统等。自动相关监视广播系统可用于机场管制和空中交通管制：机场管制主要在跑道控制/滑行和进近/起飞两方面，其中跑道控制/滑行体现在基于 GPS 的定位提高了飞机在地面上的操控性，需要非常高的精度；进近/起飞体现在提高的精度可以提升空中交通管制的安全性，使在繁忙机场减少进近和起飞的密度成为可能，从而大大降低成本。空中交通管制主要在广域区域、避碰和无人机感知和规避方面，广域区域体现在自动相关监视广播系统支持和统计显著地降低了在非常低密度区域(如加拿大或澳大利亚广阔的开放空间)对航班进行全程覆盖的成本；避碰方面可以改进的定位有利于交通避碰系统，并减少空中碰撞的危险。现代交通避碰系统可以利用自动相关监视广播系统的消息来提高性能。

无人机感知和规避方面体现在无人机的控制及碰撞规避正在转向感知与规避，允许无人机自分离潜在障碍物。

4. 海面船舶和港口控制系统

海上控制和导航系统包括自动识别系统、船舶交通服务和电子海图显示信息系统，所有这些控制系统的互联创建了一个针对端口的 SCADA 系统。自动识别系统是一种主要用于避免碰撞的自动跟踪系统，能够传输如航线、速度、船只类型、货物类型等安全信息。船舶交通服务是一种由港口当局建立的海上交通监控系统，类似于机场使用的系统。在港口区域和港口管理系统起着核心作用，它从终端操作系统接收信息，对供应链管理至关重要。终端操作系统能够通过光学字符识别，射频识别设备和 GPS 系统监控集装箱与搬运设备(起重机)的位置。

4.3.2　物联网导致的 ITS 系统攻击

下面分析一些运输行业可能受到的物联网攻击。

1. 对智能汽车和交通控制的攻击

已有实验证明控制器局域网(Controller Area Network，CAN)总线经常受到攻击。例如，通过简单地向公交车注入特定信息就可以控制车速表的显示，破坏发动机及汽车制动器。不过这些攻击都需要对目标车辆进行物理篡改，因此不能被视作利用物联网技术(如传感器或其他互联设备)进行攻击的典型示例。

针对智能汽车的物联网攻击可分为三类：利用智能汽车通信中使用的无线通信协议(如 LAN 和 Wi-Fi)的攻击、利用汽车信息娱乐系统的漏洞的攻击和基于操纵传感器及相关物联网技术的攻击。表 4-4 结合实际场景对最具代表性的攻击案例进行了评估。

表 4-4　对智能汽车和交通控制的攻击案例概述表

序号	风险评估				漏洞评估			影响评估		危险等级
	通道	能力	动机	威胁级别	嵌入式	网络	漏洞级别	连接方式	影响级别	
1	[内部，非私有]	[低，学习型]	中	高	[主要，主要]	[主要，次要]	高	间接	中	中
2	[外部，非私有]	[低，专业型]	强	中	[主要，主要]	[主要，次要]	高	间接	高	高
3	[内部，私有]	[低，中等型]	强	中	[不相关，解释]	[解释，NP]	高	间接	中	中
4	[外部，非私有]	[中，专业型]	强	中	[主要，适中]	[主要，次要]	高	间接	中	中
	[内部，非私有]	[中，专业型]	强	高	[主要，适中]	[主要，次要]	高	间接	高	高

续表

序号	风险评估				漏洞评估			影响评估		危险等级
	通道	能力	动机	威胁级别	嵌入式	网络	漏洞级别	连接方式	影响级别	
5	[外部，非私有]	[中，中等型]	强	中	[主要，次要]	[主要，次要]	高	直接	高	中
6	[外部，非私有]	[低，中等型]	强	中	[主要，主要]	[主要，主要]	中	直接	高	中
7	[内部，非私有]	[低，中等型]	强	中	[次要，主要]	[主要，主要]	高	直接	高	高
8	[内部，非私有]	[低，中等型]	强	中	[主要，适中]	[主要，主要]	高	直接	高	高

场景 1：基于无线通信的攻击

案例 1：使用低成本的发射机连接到汽车局域网

基于无线通信的攻击有使用低成本的发射机从小距离连接到汽车局域网，该攻击主要包括以下三种途径：①利用网络缺陷连接到汽车的 W-LAN；②连接到 CAN 总线；③逆向工程控制若干系统。需要攻克的主要技术难点在于无线协议缺陷(无线、蓝牙、蜂窝)、未经身份验证的 CAN 访问、CAN 的平面结构和可逆 CAN/W；其涉及的攻击场景是附近的攻击者控制目标车辆(不需要物理处理)；其潜在影响是汽车的攻击控制系统(如启动、锁定、断开)会造成人身伤害。与关键系统是间接连接的，汽车的无线局域网间接连接到汽车的控制系统(如通过 CAN)。

案例 2：使用数字音频广播信号来控制汽车

基于无线通信的攻击有通过发送精心制作的数字音频广播(Digital Audio Broadcasting，DAB)信号来控制汽车，该攻击主要包括以下三种途径：①建立伪造的电台；②发送特定的数据来破坏信息娱乐系统；③通过信息娱乐控制各种 CAN 关键系统。需要攻克的主要技术难点在于易损的信息娱乐 S/W CAN 架构、与 CAN 连接的信息娱乐、无离子化 DAB 信号和未经身份验证的 CAN 访问；其涉及的攻击场景是攻击者建立虚假电台，同时攻击射程内易受攻击的车辆(目标车辆的无线电必须调整以接收信号)。其潜在影响是攻击者可能通过禁用受影响车辆的关键系统，在虚假电台覆盖的范围内造成事故。数字音频广播信号间接连接关键系统，例如 DAB 通过 CAN 间接连接到汽车的控制系统。

案例 3：利用汽车和它的移动控制应用程序之间的 Wi-Fi 连接

基于无线通信的攻击还有利用汽车和它的移动控制应用程序之间的 Wi-Fi 连接，该攻击主要包括以下四种途径：①破解预共享密钥的 Wi-Fi；②嗅探移动应用通过 Wi-Fi 发送的消息；③解密并获取旧命令；④注入旧命令来控制汽车系统。需要攻克的主要技术难点在于可预测的 Wi-Fi 密码、网络漏洞(控制应用程序到汽车连接)、未经身份验证的 CAN 访问和 Wi-Fi SSID 允许地理定位。其涉及的攻击场景有附近的敌人控制目标车辆；其潜在影响是这些攻击者扰乱了 CI 服务，造成了财务和公众损失。

该攻击的安全事件如下。

(1)基于低成本无线电设备的远程攻击，这种攻击需要在近汽车端进行。仅仅使用 15 美元的无线电发射器，车辆附近的攻击者就可以利用 CAN 网络漏洞和软件漏洞连接 CAN 并向其发送命令。另一种类似的攻击方式是建立一个伪造的虚假无线电台，当目标车辆的信息娱乐系统调到虚假电台时攻击者就能够通过该无线电台将特定的数字音频广播(DAB)消息发送到目标车辆，由于信息娱乐系统直接连接到 CAN 总线，因此实现了对目标车辆的远程控制。

(2) 也有实验证明了基于操纵蓝牙或远程信息处理单元对目标车辆发起攻击的可能性。还有一个基于 Wi-Fi 连接漏洞的 PoC 攻击案例，经研究发现多个汽车操作的移动应用程序使用的是 Wi-Fi 接入点，而不是全球移动通信系统(Global System for Mobile Communications，GSM)模块。攻击者通过破解(弱) Wi-Fi 密码就能获得来自移动应用程序的消息，并成功注入修改命令从而控制汽车内部的各种系统。一般来说此类攻击都要求攻击者与目标在一定距离(在局域网和蓝牙协议的情况下)之内。

场景 2：基于车载信息娱乐系统的攻击

案例 4：滥用信息娱乐系统通过互联网控制汽车

基于车载信息娱乐系统的攻击有滥用信息娱乐系统通过互联网控制汽车，这个案例有两种情况：攻击者远程控制一辆可以直接进入关键设施的汽车；攻击者从因特网同时攻击许多易受攻击的汽车。该攻击主要包括以下四种途径：①连接到目标的 IP 端口 6667(在网络提供商中打开)；②利用头单元的开放式多媒体应用平台(Open Multimedia Application Platform，OMAP)，启用安全外壳(Secure Shell，SSH)协议和命令行界面(Command-Line Interface，CLI)；③利用信息娱乐系统闪存修改后 CAN 固件；④通过 CLI 命令行控制汽车。需要攻克的主要技术难点在于通过蜂窝/Wi-Fi 暴露 D-BUS、D-BUS 中的命令注入、可逆 CAN 固件、信息娱乐系统的无保护更新过程和 CAN 的平面结构。其涉及的攻击场景包括两种：①通过远程控制直接进入关键设施的汽车；②通过因特网攻击许多易受攻击的汽车。潜在影响包括：①获取安全设施中的初始入口点(如 Wi-Fi 网络)，并使用该入口点旋转到 CI 伤害；②通过互联网造成多起交通事故，危害人身安全。通过以上比较，攻击者能够远程控制车辆的攻击与关键系统之间是间接连接的，受影响车辆虽不会直接受到直接的攻击，但此攻击仍危害到车辆关键设施；从因特网攻击车辆的情况与系统是间接连接的，信息是间接的，与汽车的控制系统相连。

信息娱乐系统中的漏洞也能够被攻击者用来连接汽车设备。经研究发现 Harman Uconnect 信息娱乐系统使用的蜂窝网络存在提供 Wi-Fi 连接、导航和多种应用的开放端口，攻击者利用主机 OMAP 芯片中的漏洞通过开放端口远程扫描汽车的软件系统，然后使用 SSH 服务启用远程 CLI 破坏 Uconnect 信息娱乐系统。由于信息娱乐系统直接连接到 CAN，因此攻击者使用闪存修改后的 CAN 固件以远程控制汽车。扫描网络显示易受攻击的车辆的总数初步预计在 29.2 万～47.1 万辆，在黑客发现这一漏洞后汽车制造商紧急召回了 140 余万辆存在漏洞的汽车进行维修。

信息娱乐系统的漏洞，尤其是与网络层漏洞相结合时可能会造成非常严重的后果，这是因为远程攻击者可以同时针对易受攻击的车辆发起多次攻击，这将对交通基础设施造成巨大的潜在影响。

场景 3：基于汽车传感器的攻击

案例 5：远程攻击摄像机和光探测系统

基于汽车传感器的攻击有远程攻击摄像机和光探测与测量(Light Detection and Ranging，LiDAR)系统。攻击方向包括三种：①用激光使汽车的摄像头失明以混淆相对的控制装置重

放欺骗信号；②饱和攻击；③混淆激光雷达造成欺骗攻击。发现的弱点是 LiDAR 的 H/W 脆弱性(脉冲周期和调制，无冗余使用)和摄像机的高/宽漏洞(镜头不当、滤光片不冗余)，攻击场景对手将激光设备安装在道路上，使过往车辆的摄像头“失明”。潜在影响是通过在选定的道路上引起多次事故，一个敌对的交通工具破坏了关键交通基础设施的交通。远程攻击摄像机和光探测系统与关键系统是直接的，被攻击的摄像头是汽车任务的一部分。

案例 6：对高级驱动程序抗扰系统中常用传感器的非接触攻击

基于汽车传感器的攻击有对高级驱动程序抗扰系统中常用传感器的非接触攻击，该攻击主要包括以下三种途径：①安装超声波传感器；②欺骗传感器显示假的障碍；③激光致盲。需要攻克的主要技术难点在于膜盒的高/低脆弱性(镜头、滤光片、降噪)和高级智能驾驶帮助系统(Advanced Driver-Assistance Systems，ADAS)S/W 不区分欺骗信号。其涉及的攻击场景通常在人口稠密地区，攻击者对行驶的车辆发动攻击。其潜在影响是受到攻击的车辆会将数据传给附近的车辆，在基础设施中横向传输可能会扰乱交通或引发事故。这些设备通过智能电网直接连接关键系统：一个漏洞系统可能为 V2I 和 V2V 通信中使用的其他系统提供一部分的虚假数据。

自主驾驶系统利用传感器数据持续向防撞及车道保持辅助等系统提供数据。所有这些系统都需要与无线网络进行连接，从而引发了更多的潜在远程攻击。特斯拉汽车公司曾提出由自动驾驶汽车造成的第一次死亡事件是由系统故障造成的汽车传感器无法区分穿过高速公路的大型白色 18 轮卡车和拖车造成的。这些攻击行为中已验证的攻击包括利用激光的攻击和 PoC 攻击。利用激光的攻击是指使用低成本激光来“瞄准”目标汽车的相机，然后利用 LiDAR 信息环节中缺乏验证的特点，重放较旧的消息以产生错误的伪像使得系统混淆出错。这些类似的攻击都表明现代汽车的无线智能支持系统还需要进行进一步的安全评估。其他攻击如中继站和放大攻击指明遥控无钥门禁系统存在一定的问题。虽然上述攻击属于数据链路层的通信，需要在接近目标对象后对传感器发起直接攻击，但在目前逐步实现自动驾驶，即控制权逐渐从驱动程序中取出并置于嵌入式自治控制系统的状况下，传感器的使用不可避免，因此也必须考虑保护汽车传感器，避免其遭受互联网黑客的攻击。

场景 4：对流量控制基础设施的攻击

案例 7：攻击美国启用物联网的交通控制系统

对流量控制基础设施的攻击有攻击美国启用物联网的交通控制系统，该攻击主要包括以下四种途径：①建立便携式接入点；②嗅探并分析无线通信；③创建自我传播的固件；④更新和远程控制传感器或中继器。需要攻克主要技术难点在于不安全的无线网络(无加密/身份验证)及固件更新不需要认证；其涉及的攻击场景主要集中于部署在世界各个国家的脆弱的交通控制系统；其潜在影响是攻击者可能会中断多个 CI 服务(交通阻塞)，造成人员伤亡(交通事故)和重大经济损失。与关键系统是直接的，交通控制系统是交通基础设施的一部分。

案例 8：远程攻击支持的交通控制系统

对流量控制基础设施的攻击有远程攻击支持的交通控制系统，该攻击主要包括以下四种途径：①使用无线电设备与交通管制员联络；②被动窃听网络(900MHz 和 5800MHz)；③分析信息结构；④为远程控制交通信号灯注入指令。需要攻克的主要技术难点在于暴露于已知网络漏洞的流量控制器、不安全的无线网络(无加密/认证)以及难以保证人身安全；其涉及的攻击场景有将攻击的目标放置在重要道路上的交通管制系统(如高交通)。其潜在影响包括攻击者可能同时攻击多个控制系统，导致关键道路上的 DoS 攻击交通事故。交通控制系统直接连接到关键的交通基础设施。

已有实验证明了通过利用交通控制系统的无线通信漏洞来实行基于物联网的流量控制基础设施的 PoC 攻击的可行性。通过利用无线通信中的链路层漏洞，在真实道路情境下的无线传感器和中继器都可能受到各种攻击。攻击者通过创建便携式接入点窃听消息，再将未经认证的命令注入 ITS 网络就能实现攻击。最具争议的一点是攻击行为可以被自扩展固件放大，这将危及在世界上各个国家安装的大量传感器和中继器。另也有研究表明攻击者可以通过特定的无线设备控制交通基础设施，从而实现 DoS 攻击削弱城市交通流量或通过修改控制灯各灯色时长导致的交叉口拥堵。

除了智能汽车，其他所有运输子行业也都可能受到物联网攻击，如铁路、飞机和海面舰艇等。

2. 对铁路控制系统的攻击

目前经过验证的物联网对铁路系统的攻击有对连通铁路 SCADA 系统的直接攻击和基于操纵非关键乘客信息系统的潜意识攻击。

表 4-5 根据实际场景评估了最具代表性的攻击行为。

表 4-5　对铁路控制系统的攻击案例概述表

序号	风险评估				漏洞评估			影响评估		危险等级
	通道	能力	动机	威胁级别	嵌入式	网络	漏洞级别	连接方式	影响级别	
9	[外部，非私有]	[中，专业型]	强	中	[适中，主要]	[主要，主要]	高	间接	高	高
10	[外部，私有]	[中，中等型]	强	中	[适中，主要]	[主要，主要]	高	无连接	高	高

场景 5：对铁路控制系统的攻击

案例 9：列车公司使用 SCADA 系统内部控制系统的攻击

对铁路控制系统的攻击包括列车公司使用 SCADA 系统内部控制系统的攻击，对该项攻击实施了三年的监测，得到的评估结果如下：该攻击主要包括以下五种途径：①危及人身安全；②绕过认证；③破坏过时的制度；④从因特网上定位和攻击列车通信系统(Shodan)；⑤利用蜂窝网络和娱乐系统的缺陷。需要攻克的主要技术难点在于弱认证、缺乏加密/完整性、缺乏人身安全保障、过时的 S / W、钥匙硬编码的固件、易受攻击的蜂窝调制解调器和扁平网络架构。其涉及的攻击场景有恐怖分子/敌对国家集团对启用了物联网的关键任务铁路系统的攻击。其潜在影响是受损的轨道控制系统可能用来引起火车相撞，导致人员死亡以及经济、公众信任和诚信损失。支持批量的设备是直接连接到任务关键铁路系统。

案例 10：危害公共信息系统以操纵乘客

对铁路控制系统的攻击有危害公共信息系统以操纵乘客，该攻击主要包括以下四种途径：①折中式 PID 服务器；②折中式 PID 系统；③向拥挤的平台发送欺骗的 PID 消息；④危及人身安全。需要攻克的主要技术难点在于 PID 服务器的 Web 漏洞、弱身份验证、缺乏加密

/完整性和缺乏人身安全保障。其涉及的攻击场景有被恐怖分子用来控制乘客行为的PID。其潜在影响是妥协的PID系统可以用来放大在联合网络物理攻击中的人员伤亡。与关键系统是无连接的，服务器未连接到关键任务系统。

1）对支持物联网的铁路SCADA系统的攻击

SCADA Strangelove 的研究小组从许多用于列车运营商的实际SCADA列车控制系统的三年评估结果中发现了许多高级别的安全问题：一部分数字列车的开关需要不断进行联网操作、基于计算机的联锁系统还在使用过时或停产的操作系统（如Windows XP / 2000）且这些系统都安装在安全性较差的地方；各种网络层漏洞，包括认证方案较弱，加密、完整性和授权控制环节的缺乏以及各种嵌入式漏洞，如内部架构设计问题、端口访问规则、密码策略等。

另外，在使用Shodan搜索引擎进行默认密码的关键任务系统中发现了可公开访问的网络设备。对德国使用的GSM-R SIM卡等通信信道的安全分析显示，攻击者通过利用现有设备漏洞进行攻击的行为可能会阻碍移动列车的GSM通信，甚至迫使其完全停止。另外也发现基于蜂窝网络的列车系统和将服务部署在互联网的调制解调器也容易受到攻击。在启动固件无线系统操作时，攻击者可能会破坏调制解调器从而与主机连接，实现对列车的关键任务系统的远程控制。

2）基于乘客信息系统的攻击

对城市铁路系统的安全性分析表明，由于存在潜在的网络物理攻击路径，即使是对非关键系统的攻击也可能造成严重后果。例如，火车站的受损PID系统可能会放大物理攻击的影响。由于PID系统负责向移动用户发送实时数据，因此对PID系统的攻击会向拥挤的列车平台注入虚假的火车到达时间，极端情况下恐怖分子可能会利用这个漏洞对目标平台发动轰炸从而造成不可预计的后果。尽管这种攻击所利用的物联网系统/服务（如PID）与关键任务系统连接，但在这种滥用物联网的系统中联合网络物理的攻击也是非常严重的。虽然在某些特定的攻击情形中攻击者需要对PID系统进行物理访问，但是更一般的情境下攻击者是通过利用对PID服务器的直接/间接攻击路径来触发对远程位置的攻击。这种类型的攻击表明当物联网支持技术与传统的网络物理系统和服务一起使用时，人们难以识别高风险和潜在的攻击路径。

在娱乐/信息娱乐系统、IP监控摄像机和无线接入点中，即使没有特定的网络分段，铁路运输系统运行时也可能产生安全隐患。来自不同供应商的铁路通信系统中设备使用的安全分析揭露出许多嵌入在固件中的硬编码都存在持有私有安全套接字协议（Secure Sockets Layer，SSL）密钥的情况。还有一些其他的攻击类型（包括操纵列车测距系统中传感器的数据）来获得对信号网络的访问以及通过虚假无线发射器干扰或操纵命令等。

3. 对飞机进行物联网攻击

飞机和空中交通管制系统是复杂且高度互联的，同时也受到各种安全威胁。对飞机的网络攻击包括关闭护照控制系统和将DoS引入发布飞行计划系统中。上述攻击不能完全归类为物联网范畴，因为将物联网技术整合到飞机和空中导航系统中是存在风险的。空中导航和地面控制系统等物联网组件都间接与其他次要系统相连，造成黑客在未经授权的情况下对关键组件进行远程访问。在这个行业中基于物联网的攻击有两种：基于无线空中交通监控系统漏洞的攻击和利用机上娱乐系统（in Flight Entertainment，IFE）漏洞的攻击。

表 4-6 结合实际场景评估了某些最具代表性的攻击行为。

表 4-6　对飞机进行物联网攻击的案例概述表

序号	风险评估				漏洞评估			影响评估		危险等级
	通道	能力	动机	威胁级别	嵌入式	网络	漏洞级别	连接方式	影响级别	
11	[外部，非私有]	[中，专业型]	强	中	[适中，主要]	[主要，次要]	高	直接	高	高
12	[内部，非私有]	[中，专业型]	强	中	[主要，主要]	[主要，主要]	高	间接	高	高

场景 6：对飞机进行物联网攻击

案例 11：攻击飞机广播式自动相关监视系统

对飞机进行物联网攻击有演示攻击飞机广播式自动相关监视（Automatic Dependent Surveillance – Broadcast，ADS-B）系统，该攻击主要包括以下三种途径：①使用现成的 H/W 构建仿真环境；②窃听通信；③使用移动应用程序注入命令并控制飞行管理系统。需要攻克的主要技术难点在于未加密、未经认证的通信及未经身份验证的命令允许执行命令；其涉及的攻击场景有恐怖分子利用 ADS-B 系统控制飞行中的飞机；飞机被劫持的潜在影响不仅会导致人员伤亡，而且会导致经济、环境和公众的信任与损失。攻击飞机广播式自动相关监视系统与关键系统是直接连接的，ADS-B 系统连接到飞机任务关键系统。

案例 12：IFE 系统演示攻击

对飞机进行物联网攻击有 IFE 系统演示攻击，该攻击主要包括以下四种途径：①松下 IFE 系统的反向工程固件文件；②提取硬编码凭据；③执行 SQL 注入；④控制如何通知机上乘客。需要攻克主要技术难点在于公开可用的固件更新文件和源代码、容易反转二进制文件、敏感的硬编码数据（如凭证、数据库等）和 SQL 注入漏洞；其涉及的攻击场景有恐怖分子利用飞行安全系统的弱点，控制飞行中的关键任务系统；飞机被劫持的潜在影响是可能导致人员死亡以及经济环境、公众信任和信心损失。IFE 系统是直接连接到飞机的关键任务系统。

曾有研究展示了一系列利用 IFE 系统的漏洞来劫持关键任务平面子系统的攻击行为，通过在飞行中收集的实际数据也进一步揭示了目前广泛使用的松下航空电子设备 IFE 系统的漏洞。首先通过使用暴露的 USB 端口设法检索调试信息，随后发现了多家航空公司的在线公开固件系统信息。经过一系列的信息收集和逆向工程最终成功通过 USB 键盘连接到 IFE 系统并进行了攻击。另外研究也成功设法绕过了信用卡检查并获取了任意文件访问权限，之后执行 SQL 获取到了大量信用卡详细信息和个人信息。其他可能的攻击方式包括航班信息欺骗（高度或速度）、在交互式地图上引入虚假路线消息、篡改控制公共广播系统以及照明和执行器的 CrewApp 单元等。最糟糕的情况是易受攻击的 IFE 系统间接连接到飞机的关键任务控制系统，那么恐怖分子就可能会从乘客座位上劫持飞机，造成极其严重的后果。

4. 对海面舰艇的攻击

对海面舰艇中的物联网攻击进行分类，下面详细描述一些最具代表性的攻击行为，并根据实际场景进行评估，见表 4-7。

表 4-7 对海面舰艇的攻击案例概述表

<table>
<tr><th rowspan="2">序号</th><th colspan="4">风险评估</th><th colspan="3">漏洞评估</th><th colspan="2">影响评估</th><th rowspan="2">危险等级</th></tr>
<tr><th>通道</th><th>能力</th><th>动机</th><th>威胁级别</th><th>嵌入式</th><th>网络</th><th>漏洞级别</th><th>连接方式</th><th>影响级别</th></tr>
<tr><td>13</td><td>[内部，非私有]</td><td>[低，中等型]</td><td>强</td><td>中</td><td>[次要，适中]</td><td>[主要，次要]</td><td>中</td><td>直接</td><td>高</td><td>中</td></tr>
<tr><td>14</td><td>[外部，非私有]</td><td>[中，中等型]</td><td>强</td><td>高</td><td>[次要，主要]</td><td>[主要，主要]</td><td>高</td><td>间接</td><td>高</td><td>高</td></tr>
<tr><td>15</td><td>[外部，非私有]</td><td>[中，基础型]</td><td>强</td><td>中</td><td>[次要，主要]</td><td>[主要，主要]</td><td>高</td><td>间接</td><td>高</td><td>高</td></tr>
</table>

场景 7：对海面舰艇的攻击

案例 13：对船舶跟踪演示系统

对海面舰艇攻击有对船舶跟踪演示系统的攻击，该攻击主要包括以下三种途径：①使用现成的海/宽传输 AIVDM(Automatic Identification System VHFdata-link Message，船舶自动识别系统甚高频数字链路信息)消息；②在自动识别系统网络中注入欺骗性信息(人在水中、注册会计师警报、信号干扰等)；③强迫船舶走路径。需要攻克的主要技术难点在于弱身份验证、易被篡改的 AIVDM 消息(从其他船只的数据)和缺乏对数据上下文的完整性控制，攻击场景是海盗利用假的 AIVDM 消息引导油轮到浅水区或者使其隐形；飞机被劫持的潜在影响是可能导致人员死亡以及经济环境、公众信任和信心损失。与关键系统的连接是直接的，自动识别系统直接连接到海上船只的关键任务系统。

案例 14：利用船舶通信平台远程攻击船只的关键任务系统

对海面舰艇攻击有利用船舶通信平台 AmosConnect 服务器上发现的漏洞远程攻击一艘船的关键任务系统，该攻击主要包括以下三种途径：①搜索 Shodan 以查找脆弱系统的暴露网络接口；②在远程系统上恢复特权后门账户并执行具有系统特权的命令；③枢轴到船舶网络的其他部分，并定位和接管船舶的关键任务系统。需要攻克的主要技术难点在于无/弱身份验证机制、脆弱的网络接口、敏感数据的曝光和缺乏网络分割；其涉及的攻击场景有网络犯罪机构远程接管船舶导航系统以获取勒索软件；其潜在影响是可能造成人员伤亡或重大的经济和环境损失。AmosConnect 服务器系统是间接连接到船舶的关键任务系统。

案例 15：对集装箱港口联网系统和设备的攻击

对海面舰艇攻击有对集装箱港口联网系统和设备的攻击(TOS- OCR-RFID)，该攻击主要包括以下三种途径：①利用网络钓鱼技术进入港口内部网络；②确定脆弱的系统和装置的位置；③利用网络和软件漏洞感染设备。需要攻克的主要技术难点在于没有网络分割/隔离、脆弱的网络协议、脆弱/过时的操作系统安装和缺乏安全机制(如认证)；其涉及的攻击场景有恐怖分子渗入港口的内部网络，并感染/远程控制港口 OCR-GPS 和 RFIDS(Radio Frequency Identification System，射频识别系统)系统，以便走私武器；飞机被劫持潜在影响可能导致人员死亡以及经济环境、公众信任和信心损失。与关键系统的连接是间接的，被感染的系统和设备通过公司网络间接连接到互联网。

1)对海上电子导航系统的攻击

对船只进行的自动识别系统(Automatic Identification System，AIS)的攻击，特别是通过使用 MiTM 的攻击使得攻击者可以劫持并接管 AIS 通信，篡改主要在线跟踪提供商并最终破坏船只的定位系统。对于PoC攻击有研究称通过广播伪造民用GPS信号，使海面舰艇偏离原始路线。同时攻击者为了不暴露身份，不断更新变动伪信号。

通过使用类似Shodan的搜索引擎，PenTestPartners的安全公司发现船舶关键任务系统(如电子导航系统)存在易受攻击的Web应用程序。由于大多数配置文件使用弱默认密码，且存在允许未加密的HTTP连接而不强制执行标准SSL/TLS导致易被SQL注入的特点。另外一些攻击方式包括远程利用船舶的IT系统，进一步获取有关船舶或船员的敏感信息甚至控制船舶。

发现的其他漏洞包括易受攻击的板载邮件客户端。这种邮件客户端允许未经身份验证的攻击者执行盲SQL注入并恢复用户名和密码的操作，然后基于检索到的信息，攻击者可以通过滥用邮件客户端的任务管理器，远程执行任意命令。

2)对支持物联网的端口管理系统和现场设备的攻击

随着全球运输的集装箱数量不断增加，集装箱产业所存在的攻击也非常令人担忧，尤其是对互联网连接端口系统的攻击。

攻击策略阶段包括：持续存在并监控正常操作、干扰攻击，其目的是表明意图和能力；禁用攻击，其目的是强迫赎金支付和自动删除攻击代码以覆盖跟踪。

为了有效地抑制集装箱码头(Container Terminal，CT)，犯罪分子必须能够预先确定其网络攻击的后果。犯罪分子利用CT系统模型来模拟网络攻击的效果，调整其攻击的阶段从而实现每个阶段的目标。

在建立CT系统模型的基础上，允许通过CT系统模拟正常和异常情况下集装箱的移动情况。正常状态是指CT在无系统干扰的情况下稳定运行的时间段，异常状态是指CT受到干扰导致系统生产力降低的时间段，如受到网络攻击的时间段。

在定义的时间段内CT处理的容器数量称为CT的吞吐量，由资源可用性限制最大容量。这些资源是各种子系统所使用的机械搬运设备，这些子系统结合起来形成CT系统。集装箱吞吐量的衡量标准是指CT处理的集装箱总数，这是集装箱进口(从船舶到内地)和出口(从内地到船舶)的结果，这项措施在航运业中被用来计算连续油管效率，因此是连续油管性能的关键指标。CT的理论最大容量表示在正常条件下系统瓶颈点以1的利用率运行时的吞吐量。

在正常操作条件下模拟CT吞吐量的能力允许计算系统吞吐量基线，然后可以使用此基线与异常条件下的模拟吞吐量进行比较，从而使项目能够从降低生产力的角度定量评估网络攻击的影响。通过模拟网络攻击导致的吞吐量降低可以比较不同攻击向量的效能，并调整特定攻击以实现精确的影响。为该项目开发的模型允许操作多个参数，以便调整资源可用性和子系统周期时间，这样就可以模拟对CT系统的网络攻击。

系统干扰(如网络攻击引起的干扰)导致周期时间增加的直接影响是系统资源缓冲区中的备用容量减少。系统缓冲器包括装卸设备的备用容量和集装箱堆场上的空位。一旦这些缓冲器达到备用容量，干扰将表现为集装箱吞吐量的减少。资源的缓冲区大小表示为正常运行条件下资源的利用系数与1之间的差异。一旦资源的利用系数达到1，它就成为系统的瓶颈。

真实世界的CT是一个高度动态和复杂的系统，其精确建模需要生成一个同样复杂的多层模型。这种模型的生产不在本项目的范围内。相反该项目使用高度抽象的模型来表示“典型”而不是真实的CT设备。在这种情况下，“典型”是指位于英国的现代CT，采用现代终

端操作系统具有高度自动化(使用自动引导车辆和半自动起重机)，并被归类为中型网关端口。尽管抽象程度很高，但就计算的吞吐量和资源利用率而言，模拟的输出与具有大致相似属性的真实 CT 操作相当。

4.4 本章小结

本章主要介绍了不同场景下的物联网安全，能够为安全研究人员和关键系统运营商提供参考。在智能电网领域，主要的攻击包括对发电系统的攻击、对传输系统的攻击、虚假数据注入攻击、对可再生能源和分配/客户端系统的攻击、工业 SCADA 和智能电网直接(间接)路径攻击等。由于 SCADA 指挥控制中心可以与企业网络交互，因此也存在鱼叉式网络钓鱼等攻击。在智能家居场景中，由于自动化设备的扩散性和低安全级别，智能家居设备通常很容易遭到破坏。大多数情况下，僵尸网络可以利用这些设备对关键目标进行 DDoS 攻击，因此家庭物联网设备也可以作为勒索病毒的目标。此外，安装在关键基础设施内部的智能自动化设备也可间接攻击其附近的关键系统，或过滤敏感数据。在智能交通场景中，攻击者可以利用车载娱乐、信息和通信系统的漏洞间接控制关键任务。

第 5 章　技术角度的 IoT 安全

作为新一代信息技术的重要组成部分，物联网在实际应用中具有很大的优势，但同时也面临着各种各样的安全问题，如网络攻击、个人隐私安全、数据安全存储与处理等。对物联网安全性的研究越来越引起科学界的关注，本章将从技术角度讨论物联网三层架构(感知层、传输层和应用层)中的安全问题。本章内容在物联网架构中不同层内，结合不同场景分别提出安全问题解决方案。

5.1　感知层安全技术

物联网三层架构中，感知层主要实现了对外部世界的智能识别与信息采集。在感知外部信息的过程会涉及各种传感器，其中包括 RFID 标签和读写器、各种无线传感器(如温度湿度传感器)、二维码、摄像头、GPS 等感知终端。感知层是物联网实现全面感知的关键，但在感知层进行信息采集的同时也会面临着隐私泄露、功能干扰等各种安全性问题。本节主要介绍在物联网感知层中三种安全技术：RFID 安全技术、无线传感网络安全技术和位置服务安全技术。

5.1.1　RFID 安全技术

RFID应用已经十分成熟(详细讲解见2.1节)，但在物联网应用过程中还是面临一些挑战，大多数安全和隐私问题的根源都来自对标签和阅读器之间的空中接口的问题。

目前，有大量研究正关注 RFID 技术的安全性和完整性。其中，阻塞(blocking)是攻击者使用阻塞器标签来刺激许多标签的生成，并在阅读器试图查询这些不存在的标签时导致拒绝服务。干扰(jamming)是指以与系统相同的频率产生无线电噪声，使通信系统瘫痪。阻塞和干扰装置可以及早探测到并加以定位，以便采取适当的行动。

中继攻击是使用假标签与真正的读取器通信，并使用假读取器与真正的标签通信。假阅读器获取的信息被传递给假标签，假标签与真阅读器连接。通过使用短程标签，屏蔽标签或实现距离边界协议可以应对这种安全问题。

当攻击者秘密监视标签和阅读器之间的通信时，就会发生窃听攻击。庞大的阅读范围也为流氓阅读器的窃听提供了机会。距离认证用于通过将读取距离最小化到几毫米来保护标签，同时这可以通过加密数据、屏蔽标签或限制标签读取器距离来应对，但是攻击者可以使用非标准的阅读器来扩展距离。

一些恶意阅读器可以拦截和读取标签信息。读取器身份验证可用于仅允许授权的读取器读取标签信息，当攻击者窃听标签与读取器之间的通信时，会发生重放攻击，然后使用克隆的标签重复身份验证序列。使用窃听和标签克隆的相同对策可以应对这种安全问题。

当攻击者在获得对真实标签的未经授权的访问权限时，根据真实标签复制一个标签，称为标签克隆，复制的标签可以用来获取未经授权的机密信息或进行电子交易。可以使用标记身份验证来应对标签克隆。

由于在支持不可见标识的物品中嵌入标签而进行的秘密跟踪和清查可以不加区别地进行，这会泄露敏感信息，侵犯位置隐私，并且没有任何接触、是非视线的。标签还可以用来追踪那些拥有 RFID 标签的人，这些标签是由流氓读取器和窃听设备制作的。这可以通过使用低范围标记或屏蔽标签、验证读取器或禁用标签来应对。

RFID 技术在企业和消费者日常生活中的日益融合引起了人们对隐私的关注。有两个主要的隐私问题：个人隐私和地址隐私。提出的解决办法包括：暂时禁用一个标签(让一个标签进入睡眠状态)，然后发送一个 PIN 来唤醒它，并随着时间的推移改变标签标识符，终止一个标签(可执行一个 32 位 PIN)，重新确认标签，射频信道被无线电信号干扰以将标签与任何电磁波隔离的有源干扰方法，标签包含少量假名并在每个读取器查询时释放不同假名的最小密码，钞票中标签的重新加密和密码文本的通用重新加密在不知道相应公钥的情况下重新加密，法拉第笼(防止电磁场进入或逃脱的金属外壳)方法，其中标签与任何电磁波隔离，屏蔽标签，以及使用加密、哈希函数和身份验证方案来保护数据。

RFID 设备用于在一个开放的系统中跟踪和将不同阶段或位置的数据传输给不同的“所有者”，以供以后处理。RFID 技术需要支持不同交互对象之间的数据共享和传输。它们与威胁分析场景中的传统性资产不同，因为在跟踪时它们属于有价值的信息资产的“载体”，所以 RFID 必须支持两个重要特性：所有权转移和多重授权。

物联网安全的风险可以从 RFID 系统组件的角度进行分析。一般来说，完整的 RFID 系统组成部分有：电子标签(tag)、空中接口(air-interface)、读写器(reader)、网络(network)和后端(back-end)。威胁可以攻击一个或多个组件，由于 RFID 数据受到的威胁不断增加，因此保护数据的保密性(C)、完整性(I)和可用性(A)非常重要。对 RFID 数据的威胁可以对数据产生三种影响。关于这些威胁的定义、对 RFID 组件、数据的影响以及通过何种方式(如公认惯例 NIST800-98 和 ISO27001/2)减轻风险的总结如表 5-1 所示。ISO27001 提供有关实现信息安全管理系统(Information Security Management System，ISMS)所需的结构和控制的指南，ISO27002 提供了信息安全管理的工作守则。

表 5-1 RFID 系统的威胁分析矩阵

威胁	组件影响	数据影响	风险应对
流氓阅读器	电子标签、空中接口、读写器	C	读取器身份验证
窃听	电子标签、空中接口	C	加密数据、屏蔽标签或限制标签读取距离
继电器的攻击	空中接口	C, I	使用短距离标签，屏蔽标签或实现距离包围协议
重放攻击	电子标签、空中接口	C, I	加密数据、屏蔽标签或限制标签读取距离、标签认证
标签克隆	电子标签、空中接口	C, I	标签认证
秘密跟踪	电子标签、空中接口	C	低范围标签或屏蔽标签，验证阅读器或禁用标签
阻塞	空中接口	A	及早发现并定位，采取适当的行动
干扰	空中接口	A	
物理标签损害	电子标签	A	使用防护材料

注：C =查看机密数据，I =操作数据，A =不可用数据。

5.1.2　无线传感网络安全技术

1. 安全需求

传感器网络是一种独特的自组织网络。因此它具有计算机网络的一般性质。无线传感器网络的安全需求可以分为以下几类。

(1) 身份认证：身份认证是传感器网络中各种应用的基础。许多管理职责(如网络重新编程或控制传感器节点的工作周期)都需要身份验证。在传感器网络中，攻击者可以简单地注入消息，因此接收器希望确信在任何决策过程中使用的数据都来自准确的源。身份认证防止非法方与真正的节点一起参与网络，应该能够检测来自未授权节点的消息。

(2) 数据完整性：传输中的数据可以被攻击者改变。数据完整性确保接收方接收到的数据在传输过程中不会被敌人更改。数据身份验证还可以提供数据完整性。

(3) 数据机密性：保密性是指对未经授权的第三方隐藏信息。将敏感数据隐藏的通常方法是使用密钥加密数据，从而实现机密性。这类问题在网络安全中非常重要。

(4) 数据可用性：在无线传感网络中引入加密算法使其成本更高。有些方法倾向修改代码以尽可能多地重用代码，有些方法试图利用额外的通信来达到类似的目的。此外，各种方法都对数据访问施加了严格的限制，或者提出了一种不兼容的方案(如中心点方案)，以缩短算法的时间。但所有这些方法都削弱了传感器和传感器网络的可用性，原因为：补充计算会消耗额外的能量，如果没有额外的能量存在，数据将不再可用；如果使用中心点方案，将引入一个特定的点崩溃。这极大地威胁了网络的可用性。安全的必要性不仅影响着网络的功能，而且对于维护整个网络的可用性也至关重要；额外的交流也会消耗更多的能量。

(5) 数据实时性：即使数据机密性和数据完整性得到了保证，我们也需要保证每条消息的实时性。数据实时意味着数据是最近的，它可以确保攻击者没有重播旧的消息。为了确保没有旧消息重播，可以将时间戳添加到包中。

2. 安全威胁与问题

无线网络中的大多数攻击与有线网络中的攻击相似。无线网络由于传输介质的广播环境而容易受到安全攻击。此外，无线传感网络还存在一个额外的漏洞，这是因为节点常放置在一个不友好或危险的环境中，可能并没有受到物理保护。

我们将无线传感网络中的安全威胁和攻击分为以下几类。

(1) 拒绝服务(DoS)。拒绝服务(DoS)是减少或消除网络执行其预期功能的能力的一种情况。拒绝服务(DoS)是由节点的意外崩溃或恶意行为造成的。最简单的 DoS 攻击的目标是耗尽受害者节点可以访问的资源。在无线传感网络中，大量的 DoS 攻击以不同的方式产生。在物理层，DoS 攻击可以是拥塞(jamming)攻击以及节点捕获、物理破坏和控制(tampering)；在链路层，有碰撞(collision)攻击、耗尽(exhaustion)攻击和非公平(unfairness)竞争；在网络层，有丢弃和贪婪(neglect and greed)破坏攻击、汇聚节点(homing)攻击、方向误导(misdirection)攻击和黑洞(black holes)攻击；在传输层，这种攻击可来源于恶意泛洪(flooding)和失步(desynchronization)攻击。

(2) 女巫攻击(Sybil Attack)。大规模对等系统面临来自故障或恶意远程计算元素的安全威胁。众所周知，点对点和其他分散的分布式系统特别容易受到女巫攻击。女巫攻击是指攻

击者通过创建大量的假名实体来破坏对等网络的信誉方案，并利用这些实体获得不成比例的巨大影响的攻击。身份验证和加密方法可以防止外部人员对传感器网络发起女巫攻击，但不能阻止内部人员参与网络。公钥密码可以避免这种内部攻击，但在资源受限的传感器网络中使用代价太高，一种解决方案是让每个节点与受信任的基站共享一个独有的对称密钥。

(3) 黑洞/天坑攻击。在黑洞攻击中，恶意节点充当“黑洞”来吸引传感器网络中的所有流量。一旦恶意小工具被引入到通信节点(如接收器和传感器节点)之间，它就能够对它们之间传递的数据包进行任何操作。事实上，这种攻击甚至可以影响那些离基站相当远的节点。

(4) 虫洞攻击。虫洞攻击是一种严重的攻击，攻击者将网络中各个位置的数据包(或比特)记录下来，并将这些数据包(或比特)传送到另一个位置。比特的再传输可以选择性地进行。

虫洞攻击是对无线传感网络的主要威胁，因为这种攻击并不想破坏网络中的传感器，甚至在传感器开始发现相邻信息的初始阶段就可以执行。

3. 安全解决方案

近年来，无线传感网络的安全问题已经引起了世界各国研究者的广泛关注。下面介绍关于无线传感器网络的各种安全解决方案。

1) 共享密钥

在无线传感网络中，密钥管理是一个备受关注的安全特性。由于无线传感网络的尺寸、移动性和功率限制，它们在这一特性上是独一无二的。传统上，密钥的建立是使用许多公钥协议中的一个来完成的。

保护任何网络免受外部攻击的通常方法是应用一个简单的密钥基础设施。然而，众所周知，全局密钥不提供网络弹性，然而成对密钥不是可伸缩的解决方案。

2) 受保护分组

无线传感网络由大量的小节点组成。节点是紧凑的自动化设备。由于传感器节点需要绑定自己才能完成特定任务，因此组成员之间的通信安全性非常重要，尽管整体安全性也可能正在使用。然而，安全分组并不是密集型解决方案存在的问题，异常(exceptions)为保护静态组成员提供了更有力的解决方案。

3) 加密

传感器网络大多运行在公共或野生区域，通过固有的不可靠的无线信道。因此，设备窃听或甚至将消息添加到网络是不重要的。解决这个问题的传统方法是采用消息验证码、对称密钥加密方案和公钥加密等技术。

4) 安全数据聚合

传感器网络和数据聚合技术容易受到一系列攻击，包括拒绝服务攻击等。随着数据传输量的增加，数据流量成为网络中最主要的问题。因此，为了降低管理成本和网络流量，传感器节点在将测量数据发送到基站之前会对其进行汇总，而这些数据对攻击者尤其有吸引力。控制聚合节点的攻击者可以选择忽略报告或生成假报告，从而影响生成数据的可信性，因此必须综合考虑整个网络。

在这个领域的主要目标是使用弹性函数，通过某种方式发现伪造的报告数据，从而证明数据的真实性。然而，在这方面仍然需要改进，如通过交互式算法生成的数据量。

5)传感器网络安全协议(Security Protocols for Sensor Networks，SPINS)

SPINS 构建模块针对资源受限的环境和无线通信进行了优化，它有几个构建块，因此提供了许多安全特性，如语义安全、数据身份验证、重放保护、数据实时性和低通信开销。

6)链路层安全架构(Link Layer Security Architecture，TinySec)

TinySec 是一个轻量级的通用安全包，可以包含在传感器网络应用程序中。它包含在 TinyOS 的官方版本中。TinySec 支持两种特殊的安全选项：认证加密(TinySecAE)和仅认证(TinySecAuth)。通过身份验证加密，TinySec 加密数据有效负载并使用 MAC 对数据包进行身份验证。在只验证模式下，TinySec 使用 MAC 对整个数据包进行身份验证，但数据有效负载未加密[8]。

5.1.3　位置服务安全技术

1. 基于 GNSS 的 IoT 安全分析

物联网定位可能受到的 GNSS 威胁，如图 5-1 所示。解决方案改进的健壮性和安全性基于 GNSS 定位的很多将讨论从以下四个部分展开，即 GNSS 系统级故障的鲁棒性、对地球大气层和太空天气影响的鲁棒性、射频干扰的安全性、对信号障碍和室内环境的鲁棒性。

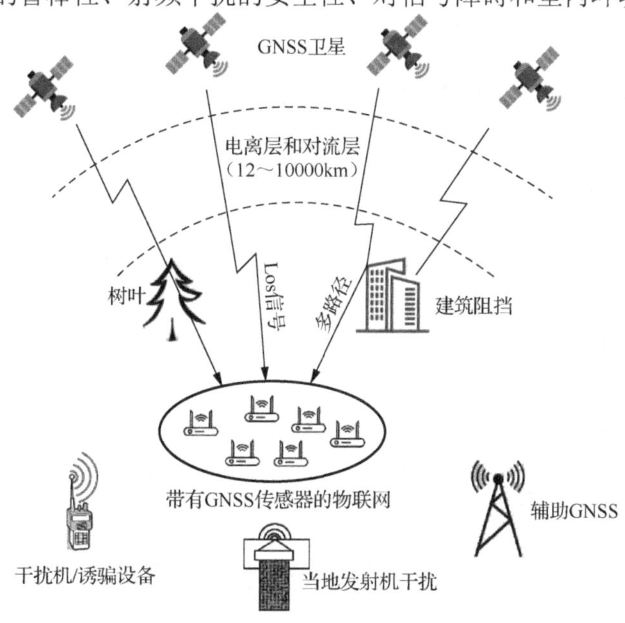

图 5-1　物联网定位受到 GNSS 威胁方框图

1)GNSS 系统级故障的鲁棒性

若干事件表明，在全球导航卫星系统一级可能发生故障。过去，单颗 GPS 卫星曾多次发生故障，包括卫星时钟故障和传输硬件故障引起的信号改变。就多卫星故障而言，全球导航卫星系统控制段的故障可导致同时影响多个卫星的问题。GLONASS 系统在 2014 年 4 月经历了这样的故障，当时整个星座传送的卫星位置不正确长达 10 小时。此外，一些 GPS-GLONASS 双星座接收机未能排除错误的 GLONASS 测量，并过渡到独立的 GPS 定位。2016 年 1 月，另一次控制段事故影响了全球定位系统，时间信号异常导致全球基于全球定位系统的计时系

统中断。

针对单个卫星故障威胁的全球解决方案已经在民用航空领域得到解决，而完整性和连续性是至关重要的。应该指出的是，已经开发的用于关键民用应用的方法也可用于物联网应用。相应的缓解措施见表 5-2。

表 5-2 提高系统和服务水平对 GNSS 安全定位鲁棒性的解决方案

方法	优势	缺点	物联网定位建议
接收机自主完整性监测	有效排除单卫星故障问题	需要卫星可见性实现冗余	低复杂度，适合大量设备
基于增强系统的空间	对卫星故障快速警报，差动校正提高了准确性	需要接收和处理星基增强系统(SBAS)卫星信号且服务范围有限	低复杂度、低成本。增加的信息通过互联网访问
多制式 GNSS	对多个独立的GNSS结构提供冗余	增加了接收机复杂度	高复杂度但非常适合考虑性价比的物联网
先进 RAIM	排除多重故障，无须外部服务	目前没有成熟的实现技术	适度的复杂度，可应用于未来的批次智能接收器在高完整性的要求

2)对地球大气层和太空天气影响的鲁棒性

GNSS 信号从卫星传输到地球上的接收器的距离超过 19000 公里。在旅行过程中影响 GNSS 信号的不同因素有如下几点。

(1)太阳耀斑和日冕物质抛射(CME)导致电磁能量到达地球外层大气，增加了长空层的厚度和自由电子含量。

(2)GNSS 信号在穿越大气层时，会经历折射和衍射效应，有效地降低了信噪比和相位内聚，并引入了一个空间可变的延迟分量。这称为电离层闪烁。

(3)对流层，特别是它的花粉和气溶胶的含量，再加上不同的温度和湿度，也导致了 GNSS 信号质量的下降，并引入了自己的空间变量延迟。

这些大气层由于其穿透的空间多样性，对不同的卫星信号产生不同的影响。大气对 GNSS 接收机的影响可能是深远的，由大气引入的延迟误差导致数十米定位精度的下降。使用载体定位的高精度接收机尤其容易出现周期卡误、丢失跟踪锁甚至数十秒完全停机(无法获得定位、导航和定时(PNT)解决方案)的情况。多年来，为了提高定位对大气和空间天气影响的鲁棒性，提出了许多解决方案。表 5-3 列出了这些解决方案。

表 5-3 提高对地球大气和太空天气推断的鲁棒性的解决方案

方法		优势	缺点	物联网定位建议
应用修正来补偿错误	利用电离层模型和对流层模型进行广播误差修正	可通过 GNSS 导航消息进行更正	基于近似值的修正，精度有限；导致残余误差	不需要额外资源，较低复杂性，易操作
	应用微分修正：SBAS/ GBAS[①]，参考网络，商业服务	以较大的网格点密度计算局部相关修正；增强系统可以提供额外的测距信号和系统完整性信息	向目标接收器传达更正信息；在严重的相互干扰和完全丧失 PNT 解决方案的情况下，目标和参考接收方受到同等的影响	SBAS功能不会显著增加接收方的复杂性或成本；商业服务修正数据价格高昂

续表

方法		优势	缺点	物联网定位建议
接收机的信号跟踪结构	基于跟踪的随机码，FLL[2]辅助锁相环；向量跟踪循环	提高信噪比(SNR)接收器的稳健性和灵敏度；事件发生后，重新获取卫星信号	以降低准确性为代价提高鲁棒性；矢量跟踪通道中的重大故障会影响其他跟踪通道	基于码相位的锁相环辅助锁相环跟踪；相对高计算和复杂度的矢量跟踪环路
	无数据信号跟踪：预测导航数据位；使用包含无数据信号组件现代化 GNSS 信号	使在不利的干扰条件下，也能提高载波相位对周期卡瓦的鲁棒性	额外的资源来实现先验预测数据位的数据库；需要多频接收器	数据位保护，需高复杂性；现代化信号，低复杂性；额外射频频率需额外射频处理链
	双频接收机	长球面误差补偿精度高	需要使用数学模型来补偿对流层误差；需要额外的射频硬件来处理额外的频率频带	需要额外的 RF 处理链及额外的射频频率，高实现成本；双频接收器耗电较多
带有额外传感器的 GNSS 接收器的外部辅助	惯性传感器(加速度计、陀螺仪)、视觉传感器等	对短期外部信号的强鲁棒性	需要额外的硬件和软件；传感器本身不能提供 PNT 解决方案	适度的执行并行性。物联网应用的适用性取决于传感器的成本和质量
基于接收器的完整性监测	RAIM 和 A-RAIM	评估完整性 GNSS 信号；在 GNSS 环境中提供错误检测；A-RAIM 提供了检测多个故障的能力	RAIM 的可用性取决于至少 5 颗卫星的可见度。排除故障卫星需要至少 6 颗可见卫星	RAIM 算法不会显著增加接收机的计算复杂度；A-RAIM 主要针对航空用户
其他技术	交替 PNT 基础设施；记录和回放接收器的确认	基于地面，不受大气影响。eLoran 传输功率高于 GNSS，可以穿透室内	要求在接收端有额外的信号处理能力	超出物联网应用范围

注：① SBAS(Satellite-Based Augmentation System，即星基增强系统)/ GBAS(ground-based augmentation systems，地基增强系统)；

② FLL(Frequency Locked Loop，锁频环)。

3)射频干扰的安全性

射频干扰(Radio Frequency Interference，RFI)是由外部源产生的干扰，它影响相关射频频谱中的信号。考虑到 GNSS 信号的射频干扰，干扰源可以分为有意干扰(如干扰、测量和欺骗)和无意干扰。对于无意的射频干扰，其来源主要有以下几个方面。

(1)频带信号的能量泄漏。例如，来自音频和视频无线广播系统的谐波干扰，它们占据了 FM、超高频(UHF)和甚高频(VHF)频谱，甚高频全向无线电测距(VOR)和仪表着陆系统(ILS)产生的窄带信号，用于进近着陆系统，甚高频通信系统用于空中交通管制(ATC)通信和业余无线电。

(2)由频带近似引起的干扰。来自卫星通信频段的 GPS 和 Galileo 信号的宽带推理，其频谱范围为 1626.5～1660MHz。

(3)波段内干扰主要由距离测量设备(DME)和战术空中导航系统(TACAN)的脉冲信号或风廓线雷达引起，其频谱范围为 962～1213MHz，对 Galileo E5 和 GPS L5 波段的 GNSS 信号构成潜在威胁。

蓄意射频干扰是对 GNSS 的蓄意干扰，主要包括干扰和欺骗干扰。干扰是指信号在 GNSS 频段内的传输，其目的是干扰系统的运行，而欺骗是指伪造的类 GNSS 信号的传输，其目的

是欺骗接收机，利用虚假信息进行定位计算。

为了保证物联网系统中基于 GNSS 的解决方案的准确性和完整性，需要抑制射频干扰的方法，特别是有意的射频干扰(如干扰和欺骗)，这些技术分为四类：基于信号处理的技术、天线配置、传感器集成和系统部署(详见表 5-4)。

表 5-4 针对 RFI 的缓解方法

方法		特点	物联网定位建议
基于信号处理的技术	小波变换	实现转换域技术需要大量的计算，不适合实时应用；可变分辨率；高功率干扰性能好	由于转换域的实现需要较高的复杂度，因此缓解方法不适用于物联网
	Hilbert-Huang 变换		
	Karhunen-Loéve 变换		
	自适应陷波滤波器	转换效率的主要计算方法；缓解有意或无意的窄带干扰；对短促声波干扰器有缓解性能	考虑性价比，是物联网定位的良好选择
	脉冲消隐	非常低的复杂性；逐步取样操作；实时实现	实现简单，非常适合物联网应用
	信号质量监测	基于相关器输出的测量数据的低复杂度算法，能够检测相关函数中的失真；与真实信号相对匹配的功率来抵御欺骗攻击	适用于检测 GNSS 干扰/欺骗/阻塞，触发物联网定位的替代方法
天线配置	后置解扩	基于真实和欺骗干扰 PRN（Pseudo Random Noise，伪随机噪声）在完全跟踪后的估计到达角(AoA)的比较；需要大量计算能力	计算量大，不适合物联网
	前置解扩	在采集和跟踪阶段之前；不会给接收机带来沉重的计算负荷；当欺骗信号从多个天线传输时，性能可能不太好	
传感器集成	集成 INS	来自 INS 的测量不受干扰或欺骗影响；性能受到大量累积的测量偏差的影响；适合短时干扰	适合物联网定位，由于信号阻塞/干扰/欺骗短 GNSS 中断
	集成视觉传感器	抑制惯导误差增长的可行工具；改进的鲁棒性的位置精度时，干扰鸣是短暂的	合适，视觉传感器已经集成到物联网传感器中；考虑到性价比，基于视觉的定位可能会昂贵
系统部署	Multi-GNSS	改变信号处理的频带，从一个受干扰的频带到另一个不受干扰的频带	非常适合物联网应用，需要完整和稳健的导航解决方案
	协作 ITS	利用车辆作为浮动传感器，利用现有的道路侧设备协同监测环境	非常适合物联网定位

4)对信号障碍和室内环境的鲁棒性

城市地区和森林地区的 GNSS 定位性能下降，建筑物和树叶分别阻碍信号传播造成多径。此外，常规的 GNSS 定位在室内和隧道内都是不可用的。因此，数十年来，研究和开发工作一直在积极开展，以寻找能够在这些具有挑战性的全球导航卫星系统环境中进行位置计算的方法。根据用于位置计算的设备，这些方法可分为三类：高灵敏度 GNSS 接收器(HGNSS)接收机、GNSS 伪卫星以及 GNSS 接收机与其他数据的融合(详见表 5-5)。

表 5-5　在信号障碍区域和室内的鲁棒定位

方法		特点	对基于物联网定位的建议
HGNSS 接收器接收		结合相干和非相干集成的过程；获得微弱信号，即使是低于 10dB/Hz 经过 5s 集成的 Galileo 信号	复杂度稍高，应用于高强度物联网接收器；对 GPS L5 和 Galileo E5 宽频带信号用于室内定位的高期望
GNSS 伪卫星		传输类似 GNSS 信号，并能在室内提供位置解决方案；根据发射器的密度和发射方法，定位的精度会非常好	适合物联网接收器；发射机应设计好，以免干扰 GNSS 信号
将 GNSS 与其他数据融合	松耦合	从 GNSS 和传感器独立计算得到的测量值，然后进行融合	融合系统的性能受到传感器测量偏差的影响，随着时间的推移，测量偏差会累积为较大的位置误差；随着低成本 INS 传感器精度的提高和物联网传感器节点计算能力的提高，这些技术在物联网领域具有广阔的应用前景
	紧耦合	融合 GNSS 伪橙色和伪橙色率的观测结果与来自包含传感器的测量值	
	深耦合	整合从原始传感器获得的信息来辅助 GNSS，增强系统的鲁棒性	
	影子匹配	利用三维映射融合 GNSS 阴影匹配技术 GNSS 测距；对比实测信号的有效度和强度与三维城市模型预测结果	适合物联网与云计算技术，其中三维地图是恢复在云或服务器端

2. 基于非 GNSS 的 IoT 安全分析

表 5-6 总结了物联网设备非全球导航卫星定位系统中的主要安全和隐私相关威胁。通常，非全球导航卫星定位系统解决方案要么是基于两阶段方法(建立飞行训练数据库和利用训练数据库的输入进行在线估计)，要么是基于涉及一些时间或角度估计的一阶段方法。第一类主要出现在接收信号强度(Received Signal Strength，RSS)解决方案中。这种方法通常称为定位打印。第二类单级进近通常依赖到达时间(TOA)、到达时差(TDOA)、到达角(AOA)或到达相位差(PDOA)技术。

表 5-6　非 GNSS 定位中的安全威胁和缓解方法

安全威胁	描述	缓解方法
数据库损坏：引用位置	由于人为错误或定位技术故障，有意或无意地输入错误的参考位置	离群值检测和数据库一致性监视
数据库损坏：错误的 RSS	由于地图、平面图或其他地理信息的错误，当从这些来源计算它们时，会产生错误的 RSS 指纹	离群值检测和数据库一致性监视
环境变化	RF 基础设施：AN 的添加、移除或位置变化。传播环境：建筑结构或家具的变化	离群值检测和数据库一致性监视
射频干扰	降低定位质量，极端情况下阻止信号接收和定位。如窄带干扰和宽带干扰	干扰检测和警告或缓解
恶意节点	发送假的或错误的信息，如电子欺骗	识别和排除
将物联网设备的位置公布于众的隐私威胁	基于物联网设备位置或其他漏洞的 Tdentity 盗窃，涉及位置隐私的丢失	数据扰动或混淆方法
可信网络问题	以网络为中心的定位网络对定位信息有完全的控制。这可能被不可靠的网络滥用	授权访问支持

基于训练数据库的物联网定位方法必须应对数据库损坏和恶意节点攻击的可能性(如接入点传输随机或虚假信息)。所有非 GNSS 定位方法都容易受到各种射频干扰的影响，包括宽带干扰和窄带干扰。非 GNSS 定位方法在 ISM 谱中依赖信号比在许可频带中依赖信号更容易受到干扰。此外，所有这些非 GNSS 方法都必须依赖网络端(LA、SP 或两者都依赖)，因此网络组件的可信度问题也是一个需要解决的重要问题。

1) IoT 非 GNSS 定位技术和相关的安全威胁

表 5-7 展示了用于定位的主要非 GNSS 技术及其漏洞。WLAN 或基于 WLAN 的定位是目前智能物联网设备中最广泛使用的非 GNSS 定位技术。其他机会信号如 BLE、RFID、digital TV 或 UWB 也可以提供定位解决方案，特别是在室内。基于 WSN 的定位也用于多种传感器中。

表 5-7　基于非 GNSS 的定位技术及其安全威胁

安全威胁	技术									
	WLAN	802.11az FPS	蓝牙	RFID	UWB	WSN	蜂窝技术	LoRa/ISM	NB-IoT/NB-CIoT	MM①
数据库损坏：引用位置	√	√	√	√						
数据库损坏：错误的 RSS	√	√	√							
环境变化	√	√	√	√	√ (RSS)					
射频干扰	√	√	√	√	√	√	√	√	√	√
恶意节点②	√	√	√	√	√	√				
可信网络问题	√	√	√	√	√	√	√	√	√	√

注：①=(eMTC/LTE MTC)；②=(将物联网设备的位置公布于众的隐私威胁)。

在基于 RSS 的定位中，有几个威胁与训练数据库有关。数据库中包含接入点(Access Nodes，AN)的信息，即网络的静态节点。在其最简单的版本中，信息只是 AN 的位置及其唯一的媒体访问控制(Media Access Control，MAC)地址，而更复杂的版本还包括关于信号传播环境的信息，如 AN 的覆盖区域或位置依赖于来自每个 MAC 地址的 RSS 的概率分布信息。后一类数据库通常基于广泛的数据收集。然而，数据库也可以从一个位置自动生成，并考虑到环境的信号支柱属性，例如，从路径损失模型和地图或平面图信息中获得的地板与墙壁衰减。

无论是在数据库的生成阶段还是在数据库的维护阶段，一些无意的事件都可能产生影响定位可靠性的错误，AN 或 RSS 条目的位置估计很差，如果位置需要用户输入，则人为错误可能会对数据库产生错误。在基于众包的数据库生成或维护中，人为错误的可能性要比培训人员进行数据收集时更大。在众包中，如果是室内手动输入的情况，也可能有人故意提供错误的位置信息。如果自动生成了错误的 RSS 值，并且地图信息包含错误，则可能会将错误的 RSS 值输入数据库。在数据收集中，如果使用测量或报告 RSS 异常不准确的设备收集数据，那么错误的 RSS 值可能会进入数据库。同样，这种情况更有可能发生在非专用设备参与的众包中。一旦生成，数据库就需要维护，因为如果 AN 或障碍物(如墙壁、家具或植被)被移动、移除或添加，信号或传播环境就可能会发生变化。在以设备为中心的定位中，潜在的通信线路错误可能会在数据从数据库服务器传输到用户的过程中损坏数据库。

基于蜂窝的定位解决方案覆盖了从 2G 到 4G 及以上的所有数字蜂窝标准，例如，到提议的 5G，已经越来越为定位功能提供更精确和更健壮的性能。大多数基于蜂窝的方法在以网络为中心的模式下工作，其中网络基于物联网设备的测量计算设备位置。最近，专门用于物联网通信的标准，如 LoRa、NB-IoT、eMTC 或其他 LPWAN 标准，在一定程度上支持节点的定位。例如，在 LoRa 中，定位是通过专有的 chirp 扩频技术支持的，该扩频技术具有包到达的时间戳，加上 TDOA、RSS 和差分 RSS(DRSS)估计器的组合。在 NB-IoT 和窄带蜂窝 IoT(NB-CIoT)标准中，仅支持从 LTE/4G 继承的基本定位，如基于蜂窝 ID 和定位参考信号(PRS)。在机器对机器/机器类型通信(M2M/MTC)标准中，已经提出了协作定位方法，它可以引入具有可能漏洞的附加层，即物联网设备之间的交互通信层之一。

2)数据库异常值检测器

统计界和信号处理界开发的异常点检测方法可用于发现训练数据库中可能存在的问题。由于具有位置相关 RSS 信息或覆盖区域的数据库中的数据包含相互依赖关系，因此可以使用各种异常值检测方法来分析数据库的一致性。在简单的数据库中，只包含 AN 的 MAC 地址和位置信息，通过比较来自多个 AN 的同时测量结果，并使用理论覆盖率或路径损失模型和网络位置的几何结构，一致性检查可以在测量结果可用时进行。

对于基于 RSS 信息数据库定位方面的研究，Meng 等[9]提出了一种基于非迭代随机样本一致性(RANSAC)的异常点检测方法来检测被测 RSS 严重失真的 AN。Kim 等[10]提出了一种基于人群感知的训练数据库管理方案，该方案通过协作收集用户数据来提高初始数据库的覆盖率和准确性。定位系统针对定位节点的 WSN，采用离群点检测来监测 RSS 数据库的质量，并对 RSS 数据库进行更新。Khalajmehrabadi 等[11]提出了一种 RSS 指纹定位方案，通过在线算法估计用户位置和测量误差的 AN，用于检测数据库中没有 RSS 信息的异常值。Chen 等[12]提出了一种利用相对过饱和度和三边残差估计距离并进行假设检验的方法。

3)识别恶意和虚假节点

物联网定位中的恶意和虚假节点是指故意向 LA 的训练数据库发送损坏或假冒信息的访问节点，如果恶意节点随机改变其传输功率，甚至改变节点身份(如果访问节点伪造或更改其 IP 地址等)，则此类破坏信息可以是节点位置或它可以影响 RSS 值。在车辆自组织网络(VANET)等应用中，恶意节点传输不正确的位置具有特殊的威胁。在更一般的 IoT 通信环境中(不关注定位部分)，与 IoT 定位相关的恶意节点有如下几种攻击类型。

(1)冲突行为的攻击。不可信节点可以传递部分可信信息(如地址正确)和部分不正确信息(如位置虚假)。

(2)开关攻击。恶意节点只能不时地传输与位置相关的错误信息，例如，在随机的时间间隔。

(3)女巫攻击。这是指恶意节点使用两个或更多的 IP 地址，以使它们的识别是受阻的随机变化。

(4)Newcomer 攻击。一个先前被识别为恶意的节点可以改变它的 IP 并作为一个节点再次进入网络。

4)数据扰动等模糊方法

为了保护物联网设备位置或访问节点位置的隐私，提出了不同形式的位置信息混淆方法。在图 2-4 中，传统的模糊处理方法只是将真实的位置信息替换为虚假的位置信息；第二种方法是数据摄动法，即在噪声中嵌入真实位置，只传输噪声位置估计。噪声和噪声分布包含各种类型：加性噪声或乘性噪声，与位置信息相关或不相关的噪声，以及从各种分布中提取的噪声。最常用的分布是多元高斯分布，这种情况称为简单加性噪声扰动；第三种方法是用于车辆到车辆(V2V)通信，结合了混淆和功率变化，以形成假点集群并降低攻击者无意中

获得物联网设备位置的概率。

5）非 GNSS 定位中的干扰缓解

(1) 针对非 GNSS 位置的欺骗干扰措施。欺骗（spoofing）指攻击者向物联网设备发送假的位置相关信息的情况。这个问题与伪造或恶意节点问题密切相关，在 5.1.3 节已经讨论过了。

(2) 非 GNSS 定位抗干扰措施。干扰是指非 GNSS 定位所依据的无线信号的窄带干扰，如 ISM 频段（用于 WLAN 和 BLE 定位）或蜂窝频段（用于蜂窝定位）的窄带干扰。

(3) 非 GNSS 位置的防信号模拟干扰措施。信号模拟干扰是指攻击者捕获与位置相关的信号并延迟重新发送的情况。这个术语在非 GNSS 定位环境中很少使用，因为它对定位精度的影响不像在 GNSS 情况下那么高。例如，对于基于 WLAN 或 BLE 的定位系统，延迟发送 RSS 基本上不会对定位中使用的训练数据库产生什么影响。对于基于蜂窝的定位，由于身份验证机制的存在，也几乎不可能对定位信号产生影响。因此，可以声明，在非 GNSS 定位中，信号模拟干扰不是一个安全威胁。

5.2 传输层安全技术

传输层的任务是对采集的信息进行数据编码与认证并通过各种有线或无线网络（如移动通信网、互联网、专业网和局域网等）进行数据传输。物联网的特点之一就是处理的信息量很大，这一特性的存在必然会引起信息传输过程中遇到的种种安全问题，如当物联网运作的某一节点面临着海量、集群方式存在的数据时就很容易发生核心网拥堵从而造成拒绝服务。这些安全问题的存在是制约物联网发展的重要因素，本节就无线局域网安全技术、AdHoc 网络安全技术以及低功耗广域网络安全技术对传输层安全技术做出相应介绍。

5.2.1 无线局域网安全技术

全球有超过 2000 万互联网用户，其中很大一部分是通过 Wi-Fi 等无线路由器终端接入互联网的。无线局域网的安全正在成为一个社会问题。在讨论无线网络安全问题之前，需要知道超过 70%的网络安全问题是由人为因素引起的，如熟人信息盗窃或串通盗窃。抛开非技术因素，下面讨论其他与网络安全技术相关的问题。

与传统无线局域网和以太网之间的差别主要体现在以下方面。第一，不同的数据传输媒体。传统以太网使用铜线和其他物理媒体进行数据传输，无线局域网使用无线电波和射频进行数据传输，不同的传输媒体导致这两种类型的局域网布局不同。由于在以太网中的各个地方都需要访问连接，因此需要更大的数量，根据无线局域网的传播特点，只需要一个无线信号发射器即可完成网络的形成。第二，用户以不同的方式访问网络。用户访问传统的需要物理以太网电缆，固定位置，而且它不灵活，用户访问无线局域网只需要在无线信号范围内，可以自由移动，非常灵活。

1. 无线局域网安全问题

1）非授权用户访问

(1) 基于服务集标识（Service Set Identifier，SSID）防止未经授权的用户访问。服务集标识符 SSID 用于标识网络的名称以区分不同网络，最多可包含 32 个字符。站点设置了不同的无线 SSID 以访问异构无线网络。必须将无线基站设置为正确的 SSID，并将无线局域网访问 AP 的 SSID 设置为同一点，才能访问 AP；如果用户提供的 SSID 与 AP 的 SSID 不一致，则 AP 拒绝通过无线服务区域直接访问它。SSID 是一种类似密码的功能，提供密码认证机制，屏蔽非法用户的访问，保证无线局域网的安全。SSID 广播通常是由 AP 输出的，如 Windows XP 可以使用内置扫描仪扫描所有区域的视图查看当前 SSID。考虑到安全性，可以禁止 AP 广播 SSID 号，但无线基站必须主动发送正确的 SSID 号与 AP 关联。

(2)无线网卡物理地址过滤机制来防止未经授权的用户访问。因为每个无线网卡都有唯一的 MAC 地址，物理地址用来防止未经授权的用户访问。根据 AP 的物理地址添加访问控制(访问控制列表)，以确保只有注册卡的物理地址才能进入网络。所以可以通过一组物理地址访问列表手动维护 AP，实现物理地址过滤。但是，理论上 IP 包的物理地址是可以伪造的，所以这是不太安全的授权认证，物理地址过滤的解决方案是硬件认证，而不是用户认证，这种方法有其明显的缺点，它需要在 AP 列表中用一个物理地址来人工更新。当用户增加时其可扩展性较差，故只适用于小规模网络。

如果网络中包含大量的 AP，可以使用 802.1x 端口认证和 RADIUS 认证服务器后台相结合，并严格检查所有用户的身份，禁止未经授权的用户访问网络，非法窃取数据或进行破坏。

2)信息披露

虽然理论上利用 VPN 和防火墙技术设计一个完全安全的系统是容易的，但是在实践中会有很多漏洞，尤其是无线网络中使用的无线电波。如果你想从无线网站窃取数据，只需要在距离无线基站几百米的地方放置一个带有无线网卡的笔记本电脑，然后进行监控和破解。在基于 RC4 流的密钥算法中，使用了目前常用的 WEP 加密。

算法不能总是不公开，RC4 的工作是由 RC4 生成一个密钥，然后将密钥和明文通过异或运算形成密文。同时，密钥流也由初始向量启动 RC4 IV 发出，接收端通过接收到的数据与密钥之间的异或运算，获得原始明文数据。这种方法看似相对安全，其实存在安全漏洞，因此可以通过截取多组数据来推断明文，也可以启动两个密码文本异或操作来做两个结果的异或。如两个原始明文的流量分别为 10101011 和 01101010，密钥为 11110000，则加密后的密文分别为 01011011 和 10010101。两个密码文本异或后的结果是 11000001，而两个原始异或后的结果明文也是 11000001。经过一段时间的监控，可以根据监控结果构造一个字典，其中包含了 IV、密钥流，这样就可以解析出所有截获的数据。

3)信号干扰

无线局域网射频无线电波有固定频率，通常为 2.4GHz。许多其他无线信号(如蓝牙和微波)在该频道工作，当操作无线路由器等设备时，无线用户通信可能受到影响，因为无线 AP 和基站在同一通道可能导致信号的混乱。无线信号虽然通过无线电波在空间中传播，但实际应用经验表明，它并不能有效地穿透墙壁。另外，如果无线基站与 AP 之间存在较大的障碍，会导致访问率降低或断开连接，这些情况会给在线处理重要业务的客户带来很大的麻烦。还有的情况是往往同一层楼有多个无线路由器在工作，因此信号会受到同一信道的干扰。同时，它们的频率是相同的，在多个无线基站同时传输的信号与 AP 非常相似，也可能造成干扰。

4) 欺骗和会话劫持

攻击者可以通过假设有效用户的身份来访问网络中的特权数据和资源，如图 5-2 所示。

这是因为 802.11 网络不认证源地址，即帧的介质访问控制(MAC)地址。因此，攻击者可能会欺骗 MAC 地址并劫持会话。

此外，802.11 不需要接入点证明它实际上是一个 AP，这方便了可能伪装成 AP 的攻击者。为了消除欺骗干扰，需要在 WLAN 中设置适当的身份验证和访问控制机制。

5) 窃听

这涉及对通过网络传输的数据的机密性的攻击。从本质上讲，无线局域网有意将网络流量辐射到太空。这导致在任何无线局域网安装中都无法控制信号接收方的身份。在无线网络中，第三方的窃听是最大的威胁，因为攻击者可以在远离公司的前提下，从远处拦截空中的传输。

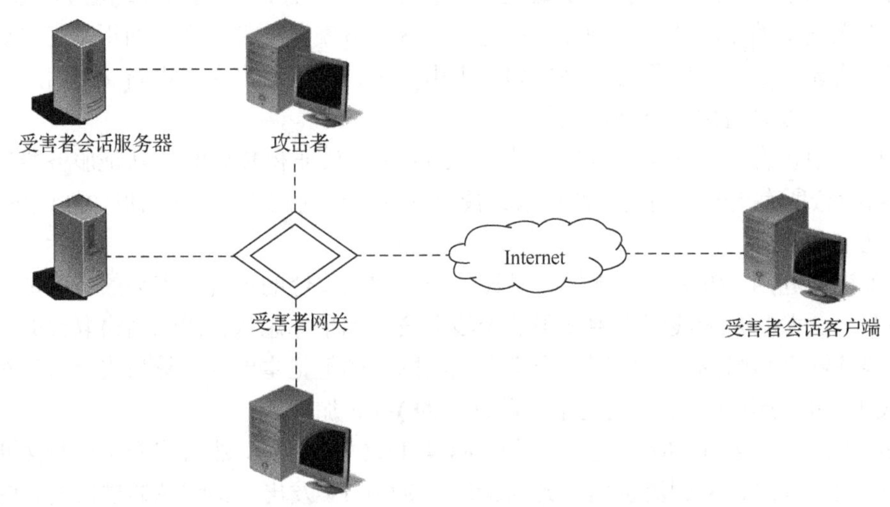

图 5-2　欺骗和会话劫持

6) 伪装地址和阻止会话

802.11 无线局域网目前应用广泛，但其帧无须认证，攻击者通过无线局域网的入侵将数据帧重定向到攻击者的计算机，然后拦截并解析物理地址，再用于恶意攻击。攻击者可以通过解析被其截获的数据来发现经认证的 AP 中的缺陷，此外，攻击者还可以通过 AP 广播的数据帧发现特定 AP 的存在，然后伪装成 AP 接入网，因为 802.11 不需要被证明是有效的 AP，如果攻击者伪装成对无线局域网 AP 的合法访问，并通过无线局域网进入核心网络，这将给整个网络带来巨大的灾难，这个问题没有太好的解决方案，防范措施只能隔离重要网络和无线局域网。

7) 高级攻击

一旦攻击者侵入无线局域网，无线局域网将成为进一步入侵其他网络的跳板，一般网络都配备了安全外壳，但外壳内部非常脆弱，无线网络可以通过简单的配置轻松介入核心网络，一旦无线局域网遭到破坏，整个网络就相当于暴露在攻击者面前。无线局域网由于不太安全，更容易受到攻击。因此，企业往往将无线局域网置于核心网络的安全壳之外。所以即使无线局域网受到攻击，核心网络也可以有更高的安全性。

2. 无线安全解决方案

1)保护 WLAN 的实用解决方案

尽管存在与无线网络相关的风险和漏洞，但肯定有一些方法可以使其达到可接受的水平；这可以通过以下操作来实现，以最小化对主要网络的攻击。例如，更改默认 SSID，利用 VPN(图 5-3)，利用静态 IP，访问点放置，最小化无线电波在非用户地址中的传播等。

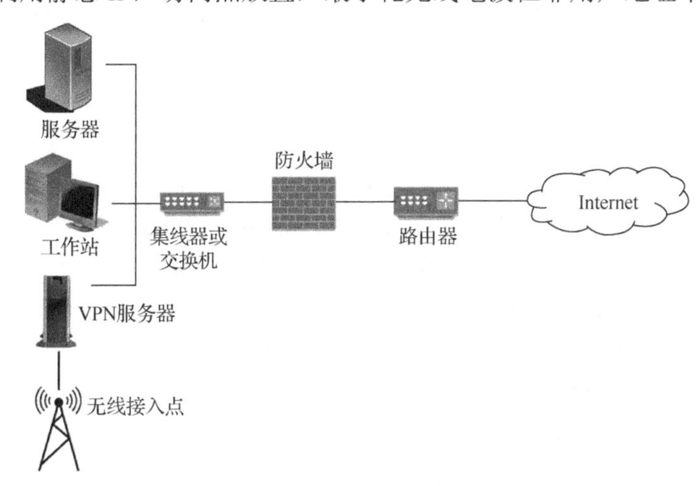

图 5-3　无线 IP 防护

2)提高 WLAN 安全性的标准

除了以上提到的尽量减少对 WLAN 的攻击，还有一些旨在提高 WLAN 安全性的新标准。本节介绍了两个重要的标准：802.1x 和 802.11i。

802.1x 最初是为有线以太网设计的。这个标准也是 802.1li 标准的一部分，稍后会展示。802.1x 可分为两部分：点对点协议(PPP)和可扩展认证协议(EAP)。它的协议可以表示为图 5-4。802.11x 规范是由 IEEE 在 802.1x 标准的基础上设计的，第一个标准是 802.11i，为 WEP 安全提供了替代技术。但 802.1 li 仍在开发过程中。

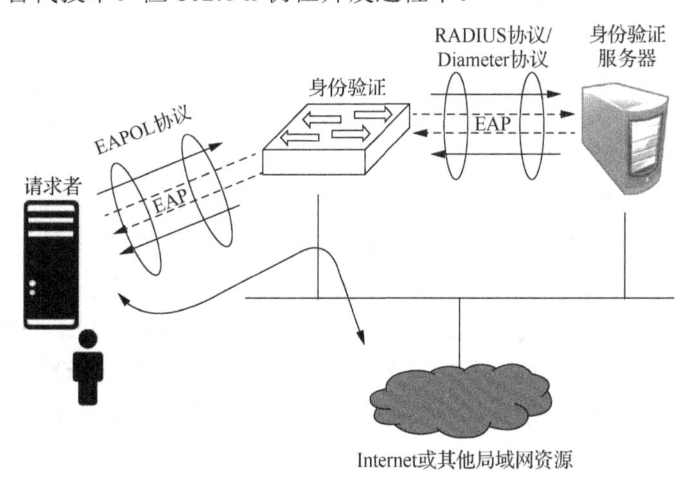

图 5-4　802.1x 协议

5.2.2 AdHoc 网络安全技术

根据应用领域的不同，AdHoc 网络可能有很大的差异。例如，在计算机科学的计算机教室课堂的例子中，学生与教师的计算机之间可以形成一个 AdHoc 网络。在另一种场景下，一群士兵深入敌方领域行动，试图不让敌人知道他们的存在。小组工作中的士兵携带可穿戴的通信设备，能够窃听敌方单位之间的通信，关闭敌方设备，转移敌方信息交通或冒充敌方。显然，这两种情况在很多方面都有很大的不同：在第一种情况下，移动设备只需要在一个安全友好的环境中工作，网络条件是可预测的。因此，不需要特殊的安全要求。另一方面，在第二种和相当极端的情况下，设备在一个极端敌对和苛刻的环境，其中通信的保护和网络的可用性与操作都是非常脆弱的，没有强大的保护作为支撑。

由于 AdHoc 网络与更传统的方法有些不同，过去在网络中有效的安全方面并不完全适用于 AdHoc 网络。虽然基本的安全要求（如一致性和真实性）仍然存在，但是自组织网络方法在一定程度上限制了要使用的一组可行的安全机制，因为安全级别和另一方面性能总是相互关联的。AdHoc 网络中节点的性能至关重要，因为过度计算和无线传输的可用功率量受到限制。此外，可用带宽和无线电频率可能受到严重限制，并且可能变化迅速。最后，由于可用内存和 CPU 功率通常很小，因此对 AdHoc 网络实施强保护是非常重要的。

1. 保护自组网的安全标准

1）物理安全

在 AdHoc 网络中，特别是移动节点比传统网络中的有线节点更容易受到物理攻击。然而，物理安全在整个网络保护中的重要性在很大程度上取决于临时网络方法和节点操作的环境。例如，在由独立节点组成的自组网中，单个节点的物理安全可能受到严重威胁。因此，在这种情况下，节点的保护不能依赖于物理安全。相反，在教室示例场景中，可能是出于隐私的原因，节点的物理安全性对于节点的所有者来说是一个重要的问题，但是物理安全性的破坏并不影响系统本身的安全性。

2）网络运行的安全性

AdHoc 网络的安全性可以基于链路层或网络层的保护。在一些特别的解决方案中，链路层提供强大的安全服务来保护一致性和真实性，在这种情况下，所有的安全要求不需要在网络或上层解决。例如，在一些无线局域网中，链路层加密被应用。然而，在大多数情况下，安全服务是在更高层实现的，如在网络层，因为许多 AdHoc 网络应用基于 IP 的路由，并推荐或建议使用 IPSec。

绝大部分的 MANET 路由协议能够适应网络环境的快速变化，并即时采取处理措施。路由协议负责为节点指定并维护必要的路由结构，因此必须保护该 MANET 路由协议不受机密性、真实性、完整性、不可抵赖性和可利用性的攻击。如果路由信息的机密性受到威胁，攻击者可以通过窃听它们发送和转发的路由流量来识别或定位节点。在军事领域中，保密性是最重要的属性之一，在没有地理位置、身份信息以及通信保护时，特设网络下的用户具有较低的攻击抵抗能力。另外，如果破坏了网络可用性，造成通信链路破坏，用户可能根本无法完成他们的任务。

如果使用公钥密码系统，路由信息的真实性和完整性通常是并行处理的，因为数字签名用于确认数据的来源及其完整性。如果没有任何完整性保护，攻击者就能够破坏消息、操纵包头甚至生成假流量，从而无法将这些操作与硬件或网络故障区分开来。只有保证路由数据的真实性，节点才能重新确认路由信息的来源。如果真实性得不到保证，攻击者可以执行模拟攻击。将流量转移到任意目的地，甚至打乱路由结构，导致 AdHoc 网络中的连接严重中断。在最坏的情况下，攻击者可以执行操作并离开网络而不被视为恶意的一方。

不可否认性在某种程度上与真实性有关：路由流量必须留下痕迹，以便发送路由信息的任何一方以后都不能否认传播了网络其他部分的数据。

网络管理数据具有与路由传输类似的安全要求：如果管理的信息可能包含易受攻击的信息，如节点收集的状态数据，则必须防止其泄漏。保护管理流量免受篡改和冒充攻击可能更为重要。例如，如果节点发送到管理系统的状态信息未经过身份验证或未受到完整性攻击的保护，则恶意节点可能会捕获有效信息并发送无效的状态数据。这可能导致管理系统内节点状况的错误假设，并导致使用无效配置数据作为对观察到的节点状态变化的反应。显然，针对交换的配置信息的模拟攻击可能会产生严重和不可预测的后果，特别是当攻击者可以同时控制从节点发送状态信息时。此外，在 AdHoc 网络中，手动配置节点是不可能的，配置数据必须动态地按需交换，从而使管理操作更容易受到所讨论的攻击。在最坏的情况下，对手可以任意配置任何节点，从而控制管理系统，这可能会将观察到的不一致解释为“自然”故障，而不是攻击者主动生成的恶意操作。

3)服务方面

AdHoc 网络可以独立地在逻辑层和物理层应用分层或嵌入基础设施。在一些平面自组网络中，连接由节点本身直接维护，网络不能依赖任何类型的集中服务。在这种网络中，必须分发必要的服务，如包的路由和密钥管理，以便所有节点都有责任提供服务。由于没有专用的服务器节点，任何节点都可以向另一个节点提供必要的服务。此外，如果 AdHoc 网络中有相当数量的节点崩溃或离开网络，不会中断服务的可用性。最后，理论上不可能保护服务免受拒绝服务。在 AdHoc 网络中，通信信道中的冗余会增加每个节点接收到正确路由信息的可能性。然而，这种方法在计算资源和网络流量方面都会产生更大的开销。此外，通信路径中的冗余可能会减少拒绝服务威胁，并允许系统比依赖单一服务的提供方法更容易检测恶意节点从而执行恶意操作源和目标之间的路径。

对于必须在动态和不可预测的条件下运行的 AdHoc 网络中，可用性是一个核心问题。网络节点可能处于空闲状态，甚至会暂时关闭。因此，AdHoc 网络不能对特定节点在任何给定时间的可用性做出任何假设。对于使用 AdHoc 网络的商业应用程序，从客户端的角度来看，可用性通常是最重要的问题。路由协议必须保证路由结构的健壮性，即使受到拓扑结构快速变化或攻击者的威胁，也能保持网络的连接性。类似地，在较高层中，服务必须能够依赖于较低层满足在任何时候都能维护分组转发服务。最后，许多应用于拓扑的 AdHoc 网络协议必须有效地上下扩展，如由于网络分区或合并。可伸缩性需求还直接影响针对各种安全服务(如密钥管理)的可伸缩性需求。在应用领域限制网络可能大小的网络中，还可以对安全服务的可伸缩性要求进行假设。

4)密钥管理的安全性

与任何分布式系统一样，在 AdHoc 网络中，安全性是基于使用适当的密钥管理系统。由

于 AdHoc 网络在许多方面存在显著的差异，因此需要一个环境特定且高效的密钥管理系统。为了能够保护节点，如通过使用加密防止窃听，节点必须就共享机密或交换的公钥达成共同协议。对于变化非常迅速的 AdHoc 网络，加密密钥的交换必须按需处理，因此无须假设先验协商密钥(priori negotiated secrets)。在非动态环境中，如在上面的计算机教室课堂的示例中，密钥可能是预先商定的，甚至是手动配置的(如果仍然需要加密)。

如果使用公钥密码，整个保护机制依赖于私钥的安全性。由于节点的物理安全性可能较差，私钥必须以相同的方式存储在节点中，如用系统密钥加密。对于动态 AdHoc 网络，这不是需要的特性，因此必须通过适当的硬件保护(智能卡)或通过将密钥部分分发给多个节点来保证私钥的安全。然而，硬件保护并不能作为完全解决方案来防止这样的攻击。在 AdHoc 网络中，密钥管理中的集中式方法可能不可用，因为可能不存在任何集中式资源。此外，集中式方法易受单点故障的影响。私钥或其他信息的机械复制是一种不充分的保护方法，如节点的私钥有多种被破坏的可能性。因此对于任何正在使用的密码系统，都需要一种分布式的密钥管理方法。

5)访问控制

访问控制也是 AdHoc 网络中一个适用的概念，因为通常需要控制对网络及其提供的服务的访问。此外，由于网络方法可能允许或要求在如网络层中形成组，因此可能需要多个并行工作的访问控制机制。在网络层，路由协议必须保证不允许任何授权节点加入网络或分组转发组(如分层路由方法中的集群)。例如，在介绍的战场示例中，AdHoc 网络应用的路由协议必须控制，以防止敌对节点加入，使组中的其他节点无法从组中发现组。在应用程序级别，访问控制机制必须确保未授权方不能访问服务，如关键密钥管理服务。

访问控制通常与标识和身份验证相关。识别和认证的主要问题是可以确认各方被授权访问。然而，在某些支持系统中，并不需要对节点进行标识或身份验证：节点可能被授予证书，例如，可以使用委托证书让节点访问服务。在这种情况下，不需要实际的身份验证机制。如果节点能够向访问控制系统提供足够的凭据。在一些特设网络中，服务可能是集中式的，而在另一些网络中，它们是以分布式应用的。这可能需要使用不同的访问控制机制。此外，访问控制中所需的安全级别也会影响实现访问控制的方式。如果采用低安全性要求的集中式自组织网络方法(如计算机教室课堂的示例)，则服务器端可以使用简单的方法(如用户名-密码模式)来管理访问控制。在没有任何集中资源的情况下(如战场情况)，临时网络只能在更困难的情况下工作。网络访问控制的实现无论是网络访问还是网络资源访问都是非常困难的，在网络形成的过程中必须对其场地和资源进行定义，这是非常不灵活的。另一种可能性是定义和使用一个非常复杂的类型。可扩展的动态访问控制协议，带来了灵活性，但容易受到各种攻击，甚至可能无法正确有效地应用。

2. AdHoc 网络中的安全威胁

1)攻击类型

针对 AdHoc 网络的攻击可以分为两类：被动攻击通常只涉及数据窃听。主动攻击涉及攻击者执行的操作，如复制、修改和删除交换的数据。主动攻击通常针对的是外部攻击，如造成拥塞、传播不正确的路由信息，阻止服务正常工作或完全关闭服务。外部攻击通常可以通过使用标准的安全机制(如防火墙、加密等)来防止。内部攻击通常是更严重的攻击，因为恶意内部节点已经作为授权方属于网络，所以其受到网络及其服务提供的安全机制的保护。因此，这些可能在一个组中操作的恶意内部人员可能使用标准的安全手段来实际保护他们的攻击。由于这些恶意方的行为危及整个 AdHoc 网络的安全，因此它们被称为受损节点。

2)拒绝服务

在任何分布式系统中，由于非故意的故障或恶意操作而产生的拒绝服务威胁都会构成严重的安全风险。然而，此类攻击的后果取决于 AdHoc 网络的应用领域：在教室示例中，任何节点，无论是教师的集中设备还是学生的手持设备，即使遭到崩溃或关闭也完全不会破坏其他设备，同时还能使用其他替代品继续正常工作。相反，在战场场景中，士兵的有效操作可能完全取决于其设备所形成的自组织网络的正确操作。如果敌人能够关闭网络，这个组织就可能被分成不能相互通信或不能与总部通信的脆弱单位。

拒绝服务攻击有多种形式：传统的攻击方式是淹没所有集中的资源，使其不再正确运行导致崩溃，但在自组网中，由于责任的分配，这种攻击方式并不适用。分布式拒绝服务攻击是一种更严重的威胁：如果攻击者有足够的计算能力和带宽来操作，较小的 AdHoc 网络很容易崩溃或拥塞。然而具有严重威胁的特设网络，妥协节点可以配置路由协议或任何其中的一部分，这样他们发送路由信息频繁，造成的堵塞很少，可以防止节点获得新的信息从而改变网络的拓扑结构。在最坏的情况下，攻击者能够改变路由协议进行任意操作，甚至可能以攻击者想要的(无效的)方式操作。如果没有检测到被破坏的节点和对路由协议的更改，后果将非常严重，因为从节点的角度来看，网络似乎可以正常运行。这种由恶意节点发起的网络无效操作称为拜占庭式故障。

3)模拟

模拟攻击在各种级别的 AdHoc 网络中都构成了严重的安全风险。如果不支持各方的正确身份验证，则网络层中的受损节点可能无法检测到加入网络或发送伪装成其他可信节点的虚假路由信息。在网络管理中，攻击者可以作为超级用户访问配置系统。在服务级别，即使没有适当的凭据，恶意方也可以对其公钥进行认证。因此，模拟攻击涉及 AdHoc 网络中的所有关键操作。然而，在计算机教室课堂的例子中，模仿攻击是不可能的，甚至是不可行的。如果学生恶意冒充教师的设备，他可以访问或销毁存储在学生或教师设备中或在他们之间交换的数据。这样做需要冒着很大风险，因为很容易被发现，并且可以操纵或访问信息的价值对攻击者而言并不十分重要。在另一个例子中，攻击成功的影响要大得多：由敌人控制的敌对节点可能无法察觉加入的 AdHoc 网络，并对其他节点或服务造成永久性损害。恶意方可能会伪装成任何友好节点，并向其他节点提供错误的命令或状态信息。

通过在一方必须能够信任其接收或存储的原始数据的环境中应用强大的身份验证机制，可以减轻模拟威胁。这通常意味着在每一层都要应用数字签名或键控指纹来处理路由消息、配置或状态信息，或交换正在使用的服务的有效负载数据。使用公钥加密实现的数字签名在 AdHoc 网络中也是一个问题，因为它们需要高效、安全的密钥管理服务和相对较大的计算能力。因此，在许多情况下，需要更轻的解决方案，如使用键控哈希函数或事先协商和认证的键和会话标识符。但是，它们并没有消除对安全密钥管理或适当的机密性保护机制的需求。

4)信息披露

无论何时交换机密信息，任何通信都必须防止窃听。此外，必须保护节点存储的关键数

据不受未经授权的访问。在 AdHoc 网络中，这些信息几乎可以包括任何内容，如节点的特定状态详细信息、节点的位置、私钥或密钥、密码和短语等。有时，在安全性方面，控制数据比实际交换的数据更重要。例如，包头中的路由指令(如节点的标识或位置)有时比应用程序级消息更有价值。这尤其适用于关键军事应用。例如，在战场场景中，从敌人的角度来看，节点之间交换的“hello”数据包的数据可能没有那么有趣。相反，观察到的节点的身份(与之前相同节点的通信模式相比)或节点产生的检测到的无线电传输可能是敌人发起目标明确的攻击所需的信息。相反，在计算机教室课堂的例子中，从个人隐私的角度来看，公开交换或存储的信息是“唯一”重要的。

3. AdHoc 网络的安全建议

1) DDM

动态终端多播(Dynamic Destination Multicast，DDM)协议是一种相对于其他多播协议的多播协议。在 DDM 协议中，组成员关系不受分布式主程序的限制，因为只有数据的发送方被授予控制信息真正交付给哪些发送方的权限。通过这种方式，DDM 节点通过检查协议头来识别节点组的成员关系。DDM 方法还可以防止外部节点任意加入组。这在许多其他协议中不直接支持；如果必须限制组的成员和源数据的分配，则必须采用外部方法，如密钥的分布。

DDM 协议有两种操作模式：无状态模式和软状态模式。在无状态模式下，多播关联的维护和组成员资格的限制完全通过将转发信息编码到数据包的特殊报头中来处理；节点不必存储状态信息。这种无功方法保证了在空闲期间控制数据没有无价值的交换。因此，在不需要大幅度扩展的小型 AdHoc 网络中，这种超反应性方法非常有用。另外，软状态模式要求节点记住每个目的地的下一跳，因此不需要将协议头与每个目的地一起填充。在这两种模式下，节点必须始终能够跟踪组的成员身份。作者认为，DDM 协议最适合于具有小型多播组的动态网络。然而，目前关于 DDM 协议草案并没有提出任何保护 DDM 协议网络安全的解决方案。此外，它并没有为具体的协议提供任何建议。

2) OLSR

优化链路状态路由(Optimized Link State Routing，OLSR)协议是一种主动的、表驱动的协议，它应用了多点中继(MPR)的多层方法。MPR 允许网络应用范围浮动，而不是完全的节点到节点的全浮动，这样交换的控制数据量可以大大减少。这是通过传播仅关于所选 MPR 节点的链路状态信息来实现的。由于 MPR 方法最适合于大而密集的 AdHoc 网络，在这种网络中，流量是随机的和零星的，因此 OLSR 协议在这类环境中工作得最好。选择 MPR 是为了只有一跳对称(双向)链接到另一个节点的节点才能提供服务。因此，在非常动态的网络中，经常存在大量的单向链路，这种方法可能无法正常工作。OLSR 以完全分布式的方式工作，如 MPR 方法不需要使用集中的资源。OLSR 协议规范不包括对协议应用的首选安全体系结构的任何实际建议。然而，该协议适用于如因特网 MANET 封装协议(IMEP)等协议，因为它被设计成完全独立于其他协议之外工作。

3) ODMRP

按需多播路由协议(on-Demand Multicast Routing Protocol，ODMRP)是一个基于网格的多播路由协议，适用于 AdHoc 网络。它应用了范围浮动方法，其中一个子节点(转发组)可以转发数据包。转发组中的成员是按需动态构建和维护的。协议不应用源路由。ODMRP 最适合于网络拓扑变化迅速、资源受限的 MANET。ODMRP 采用双向链路，这在一定程度上限制了该方案的潜在应用领域；ODMRP 可能不适合在动态网络中使用，在动态网络中，节点可能移动迅速且不可预测，并且具有不同的无线传输功率。目前 ODMRP 没有定义或应用任何安全手段，如“工作正在进行中”。不过，转发组成员身份是由协议本身控制的。

4) AODV 和 MAODV

无线自组网按需平面距离向量路由协议(Ad Hoc On-Demand Distance-Vector，AODV)是一种针对自组网中移动节点的基于单点的无功路由协议。它支持多跳路由，网络中的节点仅在有流量时才动态维护拓扑。目前 AODV 路由协议还没有定义任何安全机制。组播自组织网按需距离矢量路由协议(Multicast Ad Hoc On-Demand Distance-Vector routing protocol，MAODV)扩展了 AODV 路由协议的多播特性。目前在 MAODV 路由协议的设计中应该注意到的安全方面问题与 AODV 路由协议相似。

5) TBRPF

基于反向路径转发的拓扑分发协议(Topology Broadcast based on Reverse-Path Forwarding，TBRPF)[13]是一个纯主动的、链路状态的路由协议，用于 AdHoc 网络，也可以作为混合解决方案的主动部分。TBRPF 中网络的每个节点都承载着网络各个链路的状态信息。但信息传播是通过应用反向路径转发而不是昂贵的全洪泛或广播技术来优化的。TBRPF 通过 IPv4 在 AdHoc 网络中运行，也可以应用于分层网络架构中。然而，提出 TBRPF 的作者并没有提出任何保护协议的具体机制。最后，这个协议就像其他所有的 AdHoc 网络路由协议一样，可以用 IPSec 来保护，但是这个方法目前还没有在 TBRPF 中正式使用。

5.2.3　低功耗广域网络安全技术

1. LP WAN 安全威胁

本节将介绍与物联网通信不同方面相对应的技术带来的不可知威胁：硬件安全、信号情报/流量分析安全、干扰和密钥安全。

1) 硬件安全

如果攻击者获得对节点、网关或服务器的访问权限，并且未使用强硬件安全策略，则必须假定整个设备甚至网络受到危害。在节点或网关接管的情况下，安全密钥可以被提取，伪造的消息可以像从节点发出一样发送，通过它的每一条消息都可以被拦截，或者设备可以被销毁。在服务器接管的情况下，这可能会导致整个系统受损。如果安全密钥被盗，从长远来看，这会破坏设备的一致性和完整性，因为攻击者可以拦截、解密或伪造 LP WAN 系统中发送的任何消息。

图 5-5 示出 LP WAN 设备或网关的可能硬件架构。硬件安全模块(Hardware Security Module，HSM)包含安全密钥和加密功能(如伪随机数生成器和加密算法)，并且应该是防篡改的，以确保在攻击者试图提取密钥时将其删除。如果没有使用 HSM，可以从图 5-5 中观察到，密钥必须保存在不安全的存储器(如简单的非易失性存储器)中，并且有被专门的个人提取的风险。然而，即使存在 HSM，也无法阻止攻击者进行可用于恢复密钥的侧信道分析。

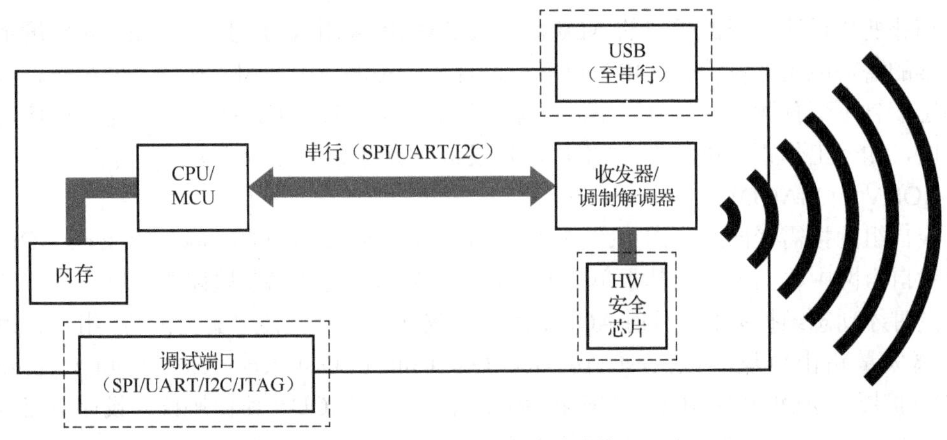

图 5-5 节点/网关体系结构

2）信号情报/流量分析安全

不提供加密的物联网协议很容易被拦截，从而允许攻击者读取应用程序负载。分析有效载荷的结构是信号智能的一部分。攻击者可以分析传输字节随每次传输的变化情况，并试图了解有效负载的特点。由于可能的数据结构数量有限，并且 LP WAN 中的有效载荷较小，因此可以轻松完成此任务。此外，通过遵循每个 LP WAN 服务提供商提供的指导原则，可以预期指导原则中的默认数据结构将被大多数用户使用。

当然，即使在传输协议中加入了加密，也可以通过分析通信模式(流量分析)获取到很多信息。例如，考虑每当门被锁定/解锁时发送消息的使用场景。仅当检测到触发时(如当车门锁定/解锁时)，节点才会发送一条消息，有效载荷为“车门锁定/车门解锁”。即使该有效载荷被加密，从而导致加密的有效载荷，如 ucerlzxc34g 和 kcor8309gkzvv 只有在门锁/解锁时才会发送加密消息，使攻击者能够知道何时检测到这些触发器(如当用户回家/离开家时)和有效载荷大小不同，因此，攻击者可能会区分这两个命令(例如，如果拦截到更大的负载，则表示门已解锁)。

3）干扰

由于 LP WAN 技术的特点是覆盖范围大，链路预算好，并且有多个网关接收它们的消息，干扰看起来可能会相对困难。然而，它们的通信带宽很小(低功耗广域网络为 100Hz，LoRaWAN 为 125/250/500Hz，NB-IoT 为 180kHz)，并且它们的发射功率很低，所以只要干扰信号的功率足够大，干扰机硬件就不需要复杂。由于下行链路消息(从网关到终端节点)不具有空间分集(也称为天线分集，是无线通信中使用最多的分集形式之一)，因此如果攻击者靠近终端节点，它很可能会受到干扰。干扰攻击可针对 OSI 模型的不同层：①物理层干扰，其中攻击者发送的宽带信号的信噪比(SNR)高于受害者；②MAC 层干扰，其中攻击者仅干扰特定的软消息(如 RC32 或消息签名)，确保收件人丢弃数据包。

防御干扰总是困难的，因为这些攻击可能出现在任何时候，但是增加网关的数量将减少攻击者的机会。也可以使用干扰检测机制，例如，改变使用的频率通道，并在发生这种情况时通知管理者。

4) 密钥安全

另一个需要考虑的方面是安全密钥的大小及其加密周期(使用相同安全密钥的时间长度)。目前，对于 AES 密钥，128 位可能足以防止恶意猜测密钥，但由于未来可用的计算能力增加，10 年后(这是 LP WAN 设备的假定寿命)可能不会出现这种情况。美国国家标准与技术研究所(NIST)建议每种类型的密钥(如对称密钥、私钥/公开密钥等)的加密期都小于 5 年，这对于不允许远程更改主密钥的技术(如 LoRaWAN、Sigfox 和 NB IoT)来说是很难实现的。

2. 窄带物联网技术与安全

在各种无线 LPWAN 技术中，使用现有的蜂窝长期演进(LTE)网络的窄带物联网(NB-IoT)处于领先地位。它变得非常流行，并开始以指数级的规模部署。

NB-IoT 于 2016 年正式发布，它的建立是为了满足与物联网日益增长的需求相关的特定市场需求。该技术的首要目标是能够充分处理大量的连接设备，并通过使用非常积极的睡眠算法延长电池操作节点的寿命。NB-IoT 提供的功能将允许移动运营商提供新的网络服务，以适应新的用户设备(UE)配置文件。

NB-IoT 技术的总体架构如图 5-6 所示。架构中的各个实体简述如下。

(1) NB-IoT UE：NB-IoT UE 通过无线电台建立与 eNodeB 的连接和通信。

(2) eNodeB：eNodeB 的目的是进行空中接口接入处理和小区管理。eNodeB 通过 S1 lite 接口与 IoT 分组核心演进(Evolved Packet Core，EPC)通信。它将非接入层(Non-Access Stratum，NAS)消息发送到 IoT EPC 进行进一步处理。

(3) 物联网 EPC：物联网 EPC 接口到 UE 的 NAS，将物联网数据转发到物联网平台进行进一步处理。

(4) 物联网平台：物联网平台将来自各种物联网接入网络的数据进行物联网累加，并将不同的数据转发到相应的应用服务器。

(5) 应用服务器：应用服务器是最终的数据汇聚点。此外，它是物联网的最终接收方，它按照客户的规范和要求处理数据。

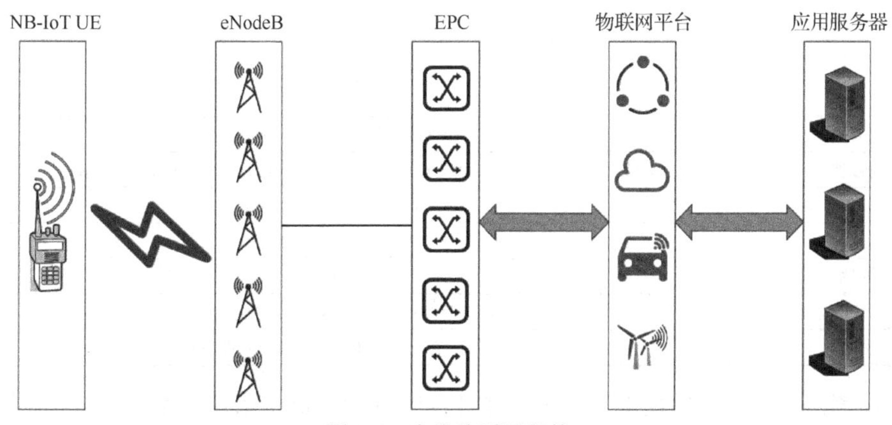

图 5-6　窄带物联网架构

NB-IoT 架构由六个不同的协议层组成。它们分别是物理层、媒体访问控制(MAC)层、无线链路控制(RLC)层、包数据收敛协议(PDCP)层、无线资源控制(RRC)层和 NAS。NB-IoT

支持基于 LTE 的安全，并通过上层(主要是 NAS)提供。PDCP 层和 MAC 层的目的是提供安全性。通过各种访问控制和资源分配方案，提高了系统的安全性。RLC 层负责移动性，并提供与 LTE 网络同等的安全性。NB-IoT 的 RRC 层也提供与 LTE 相同的功能。利用约束应用协议(Restricted Application Protocol)和 WPAN(6LoWPAN)上的 IPv6 协议(IPv6)等可以更好地处理 NB-IoT 的实时应用局限性。

表 5-8 突出显示了 3GPP 规范中提供的 NB-IoT 安全选项。如表 5-8 所示，使用序列计数器实现数据的实时性，使用跳频技术实现数据的可用性。跳频是一个安全特性和数据实时防止重播攻击。通过带 4 字节 MIC 的 SNOW 3G 或 ATR-128 CTR CMAC，为 NB-IoT UE 和底层 LTE 网络之间的相互认证和数据完整性提供支持。数据保密性是通过 ATR-128CTR 模式或 SNOW 3G 算法提供的。它提供了会话完整性、会话加密和预共享密钥类型。密钥是通过为 UE 和网络之间的每个会话派生一个新的 HMAC-SHA256 会话密钥来管理的。关键安全术语如下。

(1) MIC(消息完整性代码)通常是消息的散列，它允许接收设备通过确保消息完整性来确保消息没有被更改。

(2) SNOW 3G 是一种备份加密算法，用于在基于通用移动通信服务(UMTS)的移动网络中提供数据保密性。

(3) CTR 代表计数器模式，它从块密码中输出一个流密码。每个密钥流块都是通过对连续的计数器值进行加密而得到的。

(4) CMAC(基于密码的消息认证码)是一种基于块密码的 MAC 方案。它用于提供二进制数据的真实性和完整性。

(5) ATR-128 是一个专有的算法，它执行加密，以确保数据从一个移动网络到另一个移动网络的安全传输。

(6) MAC 是一个位串，与消息一起传输，HMAC 是一个算法，用于将哈希函数(如 MD5 或 SHA256)转换成 MAC。

表 5-8 窄带物联网安全

安全属性	技术/算法
电力需求	平均
密钥类型	会话完整性/会话加密/预分配键
密钥管理	当 LTE 网络被一个 NB-IoT UE 访问时，一个新的 HMAC-SHA256 会话密钥被导出
实时性	使用会话计数器实现
授权	基于预先共享的秘密
可用性	使用跳频技术
数据完整性/认证	带 4 字节 MIC 的 SNOW 3G/ATR-128 CMAC
保密性	ATR-128 CTR MODE/ SNOW 3G

入侵检测是无线应用的关键，安全性在任何物联网用例中都很重要，甚至在核心网络深处，NB-IoT 也可以对流量进行加密。尽管在 3GPP 规范中提供了顶级的安全支持，但是安全实现并不简单。LPWAN 部署在一般情况下，没有太多的安全空间。对于一个 2～5 美元的设备来说，需要节省能量，加密和解密通信流的处理器开销是有意义的。在 1%占空比的限制

下，很难节省出认证通信会话所需的少量额外字节。同样有限的吞吐量也没有剩余的容量用于修补设备，以修补在其内场寿命(infield lifespan)期间发现的漏洞。隐私和安全以及用户的身份验证和授权也需要解决，因为这在任何敏感的应用场景中都是至关重要的。在各种 NBIoT 用例中，安全性将是非常关键的决定性因素，因此，围绕 NB-IoT 的安全问题需要深入研究。

3. SigFox 技术与安全

SigFox 是另一种低功耗广域物联网传输技术，兴起于法国的 SigFox 公司以 UNB 技术建设物联网设备专用的无线网络。SigFox 公司的目标是成为全球物联网运营商，通过自建及与运营商等各方合作式部署网络。SigFox 公司相对封闭，生态系统构建相对缓慢。SigFox 公司向芯片制造商免费提供技术，鼓励芯片厂家在其产品中集成 SigFox 技术。TI、Intel、Atmel、SiliconLab 等公司均生产支持 SigFox 技术的各种芯片。由于物联网连接使用低数据速率，SigFox 网络利用了 UNB 技术。传输功耗水平非常低，而仍然能维持一个稳定的数据连接。SigFox 无线链路使用免授权的 ISM 射频频段。频率根据国家法规有所不同，但在欧洲广泛使用 868MHz，在美国是 915MHz。SigFox 网络中单元的密度(基于平均距离)，在农村地区为 30～50km，在城市中常有更多的障碍物和噪声距离可能减少到 3～10km。整个 SigFox 网络拓扑是一个可扩展的、高容量的网络，具有非常低的能源消耗，同时保持简单和易于部署的基于星型单元的基础设施。

当然，SigFox 也不可避免地面临着一些安全问题，同时也有一定的应对举措。为了防止重复攻击，SigFox 使用 12 位序列号(Sequence Number，SN)，该序列号与每个上行链路帧一起传输，并受消息认证码(MAC)保护。后端服务器将丢弃 SN 低于最新接收帧的 SigFox 帧。用于计算 MAC 的实际算法并不公开，但它在 CMAC 模式下使用 AES，类似于 LoRaWAN，以 NAK 密钥和 12 位 SN(用于上行消息)作为部分输入。对于下行链路消息，没有与 SN 的大小相关的公共信息，因此不可能说它们是否比上行链路消息更安全。

对于上行链路消息，12 位 SN 只允许 4096 个唯一消息。由于 SigFox NAK key(用于计算 MAC)在设备生命周期内不会改变，这导致重复攻击很可能会对 SigFox 构成威胁。SigFox 允许的 UL 消息最大数量为每天 140 条，因此发送该数量的消息可能会导致 SN 在 30 天内重置。然而，允许的最大 UL 消息只是 SigFox 传输时间和 1%占空比限制的结果。实际上，SigFox 节点可以发送远远超过限制的消息，并且仍然被 SigFox 后端接受(尽管是尽最大努力)，从而减少重置 SN 所需的时间。重置后，攻击者可以独立地重放先前 4096 个数据包中的任何一个，因为用于计算 MAC 的安全密钥 NAK 从未改变，这意味着 MAC 在受攻击设备的整个生命周期内始终有效。不过，有一个警告是可以忽略的：在丢包之前，连续 SigFox 帧的 SN 之间有一个最大的允许间隔。此差距取决于订阅级别，可计算如下：Max(daily max transmissions * 3, 20)，其转换为差距为订阅级别的最大允许传输数的 20 倍或 3 倍，以较高者为准。对于白金订阅级别，最大差距为 420。

如果攻击者想通过达到 SN=4096 来尽可能长时间地拒绝白金订阅设备，则足以重放 10 个数据包，每个数据包的 SN 比受害者的 SN 大最大允许 SN 间隔(即 420)。

SigFox SN 间隔限制的另一个结果是，如果终端节点长时间超出覆盖范围，则可以在没有攻击者干预的情况下自然拒绝它们。然而，攻击者可以通过干扰相当于最大间隔的数据包

数量来确保设备被拒绝。

PoC 攻击：为了观察消息重放对 SigFox 服务的影响，使用了一个受控的设置，其中 12 位 SN 被重置回 0。这需要发送至少 2^{12}=4096 个 SigFox 帧。SigFox 终端设备的白金订阅被编程成每隔几秒钟发送一条消息。法拉第笼被用来防止大部分 Sigfox 消息向外辐射并到达 Sigfox 网关(根据占空比要求)。SigFox 设备定期从 Faraday 框架中取出，以便允许一些消息到达网关(因此可以在 SigFox 后端检查当前 SN)。在实验开始时，当 SN 较低(约 200)时，使用 SDR 设备截获了一些 SigFox 帧。一旦终端设备发送了足够的帧以便 SN 重置，捕获的帧将被重放，同时检查 SigFox 后端以查看攻击的效果。使用的 SigFox 终端设备是 Thinxtra Xkit 开发板，而截取和重放 SigFox 帧的设备是 HackRF。捕获的 SigFox 包的 SN 为 258。一旦 Thinxstra Xkits SN 重置回 0(几个小时后)，并且在大约 90 次以上的传输之后，先前捕获的分组被重放。

就像上述一样，SigFox 的 SN 很小(只有 12 位)，很容易受到重放攻击，这可能导致攻击者将先前发送的消息注入系统，并拒绝终端设备。

5.3 应用层安全技术

物联网发展的目标是提供能满足需求的物联网应用。作为物联网与用户的接口，应用层结合各行各业的需求实现了对应的智能化应用解决方案。然而，随着物联网应用产品日益增长，各种各样的安全问题也随之暴露，应用层安全是指用户认证访问安全、数据存储安全及数据使用权限管理等。本节介绍云计算安全技术和边缘计算安全技术。

5.3.1 云计算安全

云引入的新概念，如计算外包、资源共享和外部数据仓库，增加了对安全性和隐私的关注，并带来了新的安全挑战。此外，大规模的云计算、移动接入设备的普及，以及对云基础设施的直接访问，放大了云的脆弱性和威胁。随着云越来越受欢迎，由于数字资产的集中，安全问题也变得越来越重要，因为云成了更有吸引力的攻击目标。

除了以框架、策略、建议和面向服务的架构形式提供对策之外，许多研究人员和从业者还致力于识别云威胁、漏洞、攻击和其他安全和隐私问题。其他领域(如 AdHoc 网络)的工作已经调整以解决云中出现的安全问题。许多研究人员已经解决了云计算安全的单个属性，如数据完整性、身份验证漏洞、审计等。提供的调查涵盖了云安全问题的特定领域和建议的解决方案。

为了成功地解决云安全问题，需要全面地理解复合安全挑战，即：①调查各种云安全属性，包括漏洞、威胁、风险和攻击模型；②确定保安规定，包括机密性、完整性、可用性、透明度等；③识别相关方(客户、服务提供方、外部方、内部方)以及各方在攻防循环中的作用；④了解安全对各种云部署模型(公共、社区、私有、混合)的影响。

高德纳(Gartner)的分析师劳伦斯•平格里(Lawrence Pingree)表示：所有内部、非虚拟化和非云部署的漏洞和安全问题仍然存在于云中。如果整个云提供商的基础设施被破坏，云计算和虚拟化所做的一切都是通过引入虚拟化软件和潜在的大量数据破坏问题来增强潜在的风险。再次将云应用攻击分为九组，提供每组样本攻击事件，并提出一些著名的安全缓解技术的比较分析。表 5-9 总结了攻击名称、每个组中已知的攻击事件、攻击结果、攻击类别和利用的漏洞，表 5-10 介绍了云安全类别，表 5-11 介绍了去安全问题和类别。每个攻击群的描述以及对最先进的对抗措施的评估将在下面介绍。

表 5-9 已知的云攻击

序号	攻击名称	攻击事件	攻击结果	攻击类别	利用的漏洞
1	窃取服务		没有计费的云服务使用；窃取云资源	云基础设施	I1, I3, I6, I8, I11, I14, I19
2	拒绝服务	DDoS 基于 HTTP 的 DDoS 基于 XML 的 DDoS 基于 REST 的 DDoS Shrew 攻击	服务硬件不可用；在 XML 签名中包装恶意代码获得对信息的未经授权的访问；通过不安全的 HTTP 浏览访问浏览器历史记录或其他私有信息	网络，云基础设施	I1, I3, I10, I14, I19
3	云恶意软件注入		证件信息泄露；用户数据泄漏；云机异常行为	云基础设施	I7, I11, I13, I15
4	跨 VM 侧通道	定时侧通道 能耗侧通道	用户数据/信息泄漏；云资源/基础设施信息泄漏	云基础设施	I15, I19
5	有针对性的共享内存		云资源的信息泄露；用户信息/数据泄漏；为其他攻击提供开放窗口，如侧通道和云恶意软件注入	云基础设施	I1, I3, I10, I15, I19
6	网络钓鱼		未经授权访问个人信息；安装恶意代码到用户计算机；强制云计算结构异常；服务器对最终用户不可用	云基础设施，网络，访问控制	I1, I6, I8, I10, I12, I14
7	僵尸网络	踏脚石攻击	非授权访问云资源；使云系统工作异常；窃取敏感信息；窃取数据	网络，云基础设施，访问控制	I1, I6, I10, I12, I14
8	音频隐写术		无法使用云存储系统；访问用户数据；删除用户数据	云基础设施，访问控制	I1, I3, I6, I10, I14, I19
9	虚拟机回滚		发动暴力攻击；破坏云基础设施；泄漏敏感信息	云基础设施，访问控制	I1, I3, I6, I10, I14, I19

表 5-10 云安全类别

序号	类别	描述
C1	安全标准	描述在云计算中为防止攻击而采取预防措施所需的标准。它在不影响可靠性和性能的前提下，管理云计算的安全策略
C2	网络	涉及网络攻击，如连接可用性、拒绝服务策略、互联网协议漏洞等
C3	访问控制	包括身份验证和访问控制。它捕获影响用户信息和数据存储隐私的问题
C4	云基础设施	涵盖特定于云基础设施(IaaS、PaaS 和 SaaS)的攻击，如篡改二进制文件和特权内部人员攻击
C5	数据	涵盖与数据相关的安全问题，包括数据迁移、完整性、机密性和数据仓库

表 5-11 云安全问题和类别

类别	标签	问题	类别	标签	问题
安全标准	I1	缺乏安全标准	云基础设施	I15	API 不安全
	I2	合规风险		I16	服务质量
	I3	缺乏审计		I17	共享技术缺陷
	I4	缺乏法律方面(服务水平协议)		I18	供应商的可靠性
	I5	信任		I19	安全错误配置
网络	I6	正确安装防火墙		I20	多租户
	I7	网络安全配置		I21	服务器位置和备份
	I8	互联网协议漏洞	数据	I22	数据冗余
	I9	互联网依赖		I23	数据丢失和泄漏
访问控制	I10	账户和服务劫持		I24	数据位置
	I11	恶意的内部人员		I25	数据恢复
	I12	身份验证机制		I26	数据隐私
	I13	特权用户访问		I27	数据保护
	I14	浏览器的安全		I28	数据可用性

1. 盗窃服务攻击

盗窃服务攻击利用了一些管理程序和调度程序中的漏洞。当虚拟机监控程序使用调度机制时，由于调度机制无法检测到性能不佳的虚拟机对中央处理器(CPU)的使用情况，从而导致攻击的实现。此故障可能进一步允许恶意客户以他人为代价获取云服务。这种攻击在公共云中更有意义，因为在公共云中，客户是根据他们的 VM 运行时间而不是 CPU 时间来收费的。由于虚拟机管理器(hypervisor)调度和管理虚拟机，因此虚拟机管理器调度程序中的漏洞可能会导致不准确和不公平的调度。这些漏洞主要来自使用非周期采样或低精度时钟来测量 CPU 的使用情况：就像火车乘客在检票员来查票时隐藏自己的身份一样。在窃取服务攻击中，黑客要确保在发生调度标签时其进程不会被调度。这种攻击的常见事件包括：①在不让供应商知道的情况下长时间使用云计算服务(如人力资源、HR、系统)；②利用云计算资源(如存储系统或操作系统平台)长期不代表在一个账单周期。

针对这种攻击，可以修改调度程序，在不牺牲效率的情况下阻止攻击。公平或 IO 响应。这些修改不会影响基本信贷和优先促进机制。修改后的调度器为：①精确调度程序；②统一调度程序；③被动调度程序；④伯努利调度程序。这些调度器之间的主要区别在于调度和监视策略以及时间间隔计算。实验表明，改进后的调度器调度准确、公平。与 Xen 虚拟机监控程序(目前在 Amazon Elastic Compute Cloud-EC2 中运行)相比，虚拟机监控程序中的修改是有益的。

Gruschka 等[14]提出了另一种理论对策，建议使用受害机器中云-用户界面的一个新实例：监视并行实例的调度。然后比较攻击者和合法实例的输出。结果的显著差异被报告给负责当局作为攻击。此解决方案尚未经过作者的验证，也不能保证得到有益的结果。对于虚拟机管理器调度，还提供了其他的解决方案，但是它们仅限于改进虚拟化 I/O 性能和 VM 安全性的其他方面，如 CPU 绑定问题。这些研究没有检查调度的公平性和准确性存在的攻击者，这是脊梁的服务盗窃攻击。

2. 拒绝服务攻击

云计算中大多数严重的攻击都来自拒绝服务(DoS)，尤其是基于 HTTP XML 和表现层状态转移(Representational State Transfer，REST)的 DoS 攻击。云用户用 XML 发起请求，然后通过 HTTP 协议发送请求，通常通过 REST 协议(如 Microsoft Azure 和 Amazon EC2 中使用的协议)构建自己的系统接口。由于系统接口存在漏洞，DoS 攻击更容易实施，安全专家很难对其进行防范。基于 XML 的分布式拒绝服务(DDoS)和基于 HTTP 的 DDoS 攻击比传统的 DDoS 更具破坏性，因为这些协议在云计算中被广泛使用，但却没有有效的阻止机制可用来应对这两种攻击。HTTP 和 XML 是云计算的关键和重要元素，因此这些协议的安全性对于提供云平台的健康开发至关重要。

Karnwal 等[15]提供了一个称为“云卫士”的框架，该框架基于五个阶段：①传感器过滤器；②跳数滤波器；③IP 分频滤波器；④解谜滤波器；⑤双签名滤波器。前四个过滤器检测基于 HTTP 的 DDoS 攻击，第五个过滤器检测基于 XML 的攻击。Karnwal 等提到了基于 REST 的攻击，却没有提供预防这种攻击的框架。原因之一可能是基于 REST 的攻击与用户界面密切相关，用户级应用程序和系统级应用程序之间可能存在差异。这些应用程序在本质上是不同的，基于不同的需求，并且没有单一的硬性规则来实现接口级的安全度量。本节提供的解决方案包括以下模块。

(1) 传感器：监视传入的请求消息。如果它识别出来自相同或特定用户的消息数量可能增加，则将其标记为可疑。

(2) 跃点计数过滤器：将计数跃点计数值(有多少节点，消息从源遍历到目标)，并将其与预定义的跃点计数进行比较。如果发现有差异，则意味着消息头或消息在黑客机器上被修改，因此被标记为可疑。

(3) IP 频率发散：标记一个可疑的消息，如存在相同频率的 IP 消息。

(4) 双重签名：它使 XML 签名加倍，一个在头部，一个在底部。在受到攻击的情况下，两个 XML 签名都需要验证。

(5) 解谜器：处理一些智能谜题，其中结果应该嵌入在一些简单对象访问协议(SOAP)报头中。在遇到攻击(HTTP DDoS)时，云防御者将把谜题发送回 IP，并从中接收消息。如果云防御者收到已解决的谜题，则认为该请求是合法的，否则将被标记为 HTTP DDoS 攻击。

这个框架的问题是它缺乏实际的验证，并且基于这样的假设：系统中模块的数量与预期的攻击数量成正比。此外，对每个节点上的消息进行详尽的监视会大大降低网络流量。最后，该框架缺乏合适的节点协调机制来应对攻击事件检测。

Riquet 等[16]认为没有强有力的解决方案可以防止 DDoS 攻击。为了验证这种说法，作者进行了一个实验，以评估实际安全解决方案对分布式攻击的有效性。实验中涉及的安全解决方案是 SNORT 和商业防火墙。Riquet 等得出结论，安全系统的失败在于两个方面：要么安全解决方案因为没有更新而过时，要么解决方案依赖不合适的方法。他们没有提出任何可以防止分布式安全攻击的解决方案。其他广泛使用的 DDoS 对策是防火墙。

3. 云恶意软件注入攻击

云恶意软件注入攻击指的是被操纵的受害者服务实例副本。攻击者将一些服务请求上传到云，以便在恶意实例中处理对受害者服务的一些服务请求。攻击者可以通过这种攻击访问用户数据。攻击者实际上利用其特权访问能力来攻击服务安全域。此次攻击事件包括身份信息泄露、用户私人数据泄露、未经授权访问云资源等。挑战不仅在于无法检测恶意注入攻击，还在于无法确定攻击者上传恶意实例的特定节点。回溯检测(检查硬盘和内存)是一种广泛用于检测恶意软件实例主机的技术。Liu 等[17]提出了一种基于可移植可执行文件(PE)格式文件关系的回溯检测方法。这种方法已经在 HADOOP 平台上得到了许可和验证。该方法具有较高的检出率和较低的假阳性率。这种方法的主要缺点是，它的成功是基于三个假设(前提)：①大多数合法的程序和恶意软件文件是 PE 格式的，并且在 Windows 平台上；②用户计算机中合法文件数量大于恶意软件文件数量；③PE 格式文件的创建/写入/读取在用户的计算机中很少发生。然而，攻击者可以利用云中的任何漏洞进行攻击，而不需要遵循任何这些前提条件。作者没有讨论缺乏这些先决条件的后果：①如果一个或多个假设没有得到满足，这种方法的效率如何；②如果没有这些假设，攻击者会对系统或数据造成很大的损害。

另一个被称为 CloudAV 的攻击对策是由 Oberheide 等[18]提出的。CloudAV 的两个主要功能，使其作为一个恶意软件检测系统更加高效、准确和快速。

(1)作为网络服务的防病毒检测功能：基于主机的防病毒检测功能可以更有效地作为云网络服务提供。每个主机运行一个轻量级进程来检测新文件，然后将它们发送到网络服务进行隔离和进一步分析，而不是在每个终端主机上运行复杂的分析软件。

(2)N 版本保护(N-version protection)：恶意软件识别由多个异质检测引擎并行确定，类似于 N-version protection 编程的思路。该解决方案中提供了 N-version protection 的概念，因此恶意软件检测系统应该利用多个异构检测引擎的检测能力，更有效地确定恶意和不想要的文件。然而，在正常操作中遇到的误报的数量与 1-version engines 相比有所增加。为了管理误报，管理员必须在覆盖率(一个检测器足以将文件标记为恶意)和误报(将文件标记为恶意需要多个检测器的一致意见)之间进行权衡。

Oberheide 等通过在云环境中的验证，证明了 CloudAV 的有效性。CloudAV 还提供了更好的恶意软件检测、增强的取证能力、通过回顾检测方法新的威胁检测，以及改进的可部署性和管理。验证实验证明，与单个防病毒引擎相比，CloudAV 对威胁的检测覆盖率提高了 35%，对整个云数据集的检测覆盖率提高了 98%。

然而，基于云的安全解决方案通常存在三个问题，即安全覆盖、可伸缩性和隐私。因为恶意软件可以嵌入在大量的文件类型中。攻击者可以绕过云解决方案，因为他们被限制在少数文件类型，因此降低了检测覆盖率。此外，将所有二进制文件或 PDF 文件导出到云中进行研究是不可伸缩的，并且可能会由于向云中大量注入良性二进制文件而造成单点故障。最后，将二进制文件和文件导出到云中进行检查会产生隐私问题，因为敏感文件也有可能被导出到云中。

4. 跨 VM 侧通道攻击

VM 侧通道攻击是一种访问驱动的攻击，攻击者 VM 轮流执行受害 VM，并利用处理器现金来推断受害 VM 的行为。它要求攻击者驻留在与受害者的 VM 相同的物理硬件上的不同 VM 上。侧通道攻击的一个事件是定时侧通道攻击，它基于测量各种计算执行所需的时间。成功地调整测量时间可能会导致有关计算所有者甚至云提供商的敏感信息泄漏。由于大量的并行性，计时通道尤其难以控制，而且在云上无处不在。此外，定时侧通道攻击很难检测，因为它们不会留下痕迹或发出任何警报。显然，出于隐私考虑，云客户可能没有检查来自其他云伙伴的可能的侧通道的授权。另外，云提供商可以彻底检查和检测定时攻击事件，但出于保护公司声誉等诸多考虑，它们可能不愿报告此类违规行为。侧通道攻击的另一个事件是能量消耗侧通道攻击。攻击者不直接攻击软件堆栈(虚拟化层)，而是使用能耗日志间接收集关于云的敏感信息。维护这类数据(能耗日志)是为了监视基础设施状态，并提供计算机节能工作负载映射。云计算环境中可以存在几十个管理程序，每个管理程序都可以是目标VM的主机。因此，攻击者可能需要一段时间才能确定哪个管理程序承载目标VM。攻击者确定主机所用的时间越长，攻击检测到的概率就越高。但是，如果攻击者能够以某种方式获得功耗数据，那么他就有可能缩小运行目标VM的服务器集。这使攻击者有更好的机会在被检测到之前确定正确的服务器。目前，还没有针对时效性信道攻击和能耗性信道攻击的有效解决方案。

5. 有针对性的共享内存攻击

在这种攻击中，攻击者利用物理和虚拟机的共享内存(缓存或主内存)。它是云计算中的初始级攻击，可以导致几种不同类型的攻击，如侧通道攻击和恶意注入攻击。攻击者可以获得未经授权的访问信息，这些信息揭示了云的内部结构，如正在运行的进程数量、特定时间内登录的用户数量和内存中的临时cookie。到目前为止，没有人声称能够解决或防止有针对性的共享内存攻击。研究人员和从业人员正在努力获取有关攻击的更多信息，除了目前限制用户访问共享内存的反病毒或防火墙，没有强有力的解决方案可以防止这种攻击。

6. 网络钓鱼攻击

网络钓鱼是试图通过社会工程技术从毫无戒心的用户那里获取个人信息，通常通过电子邮件或即时消息发送网页链接来实现。这些链接似乎是正确的，链接到一个合法的网站，如银行账户登录或信用卡信息验证，但他们实际上把用户带到假地点。通过这种欺骗，攻击者可以获取密码、信用卡信息等敏感信息。网络钓鱼攻击可分为两类：①攻击者通过使用云服务之一在云上托管网络钓鱼攻击站点的滥用行为；②通过传统的社会工程技术在云上劫持账户和服务。

云安全联盟(Cloud Security Alliances，CSA)提到，云服务提供商没有对系统保持足够的控制，以避免被黑客攻击或垃圾邮件。为了防止此类攻击，CSA提出了一些预防措施，如严格的注册流程、安全的身份检查程序和增强的监控技能。云计算云服务提供商对客户的数据内容要求绝对保密，如果一个恶意的个人或组织执行一些邪恶的(钓鱼攻击或上传恶意代码)通过使用云服务，它不能被发现直到或除非通知一些安全软件。

7. 僵尸网络攻击

在跳板上，攻击者试图达到他们的目标(如间谍、DoS)。在避免暴露他们的身份和位置以减少被发现与追踪的可能性，同时通过一系列其他主机(称为垫脚石)间接攻击目标受害者来实现。垫脚石主机可以通过非法僵尸网络招募。通过僵尸网络攻击，僵尸主机可以通过设置命令控制服务器和踏脚石进入云，以窃取敏感信息和获得对云资源的未经授权的访问，使其行为异常。近年来，在亚马逊EC2、Google AppEngine和Raytheon UK都有僵尸网络攻击。一个Zeus命令和控制托管在Amazon EC2云上。一台计算机通过谷歌AppEngine使用中继命令被感染，该命令允许攻击者从雷声公司的云中窃取敏感信息。云计算是僵尸网络攻击的理

想环境。云具有丰富而灵活的计算资源(带宽、处理和存储)，易于访问。攻击者可以破坏一个基于云的服务器作为他们的命令和控制服务器，也可以通过伪造或偷来的信用卡租用一台高性能的虚拟机。

许多研究通过识别一个特定的主机是否是垫脚石来对抗僵尸网络和踏脚石攻击。大部分的检测工作都是建立在一个假设的基础上的，即一个可能的踏脚石宿主的进出流量之间存在很强的相关性。这种相关性可以基于包内容、登录行为、网络活动频率、定时特性和网络流量的周期性。然而，这些技术中有许多很容易被攻击者利用加密流量和身份验证伪造或引入随机延迟所欺骗，而其他一些技术由于需要监视和分析巨大流量而被证明是低效的。Lin 等[19]提出了最著名的检测技术之一，他们引入了 pebble 跟踪方案来跟踪机器人主人。它首先识别僵尸网络通信的密码密钥以配置僵尸网络操作，然后跟踪僵尸网络主机。它涉及一种新的密钥识别方案的设计和实现，以及一种跨越多重云的踏脚石的回溯机器人主人的方法。该方案只考虑对称密钥密码体制，不考虑非对称密码体制。

Kourai 等[20]提出了一种基于自我保护的不同机制，称为 xFilter。它是一个包过滤器，运行在虚拟机中，监视底层 VM，并通过使用 VM 内省来实现精确的活动响应。xFilter 使用 VM 内省检查被监视的 VM 的内存，并在不与它们交互的情况下获得关于用户操作系统的信息。xFilter 可以通过使用发送方进程的信息来拒绝数据包、特定的发送器或进程。当 xFilter 检测到一个传出攻击时，它会自动识别攻击源并生成一个新的过滤规则来阻止踏脚石攻击。这个机制被证明是有效的，因为即使云服务器被破坏，这个机制也会继续提供尽可能多的其他服务。例如，当 apache 服务器被破坏时，最坏情况下只接管用户 www-data 的特权，而其他应用程序(如 Postfix 邮件服务器)将继续正常运行。这个解决方案有一个限制，可能对云提供商的业务造成危险。例如，攻击者可能故意使用本地 SMTP 服务器来装载垃圾邮件攻击，因为其他合法的应用程序也使用 SMPT 服务器发送电子邮件。如果 xFilter 检测到垃圾邮件攻击，它将更新规则存储库以拒绝来自 SMTP 服务器的所有流量，包括来自合法应用程序或用户的流量。

由 Srivastava 等[21]提出了一种检测机制来检测互联网流量，该解决方案名为 VMwall，基于应用级防火墙，使用 VM 自检。此解决方案与 xFilter 的主要区别之一是，当需要检查大量的包和节点时，它会显著降低网络性能。另外，由于 xFilter 会检查服务器内存，所以降低的性能会降到最低。

8. 音频隐写术攻击

音频隐写术攻击一直被认为是云存储系统中最严重的攻击之一。音频隐写术帮助用户将他们的秘密数据隐藏在常规音频文件中。隐写术用户可以通过发送媒体文件来传输机密信息，这些媒体文件看起来像是正常的声音文件。黑客利用这一特性来欺骗当前的安全机制或传统的应对措施(如加密分析)，通过将恶意代码隐藏在声音文件中并将其发送到受害服务器来保护云存储系统。很少有研究考虑阻止针对云存储系统的音频隐写术攻击的建议，这使得它成为一个需要实际解决方案的开放领域。

Liu 等[17]对云存储系统上的音频隐写术攻击进行了仔细的分析。他们设计并实现了一个名为 StegAD(隐写术主动防御)的方案，通过使用音频隐写术攻击来解决数据泄漏的威胁。本方案的第一步是通过著名的 RS 图像灰度隐写分析算法扫描云存储系统下音频文件的隐藏位置。在获取可疑文件后，作者使用隐写术音频动态电话会议技术对可疑文件中的所有可能位置进行干扰。作者试图避免破坏无辜的文件(在扫描过程中被标记为可疑的)，采取的方法是一个干扰必须在多个隐藏地点或最重要的地方。但是，这个解决方案没有提供关于如何确定重要的隐藏位置的任何信息。作者首先利用随机噪声来替代信息，包括最重要的信息，然后将之前未改变的信息与改变的信息进行比较。通过这样做，隐写术和无辜的文件将会有不同的结果。这个区别将决定音频文件是否有适当的内容或一些恶意代码，可以破坏云存储系统。在这个解决方案中有很多问题没有得到解答，例如，如何将隐写术与单纯文件进行比较？实验中具体考虑了哪些类型的音频文件?

9. 虚拟机回滚攻击

云计算中的虚拟化环境是最容易受到攻击的领域。虚拟机监控程序可以在执行期间的任何时候挂起 VM，获取当前 CPU 状态、磁盘和内存的快照，然后在没有来宾 VM 感知的情况下恢复快照。该特性已广泛用于容错和 VM 维护；但是，它也为攻击者提供了一个打开的窗口来启动 VM 回滚攻击。在回滚攻击中，用户可以利用以前的快照并在用户不知情的情况下运行，然后清除历史记录，再次运行相同或不同的快照。通过清理历史，攻击者就不会因为可疑的活动而被抓住。攻击者可以启动暴力攻击为 VM 猜一个登录密码，即使客人操作系统的数量有一个限制的尝试，如阻塞用户三次失败之后或擦除所有数据 10 倍后，攻击者仍然可以回滚 VM 初始状态进行测试。攻击者将清除 VM 内的计数器并绕过限制，再次运行暴力攻击。

由 Szefer 等[22]提出了一种名为“Hyperwall 以管理虚拟机管理器漏洞”的体系结构。防止 VM 回滚攻击的解决方案是基于禁用虚拟机管理器的挂起/恢复功能。挂起/恢复功能对于虚拟化非常强大，禁用它并不能提供更好的解决方案。此解决方案的另一个限制是用户与云系统的过度交互。它要求终端用户在 VM 启动、挂起和恢复期间参与。这意味着每次重新引导、迁移或挂起 VM 时，系统都需要请求许可，这会使它变得不方便和不切实际。在文献[23]中提供了一种解决方案，该解决方案在不禁用虚拟机管理器的任何基本功能的情况下工作，与此解决方案中的 Hyperwall 相比，只有最终用户才能通过审计 VM 活动的日志来判断回滚是否恶意。尽管与 Hyperwall 相比，该解决方案将用户的参与最小化了，但是云计算不断变化的基础设施仍然需要一些用户参与的 VM 操作的自主工作。

5.3.2　边缘计算安全

1. 边缘计算技术

云计算最初被认为是一种很有前途的计算基础设施，可以减轻边缘设备的沉重负担，因为它可以为个人、组织和企业提供各种服务(如编译、存储和网络)。云计算的优势在于云服务器拥有丰富的计算和存储资源，允许大量用户访问云提供的服务。然而，由于三个原因，云计算还不足以支持这样的分布式环境。第一，一些物联网应用需要支持实时响应、位置感知、情景感知和移动性，但云计算无法满足这些需求，因为它是集中化的，而且远离用户设备。第二，如果使用云计算来处理非常大数量的原始数据，那么当前网络的带宽可能成为瓶颈，这主要是由于不可避免的排队延迟。第三，云服务器的负担将会增加，并成为服务请求

数量增加的瓶颈。

为了克服这些问题，我们引入了边缘计算，将云计算扩展到网络的边缘。边缘计算是一种新型的去中心化范式，它还可以为终端用户提供数据计算、存储和应用服务，同时由于其接近终端设备，它还具有实时响应、位置感知和移动性等优点。它适用于各种场景，如智能网格、智能交通灯、增强现实应用、视频流等。边缘计算可以帮助提高服务的效率和质量。

虽然边缘计算带来了很多好处，但它也面临着各种安全和隐私威胁。一方面，由于边缘计算被认为是云计算的扩展，它继承了云计算的一些安全问题；另一方面，边缘计算也面临着安全和隐私方面的挑战，因为它具有独特的特性，如地理分布、异构性和低延迟。为了实现安全的数据分析，部署安全机制是必不可少的。不幸的是，由于边缘设备的资源有限，云框架中提出的典型安全机制并不适合边缘框架，因此，在边缘计算中开发安全解决方案以支持可靠、高效的基于边缘计算的物联网应用非常重要。

边缘计算是一项新兴的技术。一些学者在设计基于边缘的物联网安全解决方案方面进行了一些研究。这些努力包括基于边缘的安全架构设计、防火墙、入侵检测系统、认证和授权协议以及隐私保护机制。

然而，基于边缘的物联网安全研究仍处于起步阶段，需要对物联网更复杂的基于边缘的安全设计进行持续的调查，同时也需要一个可以清楚地描述该研究领域的最新进展的全面审查。

2. 以边缘为中心的物联网架构

随着物联网应用的迅速普及，预计到 2030 年将有 500 亿台联网设备。对于数量庞大的物联网设备，不同的组织从不同的角度提出了不同的物联网架构，边缘计算被认为是物联网系统的重要支持。然而，并不存在以边缘为中心的物联网架构。在本节中，我们将为许多应用程序提供一个以边缘为中心的计算架构，如图 5-7 所示。

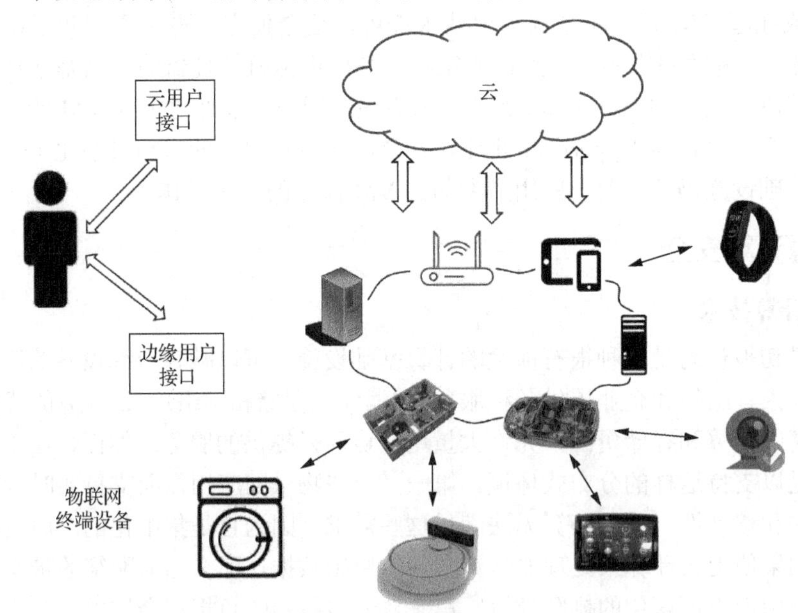

图 5-7　以边缘为中心的物联网架构

以边缘为中心的物联网架构包含四个主要部分：云、物联网端设备、边缘(edge)和用户。体系结构的设计既考虑了各方的可用资源，又考虑了各方的具体特点。用户使用智能物联网应用，使生活更加便捷，但更多的是通过云或边缘提供的交互接口与 IoT 端设备进行通信，而不是直接与 IoT 端设备进行交互。他们感知物理世界并采取行动来控制物理世界，但它们在计算量大的任务中并不复杂。云有几乎无限的资源，但它们通常位于物理上远离终端设备的地方。因此，一个以云为中心的 IoT 系统通常不能有效地运行，特别是当系统有实时需求时。边缘是整个架构的中心部分，它既能协调其他三方协同工作，又能补充云与物联网终端设备，实现性能优化。

在以边缘为中心的 IoT 架构中，IoT 用户提交查询来访问 IoT 数据或控制物联网设备的命令。这些查询和命令最终将通过云或边缘提供的基于 Web 或移动应用程序的接口到达边缘层。然后它们由边缘层处理，边缘层要么将它们转发给 IoT 端设备，要么代表 IoT 端设备在边缘层处理它们。边缘层与 IoT 端设备交互，不仅将其与用户和云连接起来，还可以存储从 IoT 端设备收集和上传的数据，减轻 IoT 端设备的大数据分析、综合安全算法等繁重的计算需求。此外，许多针对 IoT 端设备的现有服务可以从云迁移到边缘，并且可以根据 IoT 端设备的需求进行定制。在边缘和云之间的关系方面，边缘可以独立于云工作，也可以与云协同工作。在第一个模型中，边缘的功能非常强大，足以满足 IoT 的应用需求。例如，它可以提供存储和计算服务来满足来自物联网设备的所有请求。在第二种模型中，edge 从云获得支持来管理边缘层或帮助处理大量应用程序需求。例如，云可以基于所收集的海量数据进行深度学习，而 edge 可以利用所学习的模型为终端设备提供更好的服务。

以边缘为中心的 IoT 系统架构是一种优化设计。除了满足终端设备的许多实时需求和减轻繁重的计算任务外，出于以下原因，边缘层是部署大量安全解决方案的优化场所。第一，边缘层比 IoT 端设备拥有更多的资源，因此可以在边缘层部署许多计算密集型的安全操作，如同态加密和基于属性的访问控制。第二，边缘层在物理上接近许多终端设备。它可以满足安全设计所需的实时性要求。第三，边缘层从许多 IoT 端设备收集和存储数据。因此，与终端设备相比，边缘是进行安全决策的较好位置，因为最优的安全决策取决于算法的效率和足够信息的可用性。例如，随着数据量的增加，边缘层可以更有效地检测到入侵。随着软件定义网络和网络虚拟化的普及，许多安全操作将转换为路由策略；然而，它们可能会相互冲突。有了通过边缘连接的整个网络的概述，就有可能在边缘解决这些冲突。第四，考虑到资源紧张、维护成本和终端设备的超大规模，在每个批次的终端部署和管理防火墙通常是不可行的。相反，在边缘层部署防火墙可以更有效地过滤和阻止传入的攻击。第五，考虑到终端设备的移动性，边缘层可以持续跟踪这些设备的移动，并为它们提供连续的安全连接。此外，终端设备和边缘层之间相对稳定的关系有助于建立它们之间的强大信任。这减轻了这些设备之间建立信任的顾虑。第六，edge 通常与云具有高速连接。必要时，边缘可以联系云层以获得安全支持。例如，云可以为边缘提供位置和任务验证，云可以设计强大的安全机制来保护边缘。接下来，我们研究基于边缘的物联网安全解决方案。

3. 边缘计算安全问题

近年来，随着边缘计算的出现，许多研究者探索了基于边缘计算的设计来解决大量的安全挑战。这些设计从全面的安全体系结构设计到实现专用安全目标的特定设计，如分布式防火墙、入侵检测系统、身份验证和授权算法以及隐私保护机制。本节将对所提出的设计进行总结，并分别讨论它们的优缺点。

1）边缘层的综合安全架构

边缘为设计和部署大量应用程序的新颖而全面的安全解决方案提供了一个新的场所。这些设计的目标是通过最大限度地将安全保护从终端设备转移到边缘层来满足终端设备的大多数安全需求。在可信边缘层放置安全机制可以缓解物联网设备层的资源约束带来的安全挑战。图 5-8 描述了三大类基于边缘的综合安全架构，包括以用户为中心、以设备为中心和端到端安全。

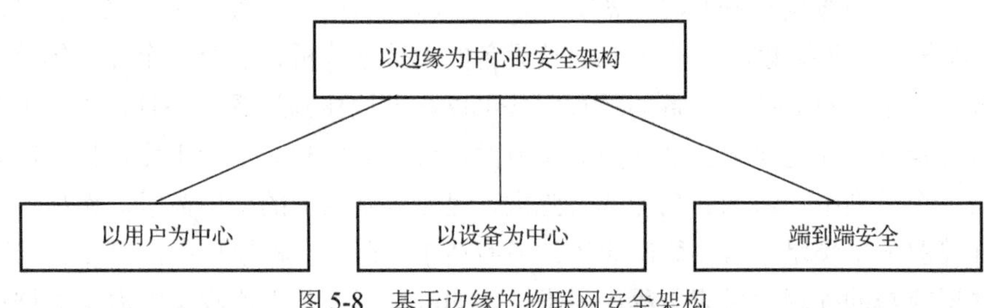

图 5-8　基于边缘的物联网安全架构

以用户为中心的基于边缘的 IoT 安全体系结构。用户满意度是物联网应用成功的关键因素之一。随着数十亿物联网设备接入互联网规模的网络，IoT 应用为用户提供了通过各种终端访问系统中大量资源的机会，如 PC、智能手机、智能电视、智能手表等。方便和普遍的资源可访问性是 IoT 应用程序最吸引人的特性。然而，在考虑安全性时，有两个重要的问题。一方面，用户可能无法从始终受信任和受保护的设备登录。另一方面，大多数常规用户可能没有足够的有效管理安全性的知识。因此，依靠用户获得安全性是有风险的。让边缘层管理每个特定用户的安全是一个有吸引力的想法，这导致了安全体系结构的设计，如将个人安全转移到网络边缘和网络边缘的虚拟化安全。

以用户为中心的安全体系结构设计的主要思想如图 5-9 所示。在图中，两种设计都打算在边缘层建立一个可信域。当用户需要从各种设备访问 IoT 应用程序中的资源时，他们将首先连接到这些部署在边缘的可信虚拟域（Trusted Virtual Domains，TVD），TVD 管理对 IoT 资源的安全访问。边缘可以有不同的格式。第一种设计是，边缘层由一组安全网关组成。第二种设计是，边缘层由一个或多个网络边缘设备（Network Edge Devices，NED）组成。两种设计都采用了网络功能虚拟化（Network Function Virtualization，NFV）技术来构建边缘层。

更具体地说，在第二种设计中，每个用户都以一种直接的方式指定其安全策略。然后，在规范策略语言和策略转换机制的帮助下，将这些策略转换为一组个人安全应用（Personal Security Application，PSA）程序，如防病毒、防火墙和内容检查工具。TVD 是封装特定于用户的 PSA 的逻辑容器，它部署在一个 NED 中。用户利用名为 SECURED 的系统将 PSA 配置为最接近的兼容 NED。使用远程认证和验证技术在用户和 SECURED 系统之间建立信任。最后，NFV 业务流程系统帮助管理和控制 NED。通过这种方式，边缘可以管理大多数用户的安全需求。

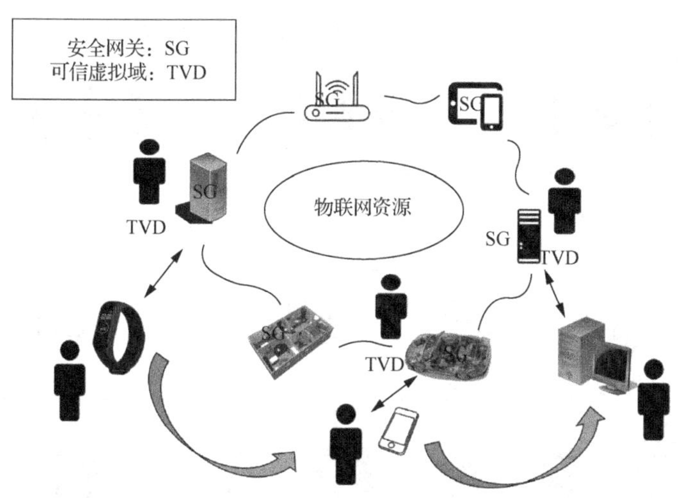

图 5-9 以用户为中心的基于边缘的物联网安全架构

类似地，在第一种设计中，预先设置了虚拟移动安全体系结构。它由四个主要组件组成，包括安全应用虚拟容器(Security Application Virtual Container，SAVC)、网络实施者、资源迁移器和协调器。SAVC 包含一套安全工具，如防火墙、反钓鱼软件、杀毒软件等，根据用户的安全需求为每个特定用户所指定。网络实施者为每个用户实例化一个虚拟专用网络。通过协调协调器，资源迁移器将特定 SAVC 的状态移动到接近用户的位置。因此，由用户移动性引起的安全问题可以得到有效解决。

总之，以用户为中心的基于边缘的 IoT 安全设计在边缘层为每个特定用户定制安全保护机制。基于虚拟化技术，它们可以安全地连接来自不同位置的许多用户，并使用各种安全防护级别的设备。

以设备为中心的基于边缘的物联网安全设计。数十亿台物联网设备深深地嵌入物理世界中。它们不仅能够感知有价值的数据，使许多智能应用程序能够建立在这些数据之上，而且能够驱动许多重要的决策来控制物理世界。与以用户为中心的 IoT 安全设计不同，以设备为中心的 IoT 安全设计基于其可用资源、传感数据的敏感性和执行任务的影响，为每个终端设备定制安全解决方案。它还可以一起考虑一组终端设备的安全需求。EdgeSec 和 ReSIoT 是两种典型的利用边缘层来部署特定于设备的物联网安全解决方案的设计。这些设计的主要思想是将安全功能从物联网设备转移到边缘层，如图 5-10 所示。大多数设计并不旨在改变现有的网络体系结构和标准协议。相反，它们补充终端设备，以满足物联网应用的安全要求。

EdgeSec 设计了一种部署在边缘层的新型安全服务，以增强物联网系统的安全性。EdgeSec 由六个主要模块组成，它们协同工作，系统地处理物联网系统中的特定安全挑战。这些模块包括安全概要管理器、安全分析、协议映射、安全模拟、通信接口管理和请求处理。首先，将每个物联网设备注册到安全配置管理模块，以便收集特定于设备的信息，并确定特定于设备的安全需求。然后，安全分析模块通过实现两个功能来监视独立物联网子系统的安全性。一个分析物联网子系统中已注册设备的安全依赖关系，另一个决定在何处部署安全功能。协议映射模块根据各部分设备的可用资源和建立的安全配置文件，从协议库中选择合适的安全协议。此外，安全仿真模块在关键指令实际执行之前对其进行仿真，以保护物理系统的安全。其他组件提供了如屏蔽通信中的异构性和协调不同模块共同工作等功能。

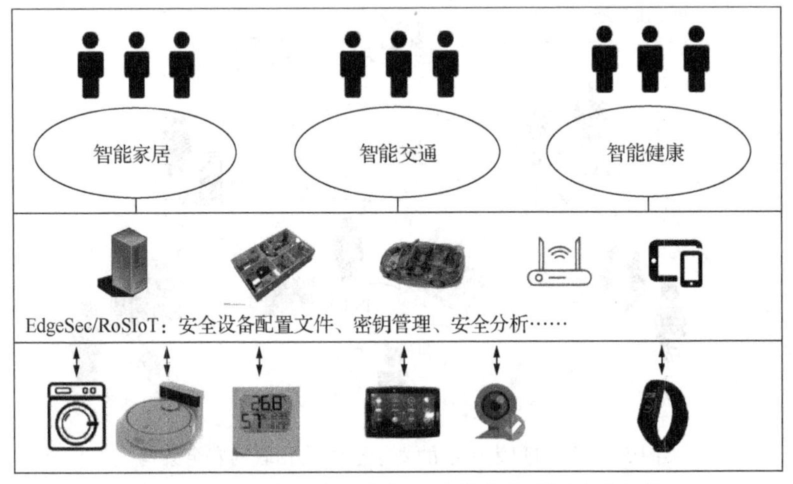

图 5-10　以设备为中心的基于边缘的物联网安全架构

ReSIoT 为 IoT 应用程序提供了一个可重新配置的安全框架。该框架设计了一个安全代理(Security Agent，SA)，它可以是一个无线路由器、一个基站或一个网关设备，以减轻大量设备上的密码计算开销。因此，资源受限的物联网设备将受到需要高计算能力的高级安全算法的保护。在结构中，整个物联网系统被组织成四个主要的组成部分，包括一组物联网应用服务器、物联网安全域、一个全局密钥管理系统、一个位于边缘层的全局认证/授权和计费(Authentication, Authorization, and Accounting，AAA)系统。情景应用程序共同实现一组可重新配置的安全功能(Reconfigurable Security Functions，RSF)协议，这些协议实现上述四个 ReSIoT 组件中定义的功能。这样，许多计算密集型和高级的加密算法，如群签名和基于属性的加密，可以用来构建物联网安全解决方案。

总之，以设备为中心的基于边缘的物联网安全设计考虑了每一个终端设备的特点，并通过为其制定适当的安全解决方案来满足其安全需求。

物联网的端到端安全性。许多应用程序都希望物联网设备之间、物联网设备与云之间具有端到端安全性。然而，由于这些设备的异构性，在物联网中实现端到端安全性非常具有挑战性。由于边缘层作为连接异构物联网设备和云的桥梁，研究人员考虑设计一个部署在边缘层的安全中间件，用于物联网设备之间的安全端到端通信。中间件管理安全功能，如 MAC 算法、加密算法、身份验证器以及移动设备的安全会话状态。

2) 边缘层的防火墙

大多数物联网设备都是资源受限的，因此它们不具备支持防火墙等高安全性应用程序的能力。此外，考虑到物联网设备的规模很大，如果每个物联网设备都有防火墙，那么管理大量的防火墙将非常昂贵。基于边缘的防火墙是最经济有效的。图 5-11 展示了一个基于边缘的防火墙设计示例。物联网应用程序定义了防火墙策略，这些策略被转换为一组流策略。在检测和解决流策略中的冲突之后，这些策略将成为一组部署在边缘的分布式防火墙规则。以后，所有进出的车辆都要接受这些规则的检查。

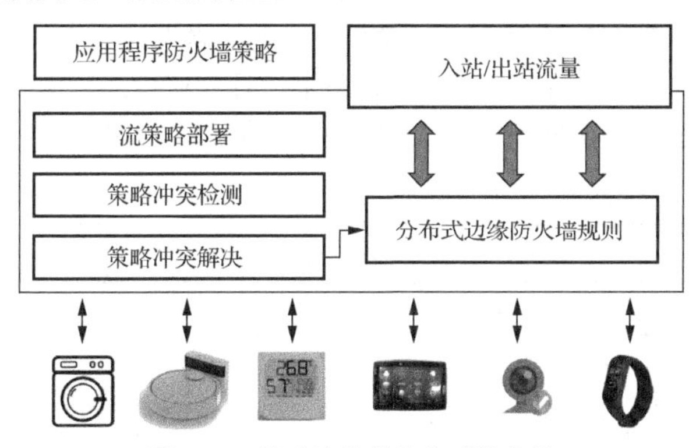

图 5-11　基于边缘的分布式防火墙

在边缘层部署防火墙是最优选择后的优势。第一，更新防火墙将更加可行和易于管理，因为只有一个概念上集中的防火墙。第二，在许多物联网应用程序中，边缘设备可以管理许多子系统。因此，可以对防火墙进行配置，以适应子系统的整体安全需求。第三，边缘层可以跟踪用户和终端设备的移动和凭据，支持用户在终端系统中的移动。下面介绍两种基于边缘计算的防火墙设计，包括 FLOWGUARD 和网络边缘的分布式防火墙架构。第一种是软件定义网络(Software Defined Network，SDN)技术，第二种是虚拟网络功能(Virtual Network Function，VNF)技术。

FLOWGUARD 包含三个主要的功能单元：网络状态和配置更新、冲突检测和冲突解决。在 FLOWGUARD 中，冲突检测不仅像传统技术那样检查每个流的冲突，而且跟踪流的路径来识别网络中每个流的原始源和最终目的地。其思想是使用头部空间分析(Header Space Analysis，HAS)作为流跟踪机制。它们还引入了防火墙授权空间(Firewall Authorization Space，FAS)的概念，以表示防火墙规则允许或拒绝的数据包，从而使防火墙规则能够转换为独立的授权子空间，即拒绝授权空间和允许授权空间。在解决违规的过程中，采用基于流路径和防火墙授权空间的方式，检测违规行为。新的机制并没有直接拒绝可能部分违反流策略的新流，而是提出了流重路由和流标签来打破流依赖关系。

Markham 和 Payne 在网络边缘提出了一种分布式防火墙架构。该体系结构采用主从体系结构，在分布式策略实施点的边缘层为多个设备提供集中管理。策略服务器提供一些功能，如用户界面、策略管理、网络连接组管理和试镜。它还创建策略并将它们推到网络适配器(Network Interface Cards，NIC)，后者过滤违反策略的数据包。设计的分布式防火墙体系结构应该是可伸缩的、与拓扑无关的、不可旁路的和防篡改的。

3) *边缘层的入侵检测系统*(Intrusion Detection Systems，IDS)

2016 年，攻击者攻击了大量物联网设备，并利用这些设备对 Dye 公司的许多 DNS 服务器发起了 DDoS 攻击。这次攻击造成了重大损失，因为它中断了大面积的互联网连接。如果存在分布式入侵检测系统，那么它可能已经能够在 DDoS 攻击的早期阶段进行检测并限制攻击造成的损失和更多的信息。在边缘层，设计入侵检测机制有很多优点。例如，它可以利用先进的机器学习算法来关联多个来源的数据，以获得更好的入侵检测结果。它还可以适应攻

击模式中的变化。下面讨论几种旨在检测边缘层 IoT 系统入侵的替代设计。

图 5-12 给出了基于分布式边缘的入侵检测系统的概念设计。在本设计中，分布式流量监控服务采集实时网络流量。然后在各个边缘设备上运行入侵检测算法。此外，协同入侵检测是通过检测来自多个边缘设备的流量数据来实现的。最后，检测结果由部署在边缘设备上的网络控制器强制执行。

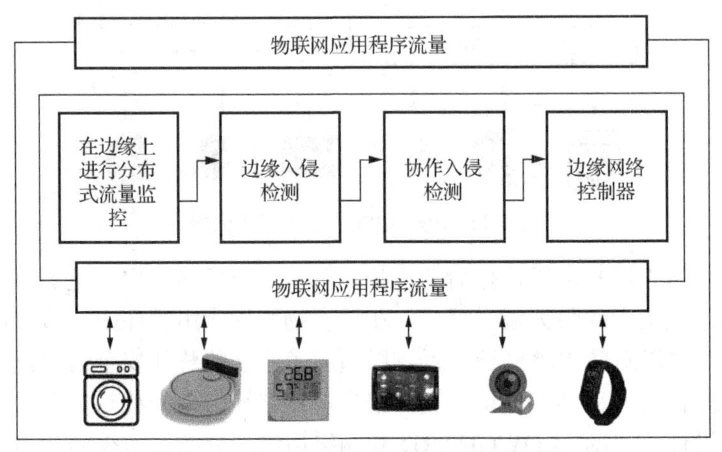

图 5-12　基于分布式边缘的入侵检测系统

Roman 等[24]提出了虚拟免疫系统(Viretual Immune System，VIS)来分析底层 IoT 基础架构的安全性和一致性。如图 5-13 所示，该虚拟免疫系统由 VIS 内核和虚拟免疫细胞(Viretual Immune Cells，VIC)两部分组成，包括通信模块、报告模块和安全操作协议模块。在 VIS 内核中，有一个 VIS 协调器，根据从各种来源收集的信息，包括内部系统管理员、外部威胁情报反馈以及由 VIC 在边缘基础设施中收集的信息。VIC 扫描通信端口，分析流量，并处理特定于平台的任务。它们还管理凭证、存储日志和持有安全操作级别协议(Security Operations Level Agreements，SOLA)。

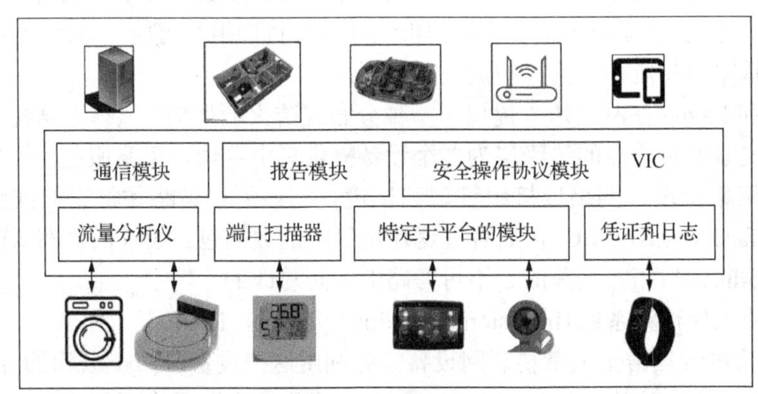

图 5-13　虚拟免疫系统

SIoTOME 演示了一种用于检测和隔离大量安全攻击的 Edge-ISP 协作体系结构。它集成了来自 ISP 的大规模视图和每个物联网设备的细粒度视图，以构建有效的、能感知隐私的 IoT 安全服务。在 SIoTOME 中，边缘数据收集器根据对网络流量的观察来监视物联网设备的行为。接下来，边缘分析器对采集到的数据进行分析，识别威胁和攻击，并在检测到威胁和攻击时通知边缘控制器。然后，边缘控制器配置网络网关来修改网络流量。SIoTOME 还利用网络隔离等防御机制来限制攻击。面对允许的网络输入和输出，以及停止漏洞扫描和 DDoS 攻击。

类似地，研究人员曾提出了一种基于边缘计算的异常检测方案：设计了一种基于边缘计算的系统来检测一种特殊但重要的攻击，即移动物联网系统中的选择性转发。有研究者提出，物联网设备充当监督者，测量其相邻设备的下降速率。每个边缘服务器收集、聚合并与其他边缘服务器共享来自监视器的信息。采用投票的方法检测终端设备的选择性转发行为的恶意活动。

4）基于边缘的身份验证和授权机制

未经授权的访问是针对控制系统的顶级攻击类型。身份验证和授权是阻止许多攻击类型的关键安全机制，包括未经授权的访问和 DDoS 攻击。在 IoT 系统架构中，端到端的安全性也被期望基于认证和授权机制，但是由于许多原因，实现起来非常困难。以互认证为例，第一，在两个不同的节点之间建立端到端的直接通信是非常困难的。第二，许多传统的基于数字签名的认证机制在物联网终端设备中是不适用的。

在边缘层的支持下，许多研究者设计了基于边缘的认证协议，利用图 5-14 所示的多相认证。如图 5-14 认证过程分为多个部分，包括终端设备与边缘层之间的认证，以及边缘与另一方之间的认证，可以是大量的用户、云或其他终端设备。根据通信节点的特点，可以针对不同的节点采用定制的认证协议。通过这种方式，边缘就像一个温和的中间人，帮助为不同类型的设备建立相互认证。此外，这条边还有另一种表示方式完成身份验证和授权过程的终端设备。终端设备将认证和授权功能外包到边缘。此外，由于边缘拥有支持多个身份验证接口的资源，因此可以在 IoT 系统中使用多因素身份验证。

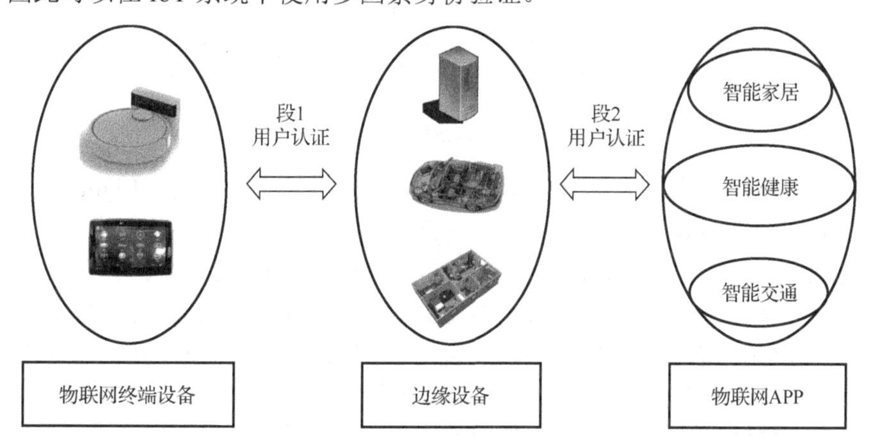

图 5-14　基于边缘计算的多段认证

在实例设计中，将 edge 作为代理，提出了批量化的终端设备身份验证及授权请求，控制系统开发网关实现多因素的身份验证和授权，以及通过实时部署监控服务身份保证实现两个以上的不同类型多因素身份验证机制。目的是验证你知道什么（如用户名/密码和安全问题），和/或你有什么（如令牌、密钥、证书和/或智能 fob），和/或你是什么（如生物识别）。在认证和

授权过程中，IoT 用户发送一个请求，同时发送一个生物特征和到网关的身份信息。网关对用户进行身份验证并确定其授权级别。

Sha 等[25]的研究工作给出了一个使用边缘设备作为桥梁来相互认证 IoT 用户和物联网设备的例子。解决方案是一个两阶段身份验证协议。在第一阶段，边缘设备使用基于数字签名的协议对用户进行身份验证，并从用户那里获得凭据。基于接收到的凭据，边缘设备进一步与使用基于对称密钥的身份验证协议的 IoT 端设备实现相互身份验证。

在资源丰富的边缘层，许多强大的认证可以支持授权算法。例如，边缘层基于属性的访问控制强制使用细粒度的访问策略来访问批数据。

5) 基于边缘的隐私保护设计

物联网应用程序从无处不在的物联网设备中收集大量有价值和敏感的数据。由于智能家居、智慧城市等众多应用已经深入每个人的日常生活中，物联网用户对隐私保护的要求越来越高。与终端设备相比，边缘层提供的数据更多，因此可以实现各种不同的隐私目标，如差分隐私、k-匿名和隐私保护聚合。换句话说，当物联网应用提交 IoT 数据查询时，边缘可以首先处理数据，并通过向 IoT 应用程序提供隐私保护的数据(图 5-15)来响应这些查询。

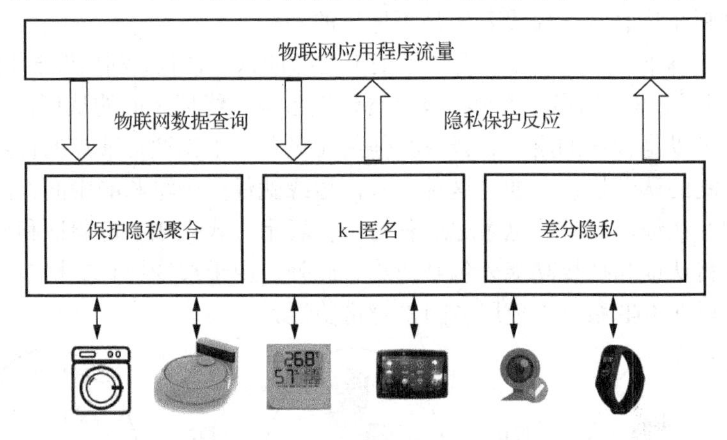

图 5-15　基于边缘的隐私保护设计

Lu 等[26]提出了一种基于边缘层的轻量级隐私保护数据聚合(Lightweight Privacy-preserving Data Aggregation，LPDA)方案。在该方案中，物联网设备将其本地处理的传感数据连同消息验证码(Message Authentication Code，MAC)一起报告给边缘节点。边缘节点接收到报告后，首先通过比较 MAC 值对 IoT 端设备进行身份验证，然后为物联网应用程序生成聚合值。该方案利用同态粒子加密、中国剩余定理(CRT)和单向哈希链技术，解决了混合批数据的聚合问题，同时也减少了通信量，从批次终端设备报告中过滤虚假数据。此外，LPDA 方案利用差分隐私技术来实现隐私保护的目的。

Du 等[27]提出了输出扰动(Output Perturbation，OPP)方法，即在输出值中加入拉普拉斯随机噪声。该机制在不显著影响数据效用的同时，实现了差异隐私。它们还引入了一个客观扰动(Objective Perturbation，OJP)。不同于 OPP，OJP 将噪声添加到被阻塞的数据中，而不是添加到边缘的输出值中。然后根据边缘层修改后的数据计算输出值。与 OPP 相比，OJP 取得了更好的效果。

Singh 等[28]提出了一种基于边缘计算的隐私感知调度算法。这项工作的主要思想是在不同的服务器上执行具有不同隐私要求的不同应用程序中的任务。例如，私有应用程序任务只在本地或私有云/微数据中心执行，半私有应用程序任务可以在与云数据中心通信的本地或私有云/微数据中心执行，而公共应用程序任务可以调度到任何数据中心。提出的调度算法也以满足应用的实时性要求为目标。

5.4　本 章 小 结

本章从物联网三层架构出发，分为感知层、传输层和应用层，针对不同层的特性，在不同场景下介绍相应安全问题的解决方案。在感知层中，本章重点关注的感知设备为 RFID、无线传感器和基于位置服务的传感器，结合不同传感器的特点，详细介绍感知层安全技术。在传输层中，分为三个场景，即无线网传输、端到端 AdHoc 网络和广域网，这三种场景涵盖了几乎全部的物联网应用传输模式，针对其中的安全问题进行剖析，并介绍适合场景的安全技术。在应用层安全中，主要分为云计算和边缘计算两种广泛的物联网应用模式，分别从架构安全、防火墙、入侵检测、隐私保护、身份验证等几个方面介绍可用的安全解决方案。

第6章　物联网流量安全

网络流量是接入网络设备而产生的数据，能够快而精准地解析流量是保障网络基本服务的前提。例如，入侵检测的第一步是对恶意流量的检测，只有准确地识别异常流量，才能采取防御措施。再如，基于服务质量的带宽分配平台，准确快速地识别流量的服务类型和请求是其基石，只有对流量有足够准确的认知，平台才能合理分配有限资源给不同业务。因此流量识别和预测在网络安全领域以及网络服务质量领域有着举足轻重的地位。尤其是物联网应用的增加，新的传感器类型、数据类型和流量类型也在不断地增加。物联网设备的大量涌现不仅会导致系统过载，也会增加攻击者的攻击。分析物联网数据的流量特性，搭建物联网流量模型，对分析预测网络流量过载异常、识别物联网设备等都很有意义。

6.1　物联网流量类型

物联网催生了大量多媒体流量。通过为多种传感器配备通信、计算和服务等高智能技术产生了物联网。如图 6-1 所示，将基于 IoT 的多媒体流量分为三类：通信、计算和服务。图 6-1 说明了 IoT 中的多媒体流量分类和分析。

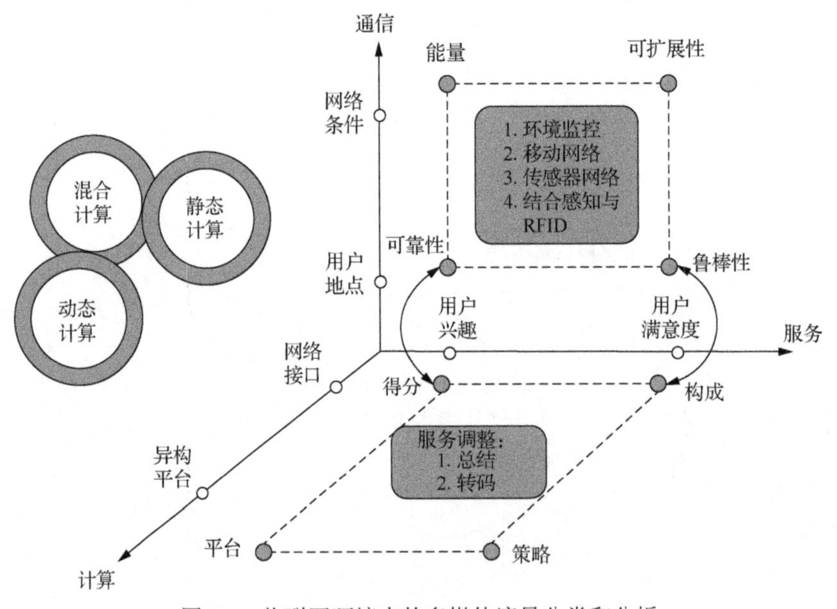

图 6-1　物联网环境中的多媒体流量分类和分析

6.1.1　通信流量

“随时、随地、任何设备”已成为物联网的特色。最核心的组件是 RFID 系统，它包含多个读取器和 RFID 标签，其中每个标签都有唯一的标识符，并应用于不同的对象。读取器通过读取信息，生成一条消息触发标签传输，该消息用于查询读取器周围是否存在标签。对于实用的物联网来说，RFID 标签是附着在天线上的小芯片，天线能用于接收阅读器的消息，同时还可将标签 ID 发送给阅读器。

实际上，传感器网络是物联网的主要组成部分，配合 RFID 系统完成通信功能。众所周知，传感器网络由多个以多跳方式通信的传感节点组成。通常由节点将其检测结果报告传递给接收节点。对于物联网上的通信流量，IEEE 802.15.4 不包括协议栈中的高层规范，这一点对于将传感器节点无缝集成到 Internet 中是必不可少的。将传感技术集成到无源 RFID 系统中后，可在 IoT 环境下应用各种多媒体流量类型。最近对这一领域的研究也得到一些成果。例如，英特尔实验室正在执行有关无线识别和传感平台的项目，该项目由标准 RFID 读取器供电并读取，从而从读取器的查询消息中获取能量。简而言之，设计适当的多媒体流量的目标是能效、可伸缩性、可靠性和鲁棒性。

因此，如何设计适当的通信流量是一个有趣且不断变化的任务。

(1) IEEE 802.15.4 框架中的最大物理层数据包为 127 字节，而 MAC 层的最大帧为 102 字节。同时由于在链路层采用的安全算法会造成开销，因此帧大小可能会进一步减小。

(2) 与传统 IP 网络不同，在许多情况下，传感器节点都设置为睡眠模式以节省能源，并且在通信期间无法工作。

6.1.2　计算流量

物联网上的计算流量通常可以由移动代理或汇节点自主处理。移动代理访问所选源节点的顺序可能会对计算流量产生重大影响。找到最佳的源访问解决方案是一个典型的不确定性多项式时间完成问题。计算流量可以分为以下几类。

(1) 静态计算——移动代理的计算状态由源节点在分派之前确定。此方法是利用当前的全球网络状况，并在发送移动代理之前找到一条有效的路径。对此有两种解决方法，即局部最近邻优先 (Local Closest First，LCF) 和全局最近邻优先 (Global Closest First，GCF)。具体而言，这两种方法都始于最靠近调度程序的传感器节点。当源节点计划形成到接收器的距离相似的多个群集时，由于这些群集之间的行程波动，GCF 会导致之字形路由。

(2) 动态计算——代理自主确定源节点，根据当前网络状况决定动态路由或资源分配。由于 IoT 的变化，在宿节点上收集的全局信息可能会过时，因此动态计算可以使移动代理或宿节点在路由建立过程的每个步骤中决定下一跳。另外，在确定动态路线的过程中，必须考虑迁移成本与迁移准确性之间的权衡。动态计算方法寻求的传感器节点既要满足代理迁移所需的最大可用剩余能量，又要满足其最小的能耗。

(3) 混合计算——源节点集由汇节点决定，而源访问序列由移动代理处理。在混合计算中，源访问集合的决定是静态的，而测试顺序的选择是动态的。特别是，文献[29]提出了一种混合计算方案，称为基于移动代理的定向扩散。具体而言，如果目标区域中的源检测到感兴趣

的事件，则它们会将探查包泛洪或广播到宿节点。整个过程由源访问顺序决定，因为它在源访问集中的节点之间迁移。因此，移动代理遵循目标传感器之间具有成本效益的路径。

6.1.3 服务流量

服务流量即多媒体服务系统中产生的流量。服务流量包含两个方面：分数和形式。分数表示用户对多媒体流量的兴趣程度，而形式表示特定设备上的内容功能。为了有效地操作各种类型的多媒体流量，将数据分为三类：偏好数据、情况数据和功能数据。多媒体业务服务器通过使用 LCF 或 GCF 方法来计算媒体服务和偏好数据之间的相似度。它评估媒体服务属于其中一台服务器的可能性。我们可以从上述计算的相似性和概率的加权总和中获得分数。

另外，多媒体流量适配主要使用两种技术：总结和代码转换。多媒体总结意味着将媒体服务汇总为一个简短的(从数据大小的角度来看)，可以在较短的时间范围内查看。多媒体代码转换是指将内容从一种媒体类型转换为另一种媒体类型，以便可以由特定设备适当处理内容或在特定通信条件下有效地传输内容。

6.1.4 物联网设备特定属性

通过在网络级别表征 IoT 流量，并使用它来识别和分类 IoT 设备，同时检测异常行为可以来解决安全问题。从不同的角度检查物联网设备的特性并突出其主要属性，使我们能够将物联网设备与非物联网设备(如笔记本电脑或手机)区分开来，还能识别特定的物联网设备或其类别。物联网设备有着如下特定的属性。

1)数据流模式

首先，将每天原始 pcap 文件转换为流。然后，给定 IoT 设备，汇总设备关联流。鉴于最终的流量概况，研究睡眠时间属性的概率直方图，并观察到某些物联网设备存在独特的模式。例如，HP 打印机、iHome 开关和 Netatmo welcome 相机的睡眠时间分别为 90 秒、60 秒和 20 秒，可能性超过 70%。他们发现的另一个有趣的属性是，某些设备在活动期间大部分时间都交换唯一的数据量(以字节为单位)。例如，在两个星期的过程中，他们观察到 Samsung SmartThings、Samsung SmartCam 和 Netatmo 气象站在活动期间始终交换 114 字节、3341 字节和 342 字节。此外，Withings 智能秤、Netatmo 气象站和 SmartThings 等设备在平均数据包大小方面具有签名，分别为 225 字节、200 字节和 75 字节。最后，物联网设备经常产生短暂的流量突发，与非物联网设备相比，导致比特率相当低。因此，每个物联网设备的平均速率、峰均速率之比、活动时间和活动量这些属性共同帮助区分 IoT 设备和非 IoT 设备。

2)云服务器

文献[30]得出的一个重要发现是，基于 24 小时内与之通信的不同 Internet 服务器(不包括 DNS)和网络时间协议(Network Time Protocol，NTP)服务器的数量，对于 IoT 设备与非 IoT 设备有所不同。例如，在测试床上，一台用于一般 Internet 访问的笔记本电脑在活动后的两个小时内就联系了大约 500 台由唯一 IP 地址标识的不同服务器。这并不奇怪，因为非 IoT 设备通常运行多个应用程序并访问大量网站。但是，物联网设备是为特定目的而设计的，因此可以与自己的服务器(即设备制造商)或选定的云提供商(如 IFTTT 服务器)进行通信。分析表明，每个物联网设备平均每天与少于 10 台服务器通信，并且在许多物联网设备之间联系的云服务器数量相当一致。

3)协议

IoT 设备主要倾向使用一些特定的应用程序层协议。如果检查最常用的目标端口号以进行数据交换，则将出现唯一的特定于设备的签名。

4)DNS 流量

DNS 是物联网设备中最受欢迎的协议之一。在文献[30]的数据集中，观察到物联网设备仅对有限数量的域(主要是其供应商或服务提供商的域名)发起 DNS 查询，并以一致的方式重复查询。例如，Amazon Echo、Samsung SmartThings 和 Belkin Wemo 运动传感器分别每 5 分钟、10 分钟和 30 分钟发出一次定期 DNS 请求。此外，平均而言，这三个设备在一天内需要 7、3 和 5 个唯一域。但是，如笔记本电脑等非 IoT 设备在几个小时内会查找 300 多个域名。因此，唯一域的数量和 DNS 查询的频率是物联网设备的重要属性。

5)NTP 流量

精确和可验证的时间安排对于物联网运营至关重要。文献[30]分析表明，UDP 端口 123(NTP 协议)占从 IoT 设备发送到 Internet 的总数据包的 2%。他们还发现时间同步在测试台中反复发生，许多物联网设备在使用 NTP 时表现出可识别的模式。例如，SmartThings、LiFX 灯泡和 Amazon Echo 分别每 600 秒、300 秒和 50 秒发送 NTP 请求。

物联网设备的这些特定属性为表征 IoT 流量提供了很大的帮助，进而可以通过流量来进行对设备的识别分类与异常行为的监测。许多利用流量来解决这些安全问题的方法也被提了出来。

6.2 传统分析方法

传统流量检测通常有以下几种方法：基于端口的、基于有效负载的和基于流的统计特征的分析方法。

6.2.1 分析方法

1. 基于端口

基于端口的分析方法利用端口信息进行匹配来识别。其特点主要是依据人为制定好且已经硬编码的固定规则来进行简单直接的映射和匹配分类。在网络发展早期，基于端口号的流量识别方法技术被广泛应用，由互联网编号管理机构对应用程序和端口号所制定的统一映射表，也在当时可以满足快速简单高效的识别任务，如 80 端口对应了 HTTP 协议的 Web 服务等。但在当今网络环境下，应用的复杂程度不断提升，单个应用也往往涉及多种服务类型，越来越多的应用以及公司选择使用新的端口号以及动态端口和加密协议，这也使得基于端口号的高效的识别准确率在当今网络环境下不复存在。

2. 基于有效负载

基于有效负载的分析方法通过通信流程执行的有效负载的深度报文检测(Deep Packet

Inspection，DPI）来解决此问题。这些方法在数据包中寻找众所周知的模式。目前，它们提供了最佳的检测率，但也带来了一些相关的成本和困难：依靠最新的模式数据库（必须维护）的成本以及访问原始有效载荷的难度。当前，越来越多的传输数据正在被加密或需要确保用户隐私策略，这对于基于有效负载的方法是一个真正的问题。

3. 基于流的统计特征

最后，基于流的统计特征的分析方法依赖于可从数据包头获得的信息（如传输的字节、数据包到达时间、传输控制协议（Transmission Control Protocol，TCP）窗口大小等）。它们依靠数据包头的高级信息，这使它们成为处理不可用的有效负载或动态端口的更好选择。这些方法通常依靠机器学习技术来执行服务预测。在这种情况下，可以使用两种机器学习替代方法：有监督的方法和无监督的方法。有监督的方法通过使用包含真实标签输出的样本训练算法来学习一组功能与所需标签输出之间的关联。在无监督的方法中，输出数据中不带有标签。因此，他们只能根据一些内在的相似性尝试将样本分为几类（群）。

6.2.2 分析案例

下面介绍一种属于基于统计特征方法的基于IP的传统方法，通过对流量数据进行分析以检测IoT设备。

人们越来越关注物联网设备的脆弱性及其对互联网生态系统的安全威胁，其中的重大威胁是受损的IoT设备可用于发起大规模的DDoS攻击。在2016年，一个由超过10万个受损IoT设备组成的僵尸网络发起了一系列DDoS攻击，创下了攻击比特率的记录。这些攻击包括对网络安全调查网站KrebsOnSecurity.com（2016-09-20）的620Gbit/s攻击，对法国云计算提供商OVH（2016-09-23）的估计为1Tbit/s的攻击，并且对DNS提供商Dyn的攻击估计为1.2Tbit/s（2016-10-21）。根据Mirai僵尸网络的估计，这些攻击中的僵尸网络大小为145KB或100KB。僵尸网络的源代码已发布，显示它针对的是物联网设备。

要了解这些威胁，需要了解IoT设备的位置、分布和增长。此方法既可以检测具有公共IP的IoT设备，也可以检测网络地址转换（Network Address Translation，NAT）之后的设备，同时通过从IoT设备的流量中提取最少的信息（匿名IP）来保护IoT用户的隐私。

检测物联网设备的方法是基于大多数物联网设备与制造商运行的服务器的定期交换流量。如果知道这些服务器，则可以通过观察这些数据包交换的流量来识别IoT设备。由于服务器通常对每种类别的IoT设备都是唯一的，因此还可以识别设备的类型。

此方法首先要进行的就是识别设备服务器名称。他们的目标是为IoT设备定期且唯一地与之通信的所有服务器查找域名。但是，他们需要删除在多种类型的设备之间共享的服务器名称，否则会导致对IoT设备的错误检测。识别设备服务器名称包含以下几个步骤。

1）识别服务器候选名称

他们通过购买IoT设备样本并记录设备与谁交谈来引导候选服务器名称列表。对于购买的每个物联网设备，他们将对其进行引导并记录其发送的流量。此方法从运行中的目标物联网设备发出的A型DNS请求中提取服务器候选服务器的域名。在递归DNS解析器的入口端捕获DNS查询，以减轻DNS缓存的影响。

2)筛选服务器候选名称

此方法排除两种类型的服务器的域名，这些域名会导致潜在的误报检测。一种称为第三方服务器：并非由 IoT 制造商运行的服务器，通常在许多设备之间共享。另一种是面向人的服务器：为人服务的服务器。第三方服务器通常提供公共服务，如时间(NTP)、DNS、新闻、音乐流和视频流。如果我们将它们包括在内，它们将导致许多误报，因为它们与许多不同的客户进行交互。如果对于 IoT 产品 P 我们认为一个域名为 S 的服务器由某个第三方运行，P 的制造商或子品牌 P 都不属于(如果有)，则这个服务器是 S 域的子字符串。他们将统一资源定位系统(Uniform Resource Locator，URL)的域定义为 URL 的公共后缀的直接左邻居。他们基于 Mozilla Foundation 的公共后缀列表来标识公共后缀。他们使用 Python 库 tldextract 用于域提取，而不是重新发明轮子。面向人的服务器同时为人和设备服务(请注意，所有候选服务器都为设备服务，因为它们首先是由 IoT 设备查询的 DNS)。它们可能导致将笔记本电脑或手机(由人操作)误分类为 IoT 设备。他们通过以人为本的内容响应 Web 请求(HTTP 或 HTTPS 访问)来识别面向人的服务器。这项观察得到以下观察结果的支持：通过 HTTP 或 HTTPS 检索 HTML 页面是普通用户访问 Web 服务器的最常用方法；消费网络内容是普通用户访问网络服务器的最常见目的。他们将响应定义为返回状态代码为 200 的 HTML 页面。他们将以人为中心的内容定义为存在任何 Web 内容而不是占位符内容。通常，占位符内容非常短(如 http://appboot.netflix.com 显示占位符 N etflix appboot，只有 487 字节)，因此将长度超过 630 字节的 HTML 文本视为以人为中心的内容。他们根据 10 台设备查询的 158 个服务器域名的 HTTP 和 HTTPS 内容凭经验确定了此阈值(表 6-1)；减少误报是一种保守的选择。此方法中的其余服务器域名被称为面向设备的制造商服务器(或称为仅服务于设备的服务器)，因为它们由 IoT 制造商运行并且仅服务于设备。此方法使用设备服务器进行检测。

表 6-1　10 台物联网设备的供应商和模型

供应商	全名	商品类型	别名
Amazon	Amazon Bounty Dash Button	Dash Button	Amazon_DashButton
Amazon	Amazon Echo Dot (2nd Generation)	Smart Speaker	Amazon_Echo
Amazon	Amazon Fire TV Stick	Smart TV Stick	Amazon_FireTV
Amcrest	Amcrest IP2M-841 IP Camera	IP Camera	Amcrest_IPCam
D-Link	D-Link DCS-934L IP Camera	IP Camera	D-Link_IPCam
Foscam	Foscam FI8910W IP Camera	IP Camera	Foscam_IPCam
Belkin (Wemo)	Wemo Mini Smart Plug	Smart Plug	Belkin_SmartPlug
TP-Link	TP-Link HS100 Smart Plug	Smart Plug	TPLink_SmartPlug
Philips (Hue)	Philips Hue A19 Starter Kit	Smart Light Bulb	Philips_LightBulb
TP-Link	TP-Link LB110 Smart Light Bulb	Smart Light Bulb	TPLink_LightBulb

3)处理共享服务器名称

某些设备服务器名称在同一制造商的多种类型的 IoT 设备之间共享，有时会造成检测不明的现象。如果不同的设备类型共享一组相同的设备服务器名称，则无法区分，这是会将它们视为是相同类型的设备。如果不同的设备类型共享其设备服务器名称的一部分，则不能保证它们是可区分的；如果将它们视为单独的类型，则可能会出现误报和混淆这两种类型的风

险。为了避免在检测到共享公共服务器名称的设备类型时出现此问题，我们采用保守选择的方式，至少检测到这些设备中的一种类型(可以查找每种类型中唯一的设备服务器，但目前不这样做)。

4)跟踪服务器 IP 更改

我们通过流量中的 IP 地址搜索设备服务器，但在测试设备中通过域名发现设备服务器。因此需要跟踪服务器名称的 DNS 解析，跟踪何时随时间变化以及何时随网络变化。假定服务器名称是长期存在的，但是 IP 地址有时会更改，有时取决于位置。我们通过每小时将服务器名称解析为 IP 地址来跟踪服务器名称到 IP 映射的变化。其次就是要使用设备服务器 IP 检测 IoT 设备。此方法通过识别 IoT 设备与设备服务器之间的数据包交换来检测 IoT 设备。对于每种特定类型的设备，会跟踪与之通信的设备服务器名称的列表。然后定义服务器名称的阈值数量；将流量的存在解释为来自给定 IP 地址的流量中服务器名称的数量，以表明该 IoT 设备的存在。

由于某些设备服务器可能同时服务于设备和个人，有时由于观察时间长或捕获丢失而造成的名称丢失可能会错过到服务器的流量，我们设置了指示每种物联网设备类型存在所需的服务器名称阈值。这个阈值通常是我们观察到的代表设备在实验室中交流的大多数服务器名称，但不是全部。大多数设备与一小部分设备服务器名称通信(根据实验室测量，设备服务器最多为 20 个)。对于这些设备，要求至少看到 2/3 的设备服务器名称，才能认为 IoT 设备存在于给定的源 IP 地址中。选择阈值 2/3 是因为对于具有三个或更多服务器名称的设备，要求看到超过 2/3 个服务器名称的内容等同于要求查看某些设备的所有服务器名称。例如，要求至少 4/5 服务器名称等效于要求具有 3～4 个设备服务器的名称(此处不考虑具有 1～2 个设备服务器名称的设备，因为对于这些设备，任何大于 1/2 的阈值实际上都需要所有服务器名称)。对于与设备服务器名称(超过 20 个)通信的设备，此方法将阈值降低到 1/2。通常，这些是非常流行的设备，制造商使用大量的服务器名称(例如，Amazon_FireTV，如表 6-1 所示，具有 41 个设备服务器名称)。通过短暂的观察后，各个设备将与多个设备服务器名称进行对话，但通常仅与池(pool)的一部分进行对话。

为了探索 IoT 设备的实际分布，此方法首先从 15 个供应商的 26 个设备中提取了设备服务器名称。然后检测大学校园中的 Internet 流和来自互联网交换中心(Internet Exchange Point，IXP)的部分流量。

此方法使用两套 IoT 设备进行检测，包括 10 台 IoT 设备(表 6-2)和新南威尔士大学的 21 台 IoT 设备。使用上述方法从两套设备中提取设备服务器名称。在表 6-2 中显示了从 10 台设备中找到的服务器名称的数量。在此方法的 10 台设备中的 171 个候选服务器名称中，约有一半(56%，96 个)是第三方服务器，用于提供时间、新闻或音乐流。至于 75 台制造商服务器，其中只有一小部分(7%，5)是面向人的(如 prime.amazon.com)，而其中大多数(93%，70)是面向设备的制造商服务器。该方案还发现两个设备(TPLink_SmartPlug 和 TPLink_LightBulb)共享唯一的服务器名称(devs.tplinkcloud.com)，并将它们合并到一个元设备中进行检测。

表6-2　10台IoT设备的制造商服务器提取细分

服务器类型	数量	占比(服务器候选)	占比(生产服务器)
Server Candidate	171	(100%)	(0%)
3rd-Party Servers	96	(56%)	(0%)
Manufacture Servers	75	(44%)	(100%)
Human-Facing Mfr Servers	5	(3%)	(7%)
Device-Facing Mfr Servers	70	(41%)	(93%)

该方法手动检查171个服务器候选名称，并确认大多数分类正确(对于171个中的33个，服务器域名的所有权由whois或网站验证)。此方法无法验证11个服务器候选名称的所有权，所以将这些服务器列为第三方服务器，并且不对它们进行检测。此外发现三个服务器候选名称(api.xbcs.net，heartbeat.lswf.net 和 nat.xbcs.net)被错误地分类为第三方服务器，因此根据whois lswf.net的查询结果以及安全公司SCIP的一项研究，确认它们是由物联网制造商Belkin运行的。由于三台服务的域中没有显示制造商信息，因此这三台服务器名称并未通过对制造商服务器的测试。同样，该方法从新南威尔士大学的21台IoT设备中提取了48台设备服务器名称(使用其网站 http://149.171.189.1 上的设备跟踪)。由于其中三个设备服务器仅访问第三方服务器和面向人的制造商服务器，因此无法用此方法检测到这三个IoT设备。

将该方法的10台IoT设备与新南威尔士大学的18台可检测到的设备结合在一起，便获得了26台IoT设备(合并两台重复的设备：Amazon_Echo和TPLink_SmartPlug)；总共有99个不同的设备服务器名称。

为了验证此方法的检测方法，该方案将其应用于来自大学校园的一部分网络流量中。

检测结果看到来自8个用户IP的总共35个触发检测(建议至少35个不同设备)，如表6-3所示。

表6-3　USC校园中的物联网设备

IP A&B&C	IP D	IP E	IP F	IP G&H
Belkin_SmartPlug	Samsung_IPCam	Samsung_IPCam	HP_Printer	Amazon_*
Samsung_IPCam	HP_Printer	HP_Printer	Withings_Scale	
HP_Printer	LiFX_SmartLightBulb	LiFX_SmartLightBulb	Amazon_*	
Netatmo_WeatherStation	Amazon_*	Amazon_*		
LiFX_SmartLightBulb	Withings_*			
Amazon_*				
Withings_*				

第一个观察结果是，带有IoT设备的IP通常具有多个设备，建议使用NAT设备，该设备使用USC WiFi中的单个IP地址。此方法还发现三个IoT用户IP(IP A、B和C)共享一组IoT设备。一个可能的解释是，一个用户在NAT后面有一组设备正在使用动态分配的IP地址，并且该地址在为期六天的研究中更改了三倍。但出于对用户隐私保护的考虑，无权访问原始捕获的数据同时也无权访问动态主机配置协议(Dynamic Host Configuration Protocol，DHCP)的各个映射，因此无法用此方法验证该假设(通过确认这三个IP地址在时间上没有重叠)。

这些观察结果表明此方法在真实的校园中有效。但是，上述实验中的流量仅占南加利福尼亚大学校园网络流量的一小部分，也就是说仅能看到访客网络 Wi-Fi，而看不到有线网络和安全 Wi-Fi。因此，这些结果代表了南加利福尼亚大学园区实际物联网部署的下限。

此方法还将检测应用于来自 IXP 的部分流量。

从 59 个 IoT 用户 IP 中总共进行了 60 次检测。但是，仅检测到两种类型的 IoT 设备：Withings_SmartScale(58 次检测)和 PIXSTAR_PhotoFrame(2 次检测)。此方法通过验证检测中的 IoT 设备候选者来确认不完整的服务器 IP，这样做会导致检测内容不完整。候选 IoT 设备是可能存在的 IoT 设备，因为使用至少一个设备服务器的名称来标识数据包交换。如表 6-4 所示，对于 575 种 IoT 设备候选中的几乎所有(96%，555 种)，他们仅标识其设备服务器名称之一(可能是由于他们只知道 99 个设备服务器 IP 的一部分)。他们可以检测 Withings_SmartScale 和 PIXSTAR_ PhotoFrame 的原因是，这两个设备只有一个已知的设备服务器名称，并且看到一个设备服务器名称足以触发检测。

表 6-4 FRGP 数据检测的 IoT 设备候选人的细目分类

IoT Device Candidates	575	(100%)	
Candidates w 1 Identified Dev Ser	555	(96%)	(100%)
Detected IoT Devices	60	(10%)	(11%)
Candidates w 2 Identified Dev Ser	16	(3%)	
Candidates w 3 Identified Dev Ser	4	(1%)	

再次检测后，南加利福尼亚大学为 2017 年 10 月 12 日至 2018 年 2 月 23 日收集的 99 个设备服务器名称的 IPv4 地址(使用之前描述的方法)的 FRGP 数据(2015 年 5 月 10 日上午 7 点至晚上 7 点收集)，可以显示出更完整的服务器 IP 列表从而找到更多类型的 IoT 设备。尽管在 FRGP 数据收集了两年之后，在某种程度上这些服务器 IP 仍然适用，即 99 个设备服务器名称的 IP 非常稳定。检测结果显示能够检测到更多的设备类型：除了 Withings_SmartScale(7 个检测)和 PIX-STAR_PhotoFrame(1 个检测)，还找到 Belkin_SmartPlug(2 个检测)，LiFX_LightBulb(1 个检测)和 TPLink_Smartplug(1 个检测，也可能是 TPLink_LightBulb 或 TPLink_IPCam，因为这三个设备共享相同的设备服务器名称，并且用此方法是无法区分的，此外还检测到 1 个 Withings_ *，代表 Withings_Scale 和 Withings_ SleepSensor 中的至少一个)。

最后得出结论，使用基于 IP 的检测方法，由于服务器 IP 随时间变化并且商业历史 DNS 数据集的覆盖范围有限，因此很难检测到 IoT 设备。此方法需要历史 DNS 数据来识别存档跟踪中的服务器 IP 地址。在未来的研究中，需要找到一种可直接用于服务器的 DNS 域名，而无须将其转换为 IP 地址的新检测方法。

传统方法在物联网流量异常检测与分析过程中，存在局限于匹配规则的特点，适用于比较典型的异常行为检测场景，但无法用于检测行为发生改变的恶意流量识别、0day 攻击的检测。但随着人工智能的发展，基于机器学习算法的相关检测方法应运而生，6.3 节将介绍基于机器学习分析方法的流量检测方法。

6.3　机器学习分析方法

机器学习分析方法是基于统计和行为的传统机器学习的流量识别方法，随着计算机计算能力的不断发展，这种方法渐渐成为前几年较为热门的一个研究方向，其特点在于依据大量人工选取标记的特征从历史数据中拟合学习得到模型并最终用于分类。该方法仅依靠流量的统计属性将流量分配给特定的服务类别，甚至将其链接到特定的应用程序。这些技术中的一些地方特别吸引人，因为它们似乎能够基于仅对少数几个初始数据包的分析来区分流量。因此，它们适用于高速流量分类，并且可以应用于为运行中的应用程序流分配不同的 QoS 处理的问题。显然机器学习的应用在很长一段时间内解决了前人方法中对加密流量束手无策的状况，如 K 最近邻(K-Nearest Neighbor，KNN)方法和决策树方法等。

但基于传统机器学习的方法也存在不足。首先，它并没有很好地缓解人力成本大这一问题。基于传统机器学习的流量识别方法的分类精度高度依赖人工提取标记的特征，这往往需要有足够领域基础的专家对大量的流量数据进行精确细致的预处理，因此使得此类方法很难有较好的泛化能力。其次，很多曾经作为必要的基本流量信息，如目标信号持续时间、目标信号传输速率等，皆因为部分地区的法律以及隐私协议的限制，无法进行提取和测量，这在一定程度上削减了传统机器学习流量识别方法的泛化能力。第三大部分的传统机器学习模型本身需要较大的存储资源用于部署，也无法直接部署于资源有限的节点，如智能车辆、家庭网关、手机等。

接下来介绍几种运用机器学习的流量检测方法。

1. IoT 设备指纹识别

文献[31]证明了机器学习技术可用于发现在网络中传输流量的 IoT 设备的类型。仅使用从加密的网络流量中提取的特征来识别指纹。他们的贡献如下。①提出了一种新的 IoT 指纹识别攻击，即使设备使用加密或训练集较小(即相对于基准)时，它也有效。攻击不需要人工调整参数即可分割流量。使用提出的新的滑动窗口技术可以自动完成此操作。②他们基于 IBM Research 和 Cisco 最近收集的真实数据集研究了许多 IoT 设备的特性。尽管广泛采用了传输层加密，但仍可以派生有用的特征来揭露 IoT 设备的类型。③他们对数据集进行不同的探索和比较评估测量。他们发现他们的攻击比基线更准确，更有效。查找最佳估计器的加速比为 18.39 倍，与基线相比，精度提高了 18.5%。

在此方法中，我们考虑一种常见的情况，即攻击者是被动观察者。他不会修改传输，也无法解密数据包。攻击者能够被动地收集有关所有物联网设备的流量活动。因此，他要么监视网关本身，要么监视受损的 IoT 设备。另外，我们假设攻击者拥有足够的计算资源来训练分类器并从大型训练数据集中进行预测。基于这组假设，通过执行基于机器学习(Machine Learning，ML)的加密流量分析来解决 IoT 设备指纹识别的问题。我们的问题可以形式化如下：给定一个包含多个 IoT 设备 D 的分布式系统和一组加密流量 P，我们将 IoT 设备指纹识别的任务视为多类分类问题。我们的目标是将每个加密的通信流映射到可能产生该通信流的设备类型。在这项工作中，我们将研究范围限制为 D 是有限的并且所有设备的元信息都可用的情况。令 $P^{d_i} =<\cdots,p_t^i,\cdots>$ 是由 $d_i \in D$ 生成的流量，其中 p_t^i 对应于它的一个数据包，t 代表其到达时间，$[p_t^i]$ 为持续时间。主要目标是寻找一种 ML 分类模型，该模型一旦使用其最佳调整参数进行了训练和基准测试，便能够为任何看不见的加密流量 P^{d_i} 以及 $\forall d_i \in D$ 识别相应的设备 d_i。目标是允许在运行时提取特征。第二步是构建一个分类器，将这些特征作为输入并进行分类，以推断设备的类型。

首先介绍进行设备指纹识别的基线方法。作为基线，该方法使用了一种指纹方法学方法，该方法源于 IBM、思科和新南威尔士大学之间的合作研究，并受到了广泛研究。它基于优势协议分析(Dominant Protocol Analysis，DPA)特征集、静态分段和随机森林(Random Forests，RF)分类。DPA 特征和 RF 的组合已用于类似的 IoT 流量表征方法，如 IoT Sentinel。DPA 功能从数据包头中的元信息派生而来，该信息使用滑动窗口技术进行了分段。应用交叉验证方法，并将数据集分为训练集和测试集。重复进行 10 次交叉验证，然后对结果求平均值，以生成单个性能指标。这种方法的缺点有两个：①依赖手工参数调整，并且不会自动地分割流量；②仅适用于无噪声流量的大型训练数据集(即>90%的总流量)。对于较小的训练数据集(不到总流量的 90%)，此方法对噪声变得非常敏感，并且很难找到最佳估计量，即有效的参数集可以使基线进行最佳训练。

对于流量分段，基线方法采用了滑动窗口的概念。它的主要优点是可以轻松地将过去处理的流量活动与最近处理的流量活动区分开。它利用了两个重要参数：长度 l 和移位 r。图 6-2 以三个设备 $d_1,d_2,d_3 \in D$ 为例给出了该技术的概述，其中 $l=r$，j 是第一个窗口开始的时间，$j+1$ 是第一个窗口终止和下一个窗口开始的时间。在第一时间段，从窗口 w_j 提取流量活动。用 $p_{[w_j]}^{d_i} =< p_j^i,\cdots,p_{j+l-1}^i >$ 表示窗口 w_j 内设备 d_i 的流量活动。然后，通过将 r 从 w_j 移至 w_{j+r} 来移动下一个窗口，并从 $p_{[w_{j+r}]}^{d_i} =< p_{j+r}^i,\cdots,p_{j+r+l-1}^i >$ 中提取流量活动，直到检查完所有窗口。尽管此技术简单有效，但也存在一些缺点：①参数化 l 和 r 的方式。在基准方法中，这两个参数在设计时是固定的，在运行时不会更改；②并非每个窗口中的所有流量都一定是相关的。例如，如果我们考虑 w_{j+r} 的情况，其中不存在相关的流量活动。此外，某些设备可能具有较长的流量序列(如 p^{d_1})，这些流量的小窗口跟踪变得十分棘手。

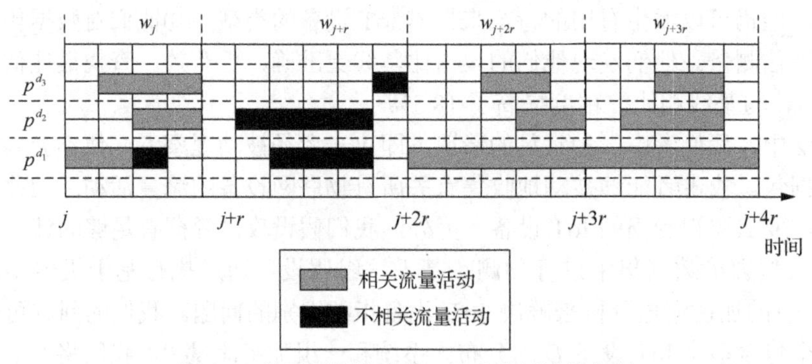

图 6-2 使用原始滑动窗口技术进行流量分割

对于此方法中 IoT 设备指纹识别的方法，它包括以下步骤：①基于扩展滑动窗口技术的动态分割；②分析加密流量以提取相关特征；③研究各种分类算法。

1）扩展滑动窗口技术

为了克服之前引入的限制，该方法提出了一种滑动窗口技术的改进，根据相关流量的出现，在运行时使其长度自适应。它的基本思想大致是每当相关流量活动变长时，窗口就会自动增长；否则它将缩小以丢弃无关的流量。它没有使用 r 进行平移，而是使用下一个不相关的相关活动来移动流量。

图 6-3 使用上面提到的相同示例说明了我们的方法。

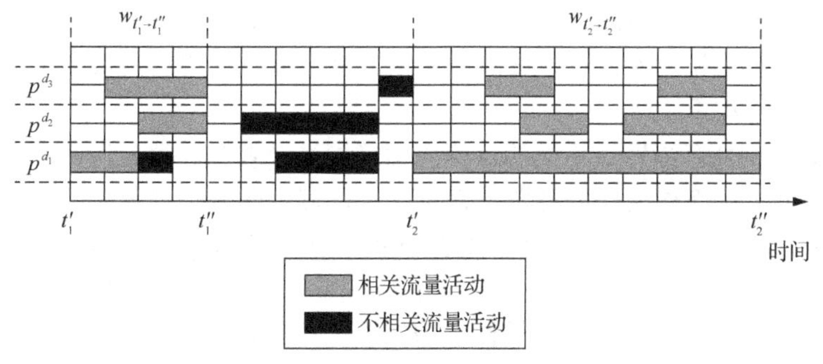

图 6-3　使用与图 6-2 相同的示例简化了我们的方法

2）特征提取

在此阶段，我们寻找时不变的特征，或者至少在相当长的时间内不进行任何更改。一种简单的技术是考虑数据包的有效载荷。但是，如前所述，对于加密的流量，我们无法检查有效载荷内容。因此，我们使用以下两种技术仅从数据包头中提取功能。

此方法分析设备用于交互的不同开放式系统互联（Open System Interconnection，OSI）协议层。我们确定了可用于提取特征的显性协议集，这些特征隐式揭示了所考虑设备的独特特征。我们根据预测效果研究其影响，并反复调整其选择。本章考虑的一组功能包括主要协议的类型、端口间隔、数据包大小、数据包数量、可用性时间、到达时间、累积计数等。

通过将基本特征流转换为统计分布来获得特征。该集合包括最小值、最大值、平均值、中位数、标准差、方差等。

3）机器学习算法

现在，介绍考虑的算法列表及其相应的调整参数。

（1）**K 最近邻（KNN）**是简单的非参数学习算法，不需要拟合模型。给定输入样本 x，确定距离 x 最近的 k 个训练示例。样本 x 使用这 k 个邻居中的多数票进行分类。当使用 scikit-learn 的术语时，表征该邻居数的参数 k 也称为 n 邻居。用于确定预测方式的另一个参数是权重。如果将其设置为统一的，则每个邻域中的所有点均被加权。否则，将其设置为距离，其中根据权重点的距离的倒数计算权重点。这意味着查询点的近邻比远处的邻点具有更大的影响。

（2）**支持向量机（Support Vector Machine，SVM）**主要用于解决模式识别领域中的数据分类问题，属于有监督学习算法的一种。它通过最大化属于类别的模式之间的余量，找到了两个不同类别之间的最佳分隔超平面作为边界，其可以正确地将数据分类，使数据到边界的间隔最大。SVM 算法不仅执行线性分类，还使用核函数执行非线性分类，即决策函数不是数据的线性函数的情况。训练 SVM 时，必须考虑两个参数：gamma 和 C。gamma 参数定义单个训练示例的影响力。相反，参数 C 权衡了训练示例的错误分类与决策函数的简单性之间的折中，即低 C 可使决策函数平滑，而高 C 则旨在正确地对所有训练示例进行分类。

(3) **随机森林**是一种集成算法，它属于 Bagging 类型。Bagging 也称自举汇聚法，能够在原始数据集上有放回地抽样，进而重新选出 k 个新数据集来训练分类器，RF 算法能够组合多个弱分类器，由投票或取均值算法得到最终结果，达到良好的精确度和泛化能力。其优良的性能主要是由于随机性使算法具有抗过拟合能力，森林结构使该算法更加精准。该算法利用特征的随机选择子集为每个节点找到最佳分割，并且对于过度拟合具有鲁棒性。必须考虑两个重要参数：最大深度和最大特征。最大深度代表最大数量的树，而最大特征代表考虑用于节点拆分的最大特征数量。

(4) **AdaBoost (AB)** 算法针对不同的训练集训练同一个弱分类器，将在不同训练集上得到的分类器聚集起来，从而构成强分类器。理论而言，每个弱分类器数量趋于无穷，且其分类能力由于随机猜测时，强分类器的错误率将趋于零。通过调整抽样样本的权重，得到 AdaBoost 算法中不同的训练集。起初样本对应的权重相同，在此样本分布下训练出一个基本分类器 $h_1(x)$。对于 $h_1(x)$ 错分的样本，则加重样本的权重值；而对于分类正确的样本，则降低其权重，从而突出分错的样本重新得到样本的分布。根据错分的情况赋予 $h_1(x)$ 一个权重，表示该基本分类器的重要程度，错分得越少权重越大。在新的样本分布下，再次对基本分类器进行训练，得到基本分类器 $h_2(x)$ 及其权重。以此类推，经过 T 次这样的循环，就得到了 T 个基本分类器，以及 T 个对应的权重。最后把这 T 个基本分类器按一定权重累加起来，就得到了最终所期望的强分类器。

(5) **Extra-Trees (ET)** 是一种综合分类方法，由几个独立训练的树分类器组成。它的性能类似于普通的 RF，但是树学习器中的自顶向下拆分是随机完成的。ET 和 RF 主要区别有两点，一是 RF 应用的是 Bagging 模型，由于分裂是随机的，ET 使用特征随机抽选的所有样本，因此，相比较而言 RF 在某种程度上的结果更好一些；二是 RF 是在一个随机子集内得到最佳分叉属性，而 ET 是完全随机地得到分叉值，从而实现对决策树进行分叉。

4) 特征分析与选择

为了识别和选择相关特征，该方法首先考虑以下方面来研究物联网设备的不同流量特性。

主导协议分析：该方法重点是应用层协议，在其中检查 TCP / UDP 数据包最常用的目标端口，此方法发现端口号分布在所有数据包中都不统一。某些设备倾向于使用众所周知的端口发送比其他端口更多的数据包。因此决定将端口分组：①0～1023 的系统端口；②1024～49151 的注册端口；③49152～65535 的动态端口。

基于这种安排，该方法将特征 $f_{\text{range}}(\text{port})$ 定义为端口的函数，如下所示：

$$f_{\text{range}}(\text{port}) = \begin{cases} 1, & \text{port} \in [0,1023] \\ 2, & \text{port} \in [1024,49151] \\ 3, & \text{port} \in [49152,65535] \\ 0, & \text{其他} \end{cases}$$

由于系统端口涵盖了已知协议的正式列表，因此我们将重点放在[0,1023]范围上。对该间隔进行深入检查后，我们发现 TCP 端口 443（HTTPS 的知名端口）是所有设备使用最多的 TCP 端口。

大约 72%的数据包通过此端口发送。这意味着大多数数据包内容都是经过加密的，因此我们不能仅依靠有效载荷来推断敏感数据。第二个主要端口是 TCP 端口 80（代表 HTTP），占 TCP 流量的 27%。分析还显示，在其他使用的协议中，还存在 TCP 端口 853 / 53、445、548 和 22（分别表示 DNS、服务器信息块（Server Message Block，SMB）、Apple 文件协议（Apple Filing Protocol，AFP 和 SSH）。远离 TCP，我们也可以在系统端口范围内观察用户数据报协议（User Datagram Protocol，UDP）数据包。它们本质上与指示简单服务发现协议（Simple Service Discovery Protocol，SSDP）的 UDP 端口 1900 相关联。该协议用于通告网络中设备的存在，并用于发现新服务。它占 UDP 数据包的 20%。在分别使用端口 53/853 和 123 的 UDP 数据包中，DNS 和 NTP 数据包也可见。该方法选择 18 种协议来定义特征。表 6-5 列出了所考虑的协议的完整列表。每个特征部件的输出都是布尔值，因此可以采用 0 或 1 的值。如果使用协议，则将其设置为 1，否则其值为 0。

表 6-5　被选择用于定义特征的协议

OSI 层	协议	特征类型
Application Layer（10）	HTTP/HTTPS/DHCP SSDP/DNS/MDNS NTP/SMB/AFP/SSH	bool.（0/1） bool.（0/1） bool.（0/1）
Transport Layrt（2）	TCP/UDP	bool.（0/1）
Network Layer（4）	IP/ICMP ICMPV6/IGMP	bool.（0/1） bool.（0/1）
Data Link Layer（2）	ARP/LLC	bool.（0/1）

根据流量的统计分析：还有其他特征可用于识别设备。这些包括（但不限于）流量的平均值和标准差，以及数据包的到达时间。关于后一个属性，此方法发现某些设备具有唯一的模式。例如，HP 打印机、iHome 开关和 Netatmo Welcome 的到达间隔时间分别为 90 秒、60 秒和 20 秒。注意，这种到达间隔时间出现的可能性大于 70%。此方法考虑的另一个属性是流量的量。

显然，结合使用这两个特征可以实现准确的分类输出，并且设备可以很好地群集。例如，Belkin Wemo 和 Smart Things 的均值和标准差在数据集期间几乎相差一个数量级，因此有助于果断地区分设备。

下面介绍另外几种方法运用到的流量特征。

2. 利用双向流识别

使用其源 IP 地址和目标 IP 地址与端口标识的双向流。对于长 TCP 连接，我们不会捕获整个会话。超时用于将长连接拆分为多个双向流。每个双向流都由包含以下内容的特征向量描述。

（1）发送的前 N 个数据包的大小。

（2）接收的前 N 个数据包的大小。

(3)发送的前 N 个数据包之间的 N-1 个数据包到达时间。

(4)接收的前 N 个数据包之间的 N-1 个数据包到达时间。

3. 基于加密流量包长的识别

Pinheiro 等[32]使用数据包长度统计信息来识别 IoT 设备和事件，并与非 IoT 进行区分。该方法利用了平均数据包长度、标准偏差以及在一秒钟的窗口中传输的字节数。这些统计数据的选择是基于 Sivanathan 等[33]提供的 IoT 流量分析和来自文中配置的测试平台的数据。由于统计特征的数量会影响识别过程的成本，因此仅使用三个统计信息就可以降低 IoT 流量分类的计算复杂度。同样，也没有必要将流量分组为矢量，从而简化了统计信息的计算。

来自每个设备的流量根据时间戳分为一秒钟的窗口。较大或可变的窗口不会提高分类器的准确性。同样，一秒钟的间隔可以加快识别速度，这对于实时解决方案至关重要。此外，在测试平台中分析的设备会在一秒内生成事件流量。

文献[34]从连接到测试平台的现成设备中收集并分析流量，这些设备为每个事件生成具有不同模式的流量。使用相同的统计信息来识别设备事件。所提出的解决方案可以识别用户何时与他们的设备进行交互。例如，某人向亚马逊 Echo Dot 说语音命令 Alexa、监控摄像头的视野中的运动、设备的开启/关闭等。

文献[34]开发了带有 pandas 库的 Python 脚本来计算数据包长度统计信息，该库可用于将每个设备生成的流量分组到一秒的窗口中。该阶段涉及计算分组长度的平均值和标准偏差，以及每组中的字节数。完成上述过程后，数据可用于训练和测试分类器。

4. 基于流量特征识别

一种基于开源 libpcap 的工具，名为 Joy，可以从网络流量中提取源/目标端口号、有效负载量、TCP 窗口大小、到达时间、从流的前 20 个数据包中提取的流量方向、连续流量之间的平均时间、流量持续时间、入站/出站流量等特征。

5. 基于遗传算法的特征选择

遗传算法(Genetic Algorithm，GA)选择特征子集，从而实现大量数据包报头中用于设备指纹识别的数据包报头功能。

文献[35]创建了三组 pcap 网络捕获，用于训练、验证和测试。在每组中，将 pcap 文件合并为一个文件，并将其转换为可与 WEKA 工具兼容的 arff 文件格式。之后得到三个 arff 文件，其中两个用于训练和验证机器学习模型，其余的用于测试。该方法将用于训练的 arff 文件称为 Train1.arff 和 Train2.arff，用于测试的 arff 文件称为 Test.arff。使用 Train1.arff 进行训练并在 Train2.arff 上对其进行验证，同时在使用这两组数据包中的任何一个构建模型时，需要确保 GA 选择的特征对于不同分类器的通用性，这样有助于分类器适应测试数据中可能出现的意外情况。

文献[35]在 GA 实验过程中规定的种群大小为 30 条染色体。染色体是一系列 0 和 1 的组合，长度与 arff 文件中的特征数相同。即若 arff 文件包含除类别之外的 100 个特征，则染色体的长度将为 100。染色体每一位 0 和 1 决定了该特征是否用于机器学习中。初始化的 30 条染色体中由 0 和 1 的随机数填充，对于每一条染色体，GA 都会运行适应度函数来确定它们在机器学习中的强度。根据每条染色体获得的适应度值，不断重复相同过程，直到收敛得到最佳解。

在进行适应度计算时，文献[35]考虑了两个指标来确定最合适的包头特征集。由于希望在确保使用尽可能小的特征子集的同时，以尽可能高的性能执行分类，因此在适应度函数中，考虑了代表这些值的两个指标。适应度函数返回的适应度值为 0～1，其中 1 表示贡献最大。如下适应度函数所示，使用权重 0.9 表示准确性，使用权重 0.1 表示减少所选包头字段的数量。

$$\text{fitness} = 0.9 \times \text{Accuracy} = 0.1 \times \left(1 - \frac{|\text{SelectedFeatures}| - 1}{|\text{AllFeatures}| - 1}\right)$$

如果所选特征的数量等于数据集中存在的特征的数量，则该组件将返回 0。这表明，需要数据集中的所有包头字段，而无须进行任何选择。但是，如果所选要素的数量为 1，则表明此单个包头特征的贡献足以进行分类。

适应度函数的准确性是通过将机器学习应用于染色体中的选定特征来计算的。当使用这些特征训练机器学习模型时，染色体中所选特征对测试数据集的分类效果如何。为了计算该分量，他们仅使用染色体选择的特征在 Train1.arff 数据集上训练机器学习模型。然后，他们在 Train2.arff 上测试模型并记录分类的性能。此外，我们交换训练数据集，并使用 Train2.arff 训练模型，仅使用要在 Train1.arff 上测试的染色体选择的特征。在获得两种情况下的性能结果后，他们将计算平均值以用作适应度函数中的准确度组件。

适应度函数返回 0～1 的值，以告诉 GA 特定染色体的独特性。Google Analytics 会尝试优化此适应度值，以收敛到它可以找到的最佳解决方案，从而帮助我们找到用于分类的一组功能。

由于无法保证 GA 收敛到产生最高适应度值的最佳特征集，因此 GA 需要一个终止点来防止自身进入无限的空间探索循环。本书采用 GA 选择了 n 个连续出现的同一组特征后停止勘探的策略。如果 n 太低，则 GA 可能会在收敛到更好的特征集之前退出。如果 n 太高，则取决于 GA 的实现，GA 可能会进入无限循环，也可能需要很长时间才能收敛到解决方案。他们观察到 $n = 5$ 足以终止他们的案例。此外，随着 GA 从随机初始化开始，GA 可能会在每次运行中收敛到不同的特征集。因此，此过程不依赖单次运行的结果，而是运行了 10 次 GA，并选择了产生最高分类性能的特征。

机器学习方法的性能在很大程度上依赖于对数据提取出的特征，并且人工设计特征也很耗时，因此随着神经网络的发展，许多深度学习分析方法被提出来，该方法不需要手工设计特征，原始流量数据被直接输入分类器中，6.4 节将介绍利用神经网络的深度学习分析方法。

6.4　深度学习分析方法

除了传统方法和机器学习方法，也有多种利用神经网络的方法被提出来。下面将从物联网设备网络流量和安卓设备流量两方面介绍几种流量检测方法。

6.4.1 物联网设备网络流量

网络流量分类器(Network Traffic Classifier，NTC)是当前网络监视系统的重要组成部分，其任务是推断当前由通信流使用的网络服务(如 HTTP 和 SIP)。该检测基于与通信流相关的许多特征，例如，源和目标端口以及每个数据包传输的字节。 NTC 非常重要，因为仅通过了解其网络服务(所需的等待时间、流量和可能的持续时间)就可以了解和预期有关当前网络流量的许多信息。这对于 IoT 网络的管理和监视尤为重要，NTC 将在其中帮助隔离异构设备和服务的流量与行为。

1. 基于流统计的神经网络模型

文献[36]提出了一种新的基于流统计的监督方法以检测 IP 网络流正在使用的服务，该方法是基于深度学习模型的分类器，其深度学习模型是由循环神经网络(Convolutional Neural Networks，CNN)和递归神经网络(Recursive Neural Network，RNN)组合而成的。所提出的方法采用了从在流生命周期中交换的分组的报头中提取的几个特征。对于每个流，他们构建特征向量的时间序列。时间序列的每个元素都将包含流中数据包的特征。同样，每个流将具有训练算法所需的关联服务/应用程序(标记值)。

对于这项工作，该方法利用了 RedIRIS 的真实数据。RedIRIS 是西班牙的学术和研究骨干网，可为科学界和国立大学提供高级通信服务。RedIRIS 拥有 500 多家附属机构，主要是大学和公共研究中心。他们已经从 RedIRIS 中提取了 266160 个网络流。这些流包含 108 种不同的标记服务，其频率分布高度不平衡。图 6-4 显示了 15 个最频繁服务的名称和频率分布。频率分布基于具有特定服务的流量比例。

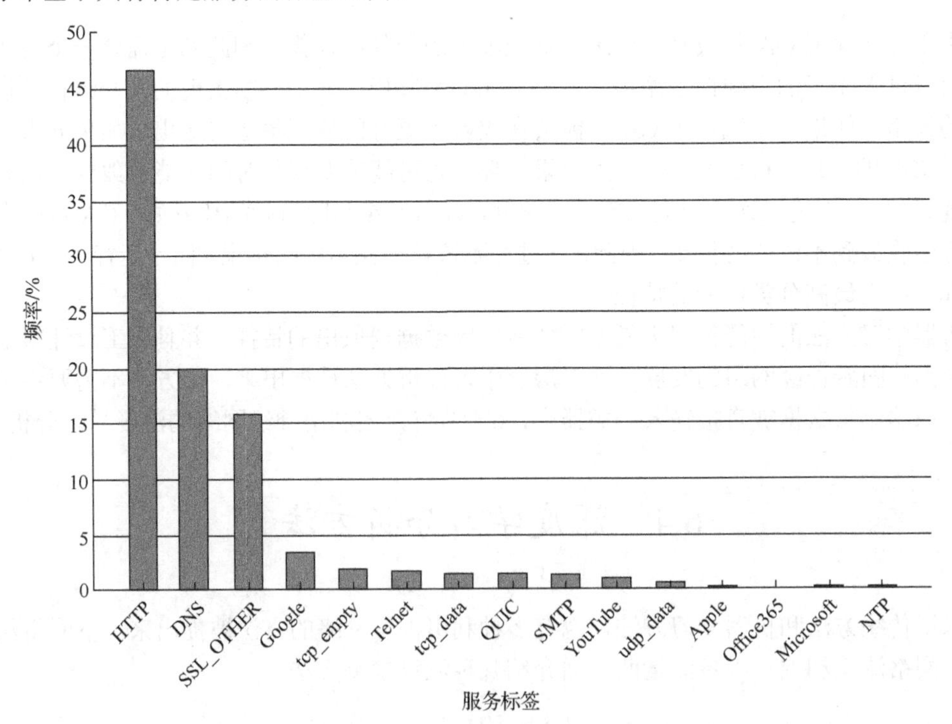

图 6-4　15 个最频繁服务的频率分布

网络流由所有共享源和目标 IP 地址与端口号以及传输协议(TCP 或 UDP)的唯一双向组合的数据包组成。它们包括了加密的数据包，因为考虑的算法不依赖有效载荷内容。每个流都与特定服务关联。为了训练和评估模型，需要为每个流程分配一个基准。该分配最初不可用，但目前将 nDPI 工具用于流生命周期中来交换数据包已实现，因此 nDPI 应用 DPI 技术执行服务检测。DPI 通过检查数据包的报头和有效载荷，提供了最佳的分类结果。考虑到这一点，假设 DPI 工具的输出是对基准的最佳近似。nDPI 处理加密的流量，它是最准确的开源 DPI 应用程序。nDPI 无法标记的流将被丢弃。对于这项工作，该方法考虑了 UDP 和 TCP 流。每个流由多达 20 个数据包的序列组成。对于每个数据包，该方法提取了以下六个特征：源端口、目标端口、数据包有效负载中的字节数、TCP 窗口大小、到达时间和数据包的方向。对于 UDP 数据包，TCP 窗口大小(TCP 流量控制)设置为零。数据包地址的值可以为 0～1，指示数据包是从源到目的地还是沿相反方向。

最后，根据这些流程该方法构建了数据集。因此，数据集包含 266160 个流，每个流包含 20 个向量的序列，每个向量由 6 个特征组成(从数据包的报头中提取的 6 个特征)。最终结果是与每个流关联的特征向量的时间序列。

图 6-5 展示了数据集内网络流的最终布置。

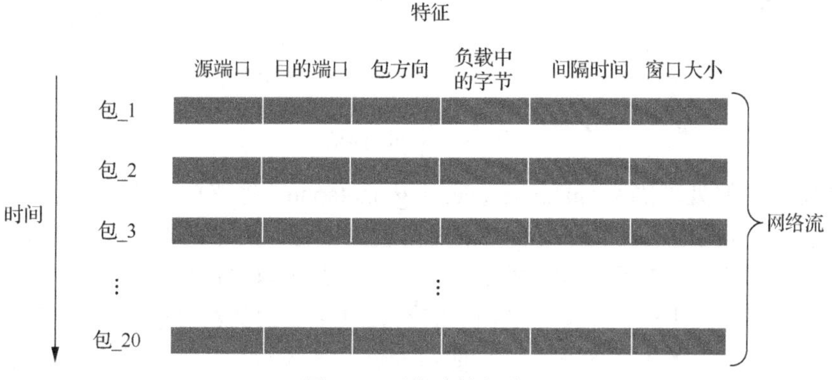

图 6-5　网络流的组成

该方法已经研究了不同的深度学习模型。具有最佳检测性能的模型是 CNN 和 RNN 的组合。下面介绍为此工作考虑的所有模型。

分析的第一个模型(图 6-6)是一个简单的 RNN 模型。特别地，该方法使用了一种称为长短期记忆网络(Long Short-Term Memory，LSTM)的 RNN 变体，它更易于训练(解决了梯度消失的问题)。LSTM 使用具有两个维度的值矩阵进行训练：时间维度和特征向量。LSTM 使用时间顺序特征向量和与其内部隐藏状态和单元状态相关的两个附加向量来迭代神经网络(单元)。单元格的最终隐藏状态对应于输出值。因此，LSTM 层的输出尺寸与其内部隐藏状态的尺寸(LSTM 单位)相同。在图 6-6 的模型中，他们在最后添加了几个全连接层。当上一层的每个节点完全向前连接到连续层的每个节点时，两层完全连接。全连接层已添加到所有模型中。

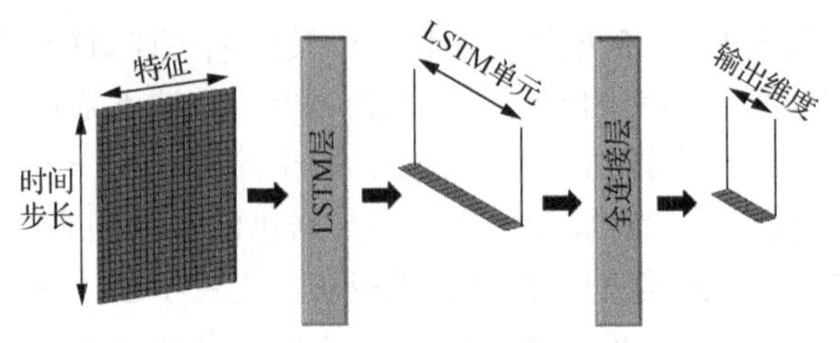

图 6-6　RNN 模型

图 6-7 显示了一个纯 CNN 模型。CNN 最初是作为生物学启发的模型应用于图像处理，以进行图像分类，由于内核(filter)的作用，特征提取是由网络自动完成的，该内核从图像中提取了位置不变的图案。连接多个 CNN 可以自动提取复杂的特征。

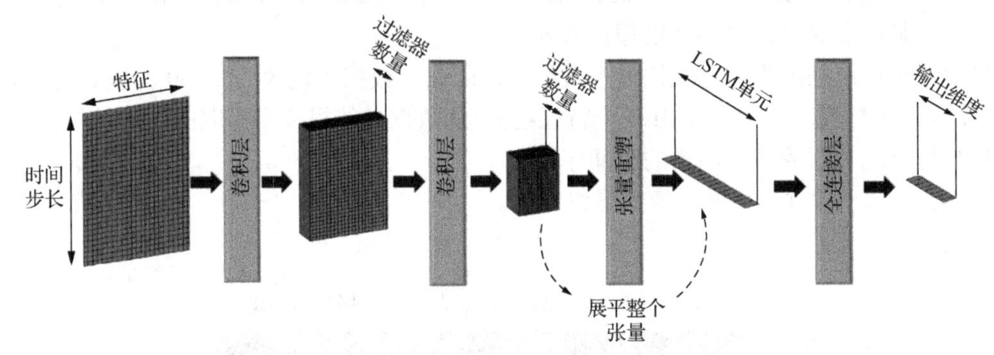

图 6-7　CNN 模型

该方法使用图像处理隐喻(image-processing metaphor)将该技术应用于非常不同的数据集。为此，将由特征向量的时间序列形成的矩阵视为图像。图像像素是局部相关的；类似地，与连续时隙关联的特征向量呈现相关的局部行为，因此可以采用这种类比。

每个 CNN 层都会生成一个多维数组(张量)，其中图像的维度会减小，但同时会生成一个新的维度，该新维度的大小等于应用于图像的过滤器的数量。连续的 CNN 层将进一步减小图像维度并增加新生成的维度大小。为了使模型结束，必须将张量转换为向量，该向量可以作为最终全连接层的输入。为了完成这种转换，可以进行简单的张量平坦化(图 6-7)。

可以将先前的模型组合为一个单一模型，如图 6-8 所示。在此组合模型中，将几个链接的 CNN 的最终张量重塑为一个矩阵，该矩阵可用作 RNN(LSTM 网络)的输入。为了将张量整形为矩阵，该方法中将与过滤器操作(filter action)相关的维度保持不变，对其他两个维度进行展平，最终达到矩阵形状。最后一个 CNN 的过滤器产生的值将等于特征向量，并且由重塑操作产生的展平向量将充当 LSTM 层所需的时间维度。

最后，图 6-9 中引入的模型与以前的模型相似，其中包含一个附加的 LSTM 层。当几个 LSTM 层连接在一起时，LSTM 的行为不同于先前解释的行为(图 6-6)。在这种情况下，所有 LSTM 层(最后一层除外)均采用“返回序列”模式，该模式会产生与循环网络的连续迭代相对应的向量序列。该向量序列可以按时间顺序分组，从而形成下一个 LSTM 层的入口点。重要的是要注意，对于连续的 LSTM 层，数据输入的时间维度不会改变(图 6-9)，但是连续输入的向量维度会改变。

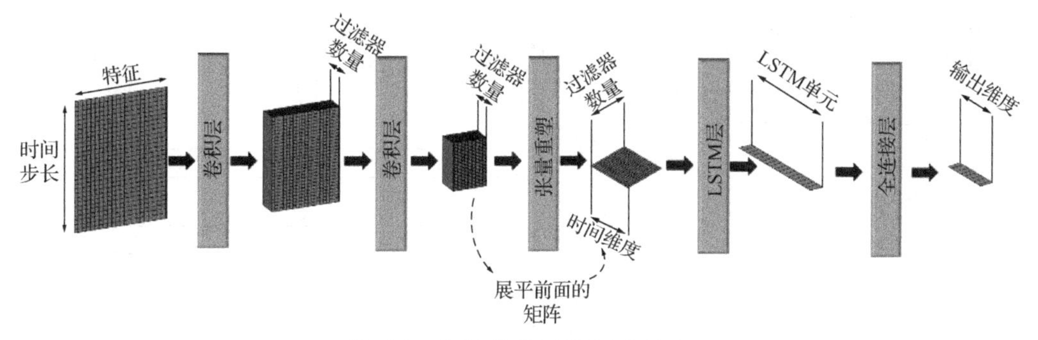

图 6-8　CNN 和单层 RNN 的结合

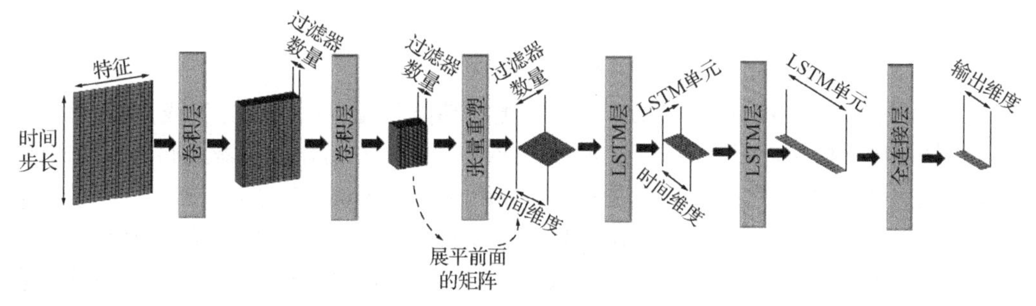

图 6-9　CNN 和两层 RNN 的结合

另外，对于前面介绍的不同类型的层，我们使用了一些附加层：批标准化(Batch Normalization，BN)层、最大池化层和 dropout 层。

dropout 层通过丢弃(设置为零)前一层输出的一定百分比来提供规范化(对看不见的数据进行结果的概括)。这种显然荒谬的动作迫使网络不要过度依赖任何特定的输入，以防过度拟合并提高泛化性。

最大池化层是一种卷积层。不同之处在于所使用的过滤器。在最大池化中，使用了一个最大过滤器，该过滤器选择要应用该过滤器的图像区域的最大值。它减小了输出的空间大小、减少了特征的数量和网络的计算复杂性。结果是降采样的输出。类似于 dropout 层，最大池化层提供了正则化。

批标准化层使训练收敛更快，并可以改善性能结果。这是通过在训练时对批次级别的每个特征进行归一化(将输入缩放为零均值和单位方差)并在以后考虑整个训练数据集再次进行缩放来完成的。新获得的均值和方差取代了在批处理级别获得的均值和方差。

这项工作彻底分析了深度学习模型为 NTC 提供的可能性。它显示了 RNN 和 CNN 模型的性能以及它们的组合。它证明了 CNN 可以成功地应用于 NTC 分类，从而提供了一种简便的方法来将 CNN 的图像处理范例扩展到矢量时间序列数据。

2. 基于 LSTM-CNN 的级联模型

文献[37]提出了一种 LSTM-CNN 级联模型，通过以有监督的方式捕获全局和局部时间相关性来对 IoT 设备进行分类。

图 6-10 描绘了该跨设备识别方法，其主要由三个组件组成，包括：①网络流量获取和预处理；②分割和特征提取；③设备类型分类。

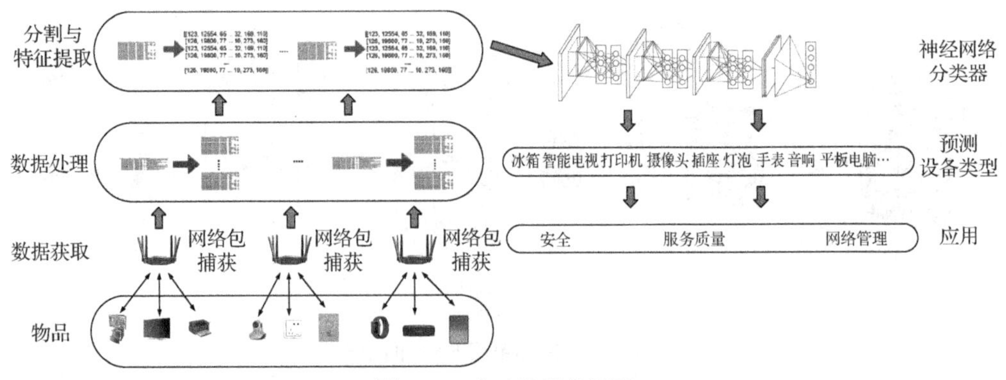

图 6-10　自动跨设备识别

1) 网络流量获取和预处理

一旦连接到网络，IoT 设备将根据特定的配置功能和应用程序服务生成流量(传入和传出)。这些数据包包括网络配置流量(如 NTP、DNS)，设备与后端服务器之间的日常通信(如保持活动消息)以及由用户交互而产生的流量(如用户启动 Amazon Echo 查询)。尽管网络中的不同设备可以使用不同的协议，出于不同的目的传输数据，但绝大多数此类流量使用 TCP/IP 协议。网络流量可以视为时间序列数据，并且包含有关用户习惯、设备和网络状态的有用信息。他们使用如 Wireshark 和 tcpdump 之类的网络数据包分析器来捕获网络流量数据包。在路由器或网关中运行的数据包分析器可以查看所有设备的传入和传出流量，并生成相应的记录。每个记录包含该数据包中从 MAC 层到应用程序层的所有信息。由于如安全套接字协议(Secure Sockets Layer，SSL)、安全传输协议(Transport Layer Security，TLS)和政府的隐私保护策略等安全协议的广泛部署，只能使用数据包头进行设备分类。图 6-11 给出了捕获的流量示例，其中包含 24 个数据包的记录以及相关说明。

No.	Time	Source	Destination	Protocol	Length	Info
1	0.000000			Ethern…	60	[Packet size limited during capture]
2	6.435099	fe80::34ca:ec9b:2bf…	ff02::1:2	DHCPv6	146	Solicit XID: 0x70c083 CID: 000100011751c3220800273c8dc9
3	6.464619	PcsCompu_61:d3:d3	Broadcast	ARP	42	Who has 10.0.2.109? Tell 0.0.0.0
4	6.464691	::	ff02::1:fff7:4a14	ICMPv6	78	Neighbor Solicitation for fe80::34ca:ec9b:2bf7:4a14
5	6.464721	fe80::34ca:ec9b:2bf…	ff02::2	ICMPv6	70	Router Solicitation from 08:00:27:61:d3:d3
6	6.464761	fe80::34ca:ec9b:2bf…	ff02::16	ICMPv6	90	Multicast Listener Report Message v2
7	6.654169	PcsCompu_61:d3:d3	Broadcast	ARP	42	Who has 10.0.2.2? Tell 10.0.2.109
8	6.654323	RealtekU_12:35:02	PcsCompu_61:d3:d3	ARP	42	10.0.2.2 is at 52:54:00:12:35:02
9	6.956044	fe80::34ca:ec9b:2bf…	ff02::16	ICMPv6	90	Multicast Listener Report Message v2
10	7.435995	fe80::34ca:ec9b:2bf…	ff02::1:2	DHCPv6	146	Solicit XID: 0x70c083 CID: 000100011751c3220800273c8dc9
11	7.456013	PcsCompu_61:d3:d3	Broadcast	ARP	42	Who has 10.0.2.109? Tell 0.0.0.0
12	7.502181	PcsCompu_61:d3:d3	Broadcast	ARP	42	Who has 10.0.2.2? Tell 10.0.2.109
13	7.502326	RealtekU_12:35:02	PcsCompu_61:d3:d3	ARP	42	10.0.2.2 is at 52:54:00:12:35:02
14	8.457920	PcsCompu_61:d3:d3	Broadcast	ARP	42	Who has 10.0.2.109? Tell 0.0.0.0
15	8.669122	10.0.2.109	8.8.8.8	DNS	76	Standard query 0x3786 A dns.msftncsi.com
16	8.670802	RealtekU_12:35:02	Broadcast	ARP	42	Who has 10.0.2.109? Tell 10.0.2.2
17	8.670885	PcsCompu_61:d3:d3	RealtekU_12:35:02	ARP	42	10.0.2.109 is at 08:00:27:61:d3:d3
18	9.439112	fe80::34ca:ec9b:2bf…	ff02::1:2	DHCPv6	146	Solicit XID: 0x70c083 CID: 000100011751c3220800273c8dc9
19	9.478191	PcsCompu_61:d3:d3	Broadcast	ARP	42	Who has 10.0.2.2? Tell 10.0.2.109
20	9.478260	RealtekU_12:35:02	PcsCompu_61:d3:d3	ARP	42	10.0.2.2 is at 52:54:00:12:35:02
21	9.669371	10.0.2.109	8.8.4.4	DNS	76	Standard query 0x3786 A dns.msftncsi.com
22	9.670666	8.8.4.4	10.0.2.109	DNS	92	Standard query response 0x3786 A dns.msftncsi.com A 131.107.255.255
23	9.671114	10.0.2.109	8.8.4.4	DNS	76	Standard query 0x05b8 AAAA dns.msftncsi.com
24	9.672347	8.8.4.4	10.0.2.109	DNS	104	Standard query response 0x05b8 AAAA dns.msftncsi.com AAAA fd3e:4f5a:5b81::1

图 6-11　捕获的流量示例

2) 分割与特征提取

可以从网络流量中记录几条信息，包括数据包长度、时间戳、协议等。之后可以从这些信息中进一步提取许多有用的特征。由于每个设备都会产生大量流量，因此在进行特征提取之前必须对流量进行分割。不同 IoT 设备有着不同的最大和平均流量负载。流量强度因设备而异，并且在不同的时间范围内也不同。例如，运动传感器每分钟最多生成 1900 个数据包，而摄像头每分钟最多生成 140 个数据包。尽管这些数据包包含有用的信息，但它们很可能是多余的。尽管深度神经网络擅长查找隐藏在原始数据中的模式，但是单独处理每个数据包既耗时又耗费计算力。因此，该方法在提取特征之前先对原始流量进行分割。

为了对不同的物联网设备进行分类，该方法提出了一种基于深度学习算法(LSTM-CNN)的端到端的分类方法，该模型如图 6-12 所示。

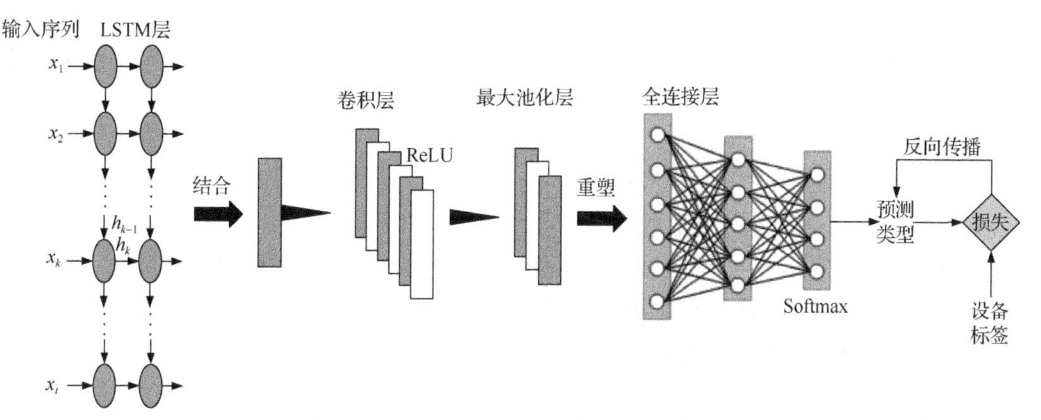

图 6-12　LSTM-CNN 级联设备分类模型

该方法通过将 15 种 IoT 设备与实际收集的网络流量数据一起分类为四种类型来评估他们的方法，并达到 74.8%的准确性，该结果优于一系列广泛使用的分类算法。

6.4.2　安卓设备流量

移动设备由于其提供的各种数据服务(如浏览 Internet、电子邮件、游戏以及传统的语音服务)而变得越来越流行。此类设备配备了足够的设施，甚至可以取代笔记本电脑的使用。自从 Android 和 iOS 操作系统出现以来，移动设备在硬件、软件和用户界面功能方面发生了巨大变化，从而开创了智能手机的新时代。这些设备正变得越来越小，在提高成本效益的同时变得更加方便和强大。此外，他们现在能够提供大量高级数据输入接口，使用户能够与设备进行有效交互。这种高级功能的典型示例包括显示在触摸屏上而不是硬键盘上的软键盘、磁力计和用于测量或保持设备方向的陀螺仪。

但是，移动设备的扩展伴随着处理的信息量的增加，各种安全威胁的数量不断增加进而导致潜在目标的增加。现代移动应用程序是开放的且可编程的，这也导致移动设备更容易受到各种恶意攻击的侵害，如特洛伊木马、蠕虫和移动僵尸网络。根据 Google Play 和 Apple App Store 的数据，Android 和 iOS 是两个最受欢迎的操作系统，它们共同占据了整个市场的 70%以上。但据估计，2016 年有将近 1000 万台 Android 智能手机受到了某些恶意软件的影响，而 33.9%的免费 iOS 应用程序却经历了某种隐藏功能，旨在向公众泄露私人用户信息。因此，尽管现代操作的移动计算系统结合了许多安全技术，如访问控制和(后)身份验证技术，但仍然有必要研究能够保护移动设备免受未知和不确定威胁的新解决方案。同样，新的安全机制必须设计为适合于移动设备，因为它们没有等效的资源，如常规计算系统。

下面将介绍两种在 Android 设备上进行流量分类检测的方法。

1. 基于 IDS 数据的可伸缩入侵检测系统

文献[38]致力于为 Android 环境确定一种轻量级、可伸缩且有效的入侵检测系统。这些机制提供了用于解决众所周知的攻击的服务，但还包括用于识别未知威胁入侵的技术。提出的解决方案旨在检查双向 NetFlow 的特定功能，并使用有效的机器学习算法分析这些数据流。具体来说，我们在受控实验下获得了恶意和正常的 IP NetFlow，目的是训练一个能够检测 Android 设备中异常行为的人工神经网络。

有效的 IDS 的主要目标是提供很高的攻击检测率和非常小的误报率。这些系统的关键组件如下。

(1) 信息源：IDS 使用的数据。

(2) 分析引擎：进行入侵检测的过程。

(3) 响应：检测到入侵时采取的措施。

主要模块是分析引擎。分析引擎应用三种类型的技术来分析和检测安全威胁。这些方法是基于签名的技术、异常检测和协议异常检测。第二种方法通常取决于机器学习算法。机器学习算法用于检测未知威胁。为此，需要对它进行常规和恶意跟踪的预训练。在此方法的背景下，人工神经网络由于其轻量级的操作及其效率而受到青睐。

人工神经网络是由单个神经元组成的信息处理模型。每个神经元从根本上来说都是一个求和元素，后跟一个激活函数。每个神经元的输出(在应用与连接关联的权重参数之后)作为输入提供给下一层中的所有神经元。在训练期间，对神经网络参数进行了优化，以将输出(每个输出代表一类 NetFlow，如正常行为和攻击)与相应的输入模式相关联(每个输入模式均由从 NetFlow 的特征中提取的特征向量表示)。应用人工神经网络(Artificial Neural Network，ANN)时，它将处理输入模式并尝试输出相应的类。使用人工神经网络进行入侵检测的指示性工作，在此方法中，利用了多层感知器(MLP)。MLP 是分层前馈 ANN，通常使用反向传播算法进行训练。这些网络已实现为无数需要静态模式分类的应用程序。它们的主要优点是易于使用，并且可以近似任何输入/输出图。

图 6-13 显示了此方法的 IDS 的主要模块。它主要由五个模块组成。网络监视模块用于捕获并分析网络流量。网络流提取模块从网络信息中提取相应的 NetFlow，特征提取模块从 NetFlow 中提取特定的特征以检测异常行为。分析引擎模块通过确定是否存在入侵或异常行为，利用上述的 ANN 分析提取的特征。警报模块在呈现异常行为时会生成有关 NetFlow 的信息。下面详细描述每个主要模块。

1) 网络监控模块

该模块的主要操作是监视网络信息。当用户启用此模块的操作时，将创建一个 Android 服务，该服务不断捕获并分析网络流量。为此，该方法利用了 Scapy 库。Scapy 用于以 Python 编写的计算机网络的数据包处理库。它可以伪造或解码数据包，在线发送它们，捕获它们，并匹配请求和答复。

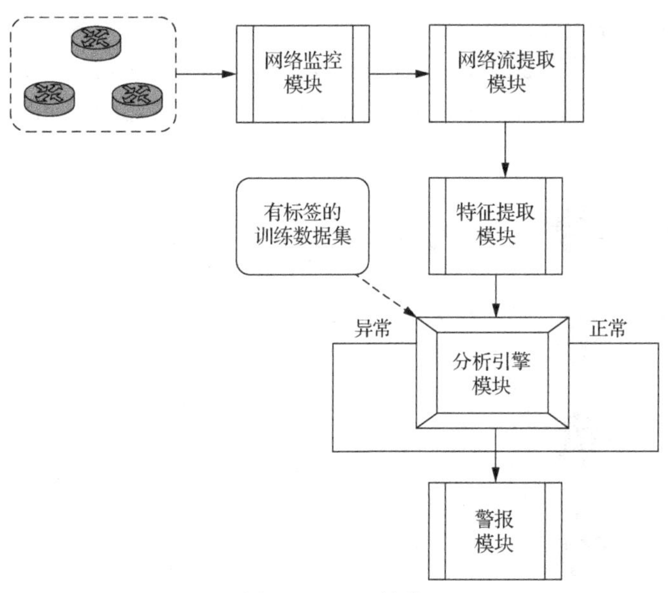

图 6-13　IDS 结构

2) 网络流提取模块

该模块的主要操作是收集从网络流量导出的流量数据。当用户终止网络监视过程时，网络信息将发送到网络流提取模块，后者从中提取相应的双向 NetFlow。注意，所有这些信息都本地存储在移动设备中。

3) 特征提取模块

特征提取模块接收流数据并导出特定特征，这些特征对于检测异常行为很重要。分析引擎的 ANN 具有相似的特征，从而能够确定是否存在入侵或异常行为。此方法选择了 NetFlow 信息的以下特征。

(1) 平均 NetFlow 大小：它为异常事件(如端口扫描)提供了有用的提示。它通常很小，以提高攻击效率。

(2) 平均数据包数量：源 IP 欺骗是 DDoS 攻击的主要特征之一，这使得跟踪攻击者的真实源非常困难。副作用是生成的流只有很少的数据包，即每个流大约有三个数据包。这不同于通常每个流量涉及更多数据包的正常流量。

(3) 平均数据包大小：入侵或异常行为的其中一个因素是流中每个数据包的大小。平均尺寸偏低可能是异常的迹象。例如，在 TCP 泛洪攻击中，通常发送 120 字节的数据包。

(4) NetFlow 持续时间：NetFlow 持续时间可以指示多种入侵，如蠕虫、僵尸网络和 DoS 攻击。

4) 分析引擎模块

分析引擎是入侵检测系统(Intrusion Detection System，IDS)的核心模块。采用多层感知器(Multilayer Perceptron，MLP)网络作为分类器，对相应的 NetFlow 进行分类。图 6-14 展示了此方法提出的 ANN 架构。MLP 网络的输入层包含四个神经元，用于 NetFlow 的相应功能。定义一个包含 85 个神经元的隐藏层。隐藏层的每个神经元都应用双曲正切 S 形传递函数。

最后，在输出层中使用神经元，该神经元利用对数乙状结肠传递函数。如果 ANN 的输出等于或大于 0.5，则将相应的 NetFlow 分类为异常，否则分类为正常。在训练过程中，他们从实验和 CTU-13 数据集中利用了 Levenberg-Marquardt 算法和 145438 NetFlows。

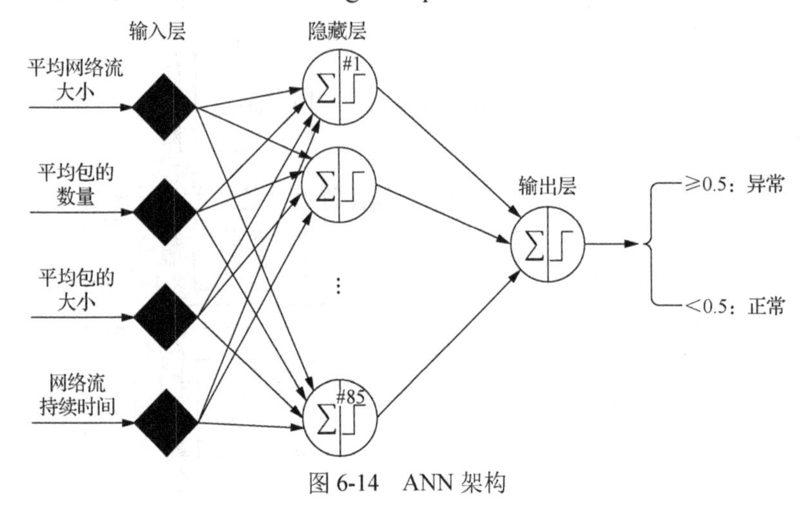

图 6-14　ANN 架构

5) 警报模块

该模块在系统的最后阶段运行。它演示了表现出异常行为的 NetFlow 的特征。

该方法提出的 IDS 系统最终可以有效检测 Android 操作系统中的异常。

2. 基于恶意 URL 的恶意软件检测系统

文献[39]提出一种基于恶意 URL 来检测恶意软件的方法。该方法使用特定字符将每个 URL 划分为几个段，然后使用 skip-gram 算法训练每个段的嵌入。这种矢量化方法解决了常见编码方法引起的数据稀疏和语义丢失问题。他们将 URL 向量输入多视图神经网络，该网络可以使用输入数据自动创建多个 S+并生成多个视图。该网络专注于深度，但同时也强调宽度，可以从多个视图完成要素的自动选择。

1) 流量收集

流量收集平台包括三个组件，即控制中心、流量获取模块以及应用和流量存储模块。这三个组件通过局域网(Local Area Network，LAN)交换机相互通信。控制中心用于将流量获取任务分配给流量获取模块中的计算机，然后再收集特定应用程序生成的流量数据。应用程序和流量存储模块用于存储应用程序及其生成的网络流量数据。这三个组件可以共同有效地收集 Android 网络流量。

2) URL 处理

(1) URL 提取：在这项工作中，该方法仅关注 HTTP 流量中的 URL。显然，一旦应用访问恶意 URL，它就可能成为恶意软件。另外，大多数恶意软件使用 URL 中的参数来接收命令以进一步执行恶意行为。因此，基于 URL 的恶意软件检测是有效的。流量处理的第一步是使用 tshark 命令从网络流量数据中提取 URL 字符串。

(2) URL 分割：每个 URL 是一个包含许多字符的字符串。此方法认为，一个字符不能表达有价值的信息。例如，从主机名 www.baidu.com 中仅提取一个字符没有任何意义；仅当它

被视为一个单位时，它才能表示完整的域名。然后，他们将每个 URL 分成不同的部分，其中每个段代表一个表示某些信息的单元。此方法使用特殊字符(如/，&，;：)将每个 URL 划分为多个段，每个段均被视为 URL 段。

3) URL 向量表征

常见的一键编码方法会导致严重的数据稀疏性问题，这给后续计算带来了挑战。而且，这种编码方法会丢失段之间的相关信息和上下文的语义信息。因此，该方法通过一次热编码为每个片段训练低维密集向量。他们在 word2vect 中使用 skip-gram 算法来训练每个段的矢量表示。skip-gram 是一种神经网络模型，可以预测其他单词出现在中心单词附近的可能性。可以使用窗口大小来测量附近的单词。如果窗口大小为 2，则中心单词之前的两个输入单词和随后的两个单词是该单词的附近单词。因此，给 skip-gram 语法模型一个中心词来预测上下文。

在该方法的方案中，假设 URL 字符串为“http://example.com:8080/over/there?name=ferret&color=black”，并且按 URL 划分的有序段集包括 http example.com：8080 over there name ferret color black。如果将窗口大小设置为 2，则 name 附近的片段包括 over，there，ferret 和 color。skip-gram 语法模型的训练目标，以获得附近分段的最大概率。模型的输入层是段 name 的一键编码。根据中心线段，输出层是其他线段的概率，而从输入层到隐藏层的连接权重是用于线段矢量表示的嵌入表。在学习的嵌入表中，每一行是一个片段的矢量表示，该片段的当前位置等于“1”。图 6-15 说明了 skip-gram 神经网络。

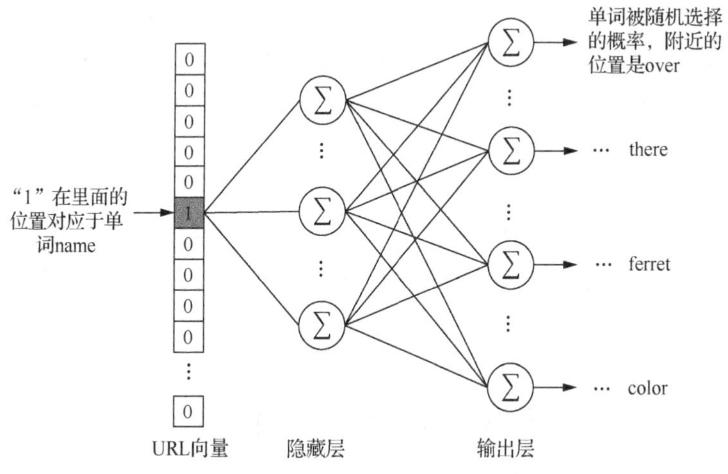

图 6-15 skip-gram 神经网络的示意图

4) 多视图神经网络

多视图神经网络的结构如图 6-16 所示。该方法根据输入的 URL 向量创建多个 S +。每个 S +是从输入 URL 向量的 softmax 权重之和得出的。然后，每个 S +都转换为一个视图，并且除第一个和最后一个视图外，每个视图都受所有先前视图的影响。所有视图都馈入完全连接的层，然后是 softmax 分类器。

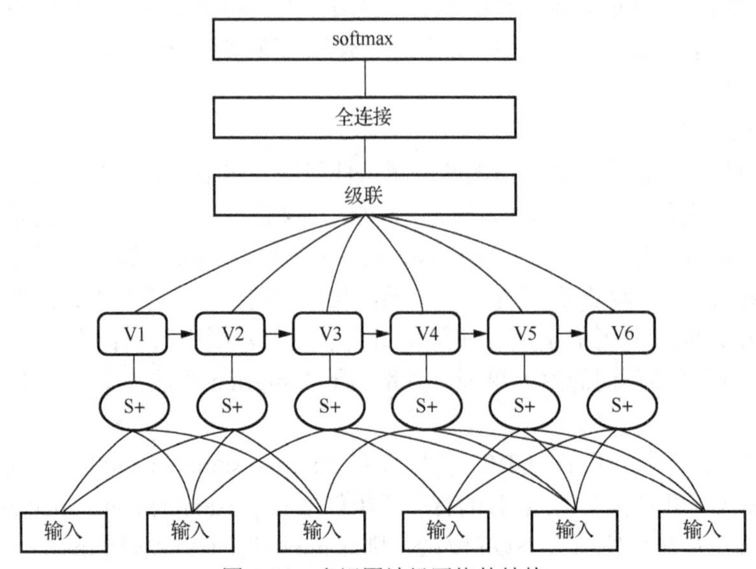

图 6-16　多视图神经网络的结构

每个选择 S +都是通过关注 URL 向量的不同子集来创建的。它由 softmax 权重的输入数据之和确定。考虑到 URL 包含 H 个段，我们将 URL 表示为形状为 $H\times m$ 的矩阵。矩阵中的每一行都对应一个 URL 段，该 URL 段表示为一个 m 维向量，由学习的嵌入表提供。第 i 个视图的选择 S +是 softmax 权重的特征之和。在为每个视图计算了每个 S +之后，通过 S +计算每个视图。最后一步是对 URL 向量生成的视图进行分类。该方法的模型首先将多个视图组合在一起，然后将其馈入一个完全连接的层中，其次是 softmax 分类器，该分类器针对不同类别(即良性和恶意)产生概率分布。

此模型用于恶意软件检测具有出色的检测能力。

上面介绍了提出的各种通过对流量数据进行分类检测来解决安全问题的方法，而通过评估设备之间的流量可信度可以解决网络安全免受内部攻击的问题，因为在内部攻击中，攻击者已授权系统访问权限。6.5 节将介绍流量的可信度评估。

6.5　物联网流量的可信度评估

IoT 允许将物理对象连接到 Internet，将其转变为可通过各种传感器进行唯一识别的“智能”对象。这种互连还使对象能够在网络上传输数据，而无须人工干预。通过传感器，智能对象能够感知上下文，与其他对象进行通信，访问网络资源并与用户进行交互。近年来，IoT 在许多领域做出了贡献，如智能家居、医疗保健、可穿戴设备、交通运输等。例如，汽车、冰箱和电视可以通过 IoT 连接。随着物联网应用的快速增长，预计将加入更多设备。

尽管物联网应用为日常生活提供了各种好处，但其安全性是实际部署中的主要问题。例如，由于 IoT 允许在某些网络框架下远程感知和控制智能对象，因此网络罪犯可以劫持传感器之间的通信，或者通过传播恶意应用程序(如恶意软件)来直接控制传感器。恶意传感器可用于对其他传感器发起攻击(例如，中间人攻击是指攻击者将自己置于两个彼此信任的通讯系统之间并试图截获正在传递的信息的行为。)影响整个物联网网络。因此，非常需要通过在实践中评估传感器的可信度来保护 IoT 网络。

为物联网设备(或节点)建立信任关系图对于保护物联网网络的安全性免受内部攻击至关重要，因为在内部攻击中，攻击者已授权系统访问权限。在传统的网络场景中，IDS 通常用于评估网络节点的可信度并通过监视其流量或行为来识别恶意物联网节点。在先前的工作中设计了一种基于贝叶斯模型的信任管理方法。通过检查数据包的状态并根据阈值识别恶意节点。另一项工作提出了一种信任管理框架，该框架利用监视程序来监视节点的行为并计算信任等级。在这些方法中，流量监视通常是一种建立基于流量的信任计算的入侵检测机制并评估网络节点的信任度的基本方法。

但是，物联网设备和设备子网的数量正在快速增长。预期的大量互联设备以及这些设备之间的动态连接性将导致物联网网络中流量和数据的爆炸性增长。这可能给基于流量的入侵检测机制带来许多挑战，并大大降低信任计算的效率。例如，在流量繁忙的环境中，IDS 可能会丢弃大量数据包而没有进行适当的检查，导致输入的数据包将大大超过检测器的最大处理能力，从而使恶意流量无法被检测到。在物联网时代，这种情况将变得更加难以处理。

文献中很少有研究关注物联网场景的信任建立和管理。文献[40]提供了基于信任的入侵检测机制的背景，确定了现有物联网网络中信任计算的局限性，并提出了将流量过滤和采样相结合的解决方案。他们进行了一个案例研究，以探索该方法的性能并验证其重要性，并讨论了有关物联网信任计算和管理的一些开放挑战。

6.5.1　入侵检测

入侵检测是监视系统或网络事件同时识别可能事件的过程。IDS 是一种软件，其开发目的是根据安全策略通过监视网络或系统活动来检测攻击和异常，这已在实际部署中广泛采用。根据部署位置，IDS 可以分为基于主机的 IDS(host-based IDSs，HIDSs)和基于网络的 IDS(network-based IDSs，NIDSs)。HIDS 主要根据系统日志或事件识别系统异常，而 NIDS 则侧重于通过流量检查来检测网络威胁。

根据所采用的检测方法，NIDS 可以进一步分为基于签名的 NIDS 和基于异常的 NIDS。基于签名的检测(也称为滥用检测)通过对其存储的签名执行签名匹配过程来检测攻击。签名通过专家知识描述已知的攻击或利用。另外，基于异常的检测可以通过发现当前事件与预先建立的正常配置文件之间的巨大偏差来识别异常，该正常配置文件包括网络连接、应用程序等的正常状态。如果任何签名匹配或偏差超过阈值，将发起警报。图 6-17 描述了 IDS 的基本工作流程。

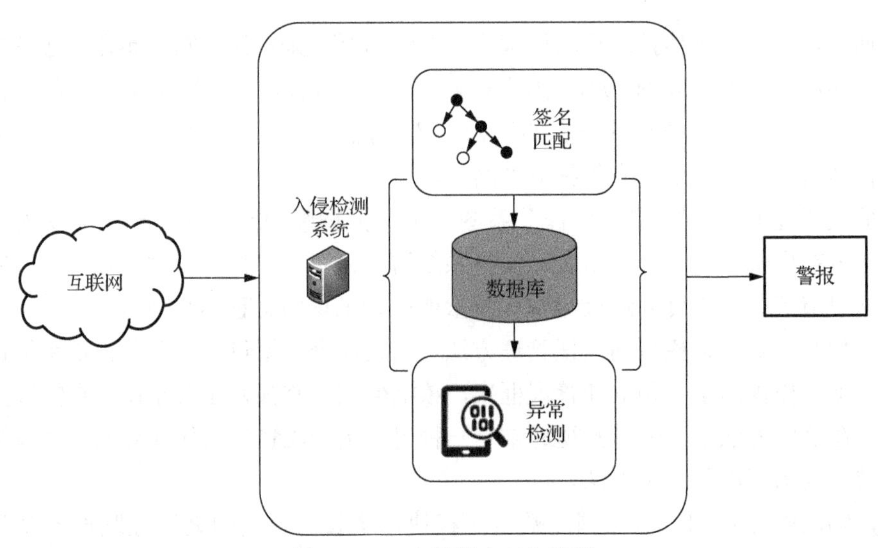

图 6-17 IDS 的基本工作流程

6.5.2 基于流量的信任度计算

信任表示一个实体对另一个实体的认可程度，信任管理在计算机科学中的应用有助于预测目标实体的行为。例如，WSN 可以被认为是目标实体的重要组成部分。物联网应用程序是由许多传输数据的资源受限的自治传感器节点(Sensor Nodes，SN)组成的。为了识别这种环境中的各种攻击，特别是内部攻击，广泛采用了基于信任的入侵检测机制来评估节点的可信度。由于物联网设备的数量不断增加，通常采用由集群和节点组成的分层结构进行信任计算。

基于流量状态的信任度计算是 IDS 的直接有效方法。在以前的工作中，研究人员提出了一种用于分层 WSN 的信任管理框架，该框架利用直接和间接信任来进行动态信任计算。这在信任计算中为最近获得的信任值赋予了更大的权重。在之前的工作中研究了如何通过贝叶斯模型分别根据固定阈值和动态阈值检查流量状态来检测恶意 WSN 节点。总体而言，基于流量的信任计算可以为 IoT 网络提供多种优势，包括以下三点。

(1) 易于实施。由于 NIDS 监视并检查网络中的所有流量，因此基于收集的流量数据在各种 IoT 设备之间建立信任关系图并不困难。

(2) 检测精度。物联网设备可以动态加入或离开网络，加大检测难度。但由于大多数 IoT 设备必须与其他节点进行通信，因此可以跨多个节点收集其生成的流量。这样的互信息可以提供高检测精度。

(3) 容错能力。由于 IDS 的错误率，某些节点可能会触发错误警报。通过一段时间的流量监控进行的信任计算可以提供容错能力，以最大限度地减少检查过程中发生的错误影响。

图 6-18 显示了如何将基于流量的信任计算与入侵检测机制结合在一起。通常有两个主要部分：特征提取和信任度计算。当数据包到达时，第一步是从流量中提取预定义的功能，然后可以将这些功能用于计算 IoT 设备的信任值。如果节点的信任值低于给定的阈值，则可以生成警报。

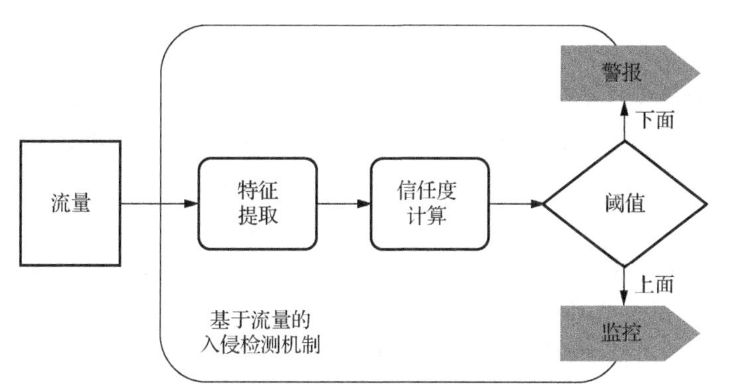

图 6-18　具有基于流量的信任计算的入侵检测机制

6.5.3　物联网时代的流量处理

连接的智能对象可以执行各种任务，如从已部署的网络收集上下文信息，与物理世界进行交互以及通过 Internet 相互通信。因此，互联的物联网设备的预期数量和大量可用流量会放大处理开销流量的挑战。

1. 开销流量

在传统的网络环境中，基于流量的信任度计算可以很好地检测内部攻击。但是，随着网络规模的迅速扩大，海量数据包已成为一个挑战，因为流量可能大大超过检测系统的最大处理能力。例如，Snort 通常通过将传入的数据包有效负载与其存储的签名进行比较，而这一过程花费其总计算能力的 30%，其中计算负担至少与输入数据包有效负载的大小呈线性关系。

开销流量可能导致 IDS 未经适当检查就丢弃许多数据包，从而降低了整个已部署网络的安全级别。在这种情况下，由于丢失数据包，基于流量的信任计算将变得无效。在物联网时代，网络数据包更加动态、复杂，使挑战更加困难。

为了解决这个问题，由于 IDS 的处理能力大部分是固定的，因此非常需要减少 IDS 的目标数据包。可以利用分层结构来减少由节点到节点通信引起的网络流量。然后，应考虑采用适当的流量过滤和采样机制来缩小 IDS 将处理的数据包数量，从而提高检测性能，如图 6-19 所示。

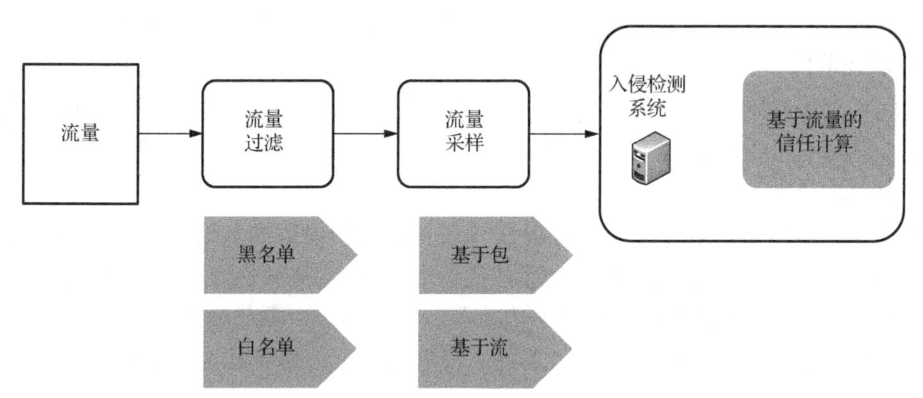

图 6-19　通过流量过滤和采样改进基于流量的信任计算

2. 流量过滤

在入侵检测领域，以前的研究证明大多数数据包都是良性的，这为提前过滤流量提供了机会。流量过滤的主要目的是减少IDS可以处理的目标数据包。如图6-19所示，可以将流量过滤用作提高信任计算和IDS性能有效性的第一步。更具体地说，通常使用基于列表的技术来精炼网络数据包。

(1)基于黑名单的过滤。如果传入数据包的源IP地址与黑名单中的项目匹配，则可以根据预定义的安全规则阻止或处理相应的数据包。

(2)基于白名单的过滤。列入白名单的数据包可以直接进入目标网络。在大型组织中，这有助于减少从内部受信任设备传递的流量。为了确保安全，白名单只能由安全管理员来完成和更新。

3. 流量采样

经过流量过滤后，剩余数据包的数量减少了，但仍然不容易处理。因此，流量采样可以用作提高信任计算性能的第二步。采样技术的目标是以比全面检查低的成本提供有关父母群体特定特征的信息。通常，采样技术可以分为两种类型。

(1)基于数据包的方法。此方法广泛用于表征网络流量，并以确定性或非确定性方式挑选数据包。它在采样过程中使用随机性来防止与流量中的任何周期性模式同步。

(2)基于流的方法。此方法将数据包分类为流，然后将采样过程应用于整个流，而不是特定的数据包。它通常能够提供更好的准确性，但是需要更多资源，如CPU工作量和内存。

在有关网络流量测量的文献中已经研究了分组采样方法。在以前的工作中，研究人员设计了一种在数据包级别上具有各种流量波动和突发规模的自适应采样方法。他们的方法根据流量波动的大小来调整每个数据包采样的概率。另一项工作将流量采样技术应用于异常检测，并通过选择较小的流量发现了基于流量的采样技术，这些流量很可能成为恶意流量的来源。这些研究表明，在降低检测效率的同时，可以大大提高检测性能。

6.5.4 案例分析

为了验证流量过滤和采样的性能，他们通过使用典型的物联网分层网络架构，基于贝叶斯的入侵检测机制，基于黑名单的流量过滤以及两种简单的采样技术进行了案例研究。

1. 分层物联网

分层结构可以帮助减少由节点到节点通信生成的流量，这使其成为物联网网络的理想选择。因此，采用了如图6-20所示的分层IoT结构，其中每个IoT节点都可以将数据直接发送到中央服务器。

分层的物联网网络通常包括各种传感器节点和负责收集数据与信息的中央服务器。可以在服务器中部署IDS以基于流量功能执行信任计算。在大型物联网网络中，可能存在一个群集头(cluster head)，该群集头可以将多个传感器节点作为一个群集来处理。 假定簇头比节点具有更多的计算能力和能源，传感器节点首先将流量数据传输到相应的群集头，然后群集头将数据转发到中央服务器。

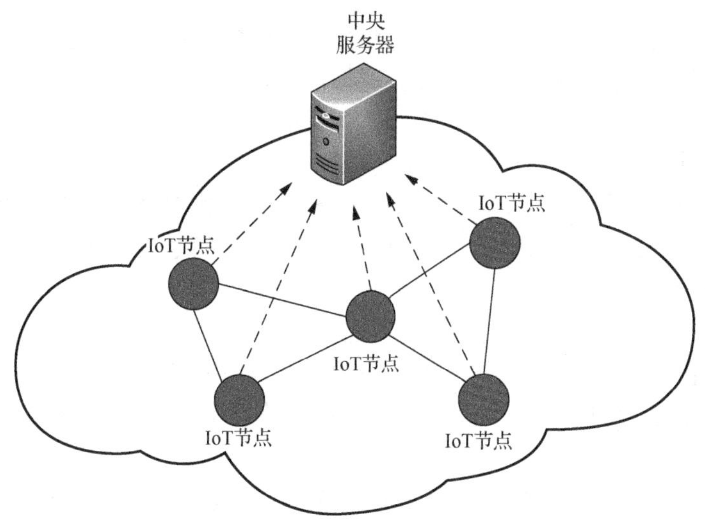

图 6-20　高级分层物联网网络

2. 基于贝叶斯的入侵检测机制

为了识别物联网网络中的恶意节点，此方法采用了基于贝叶斯的入侵检测机制，该机制将贝叶斯推理方法应用于信任管理。贝叶斯推理方法利用贝叶斯规则来更新假设的概率估计作为附加证据。假设从节点发送的所有数据包都是相互独立的，即攻击可以出现在一个或多个数据包中。

3. 基于黑名单的流量过滤

为了减少流量，此方法采用了基于黑名单的流量过滤方法。该过滤器根据从部署的 IDS 中收集的数据动态生成黑名单。基于黑名单的数据包过滤器有两个主要组件：黑名单过滤器模块和监视引擎。黑名单过滤器模块负责根据传入数据包的 IP 地址减少流量，监视引擎用于通过收集网络数据及基于加权比率的黑名单生成方法定期更新黑名单来计算 IP 置信度。IP 置信度计算如下：

$$\text{IP置信度}=\frac{\sum_{i=1}^{n} i}{\sum_{k=1}^{m} 10\times k},\quad n,m\in\mathbb{N}$$

式中，i 表示好数据包的数量；k 表示坏数据包的数量；而 10 是通过经验得到的加权值。例如，假设在接收到的 10 个数据包中有 3 个恶意数据包，那么 IP 置信度将是 $7/(10+20+30)=7/60<1$。如果将阈值设置为 1，则该数据包将被列入黑名单。在实际部署中，网络数据包首先到达黑名单数据包模块。如果数据包的 IP 地址与黑名单中的某个数据包相匹配，则过滤器将进一步比较其有效负载和 NIDS 签名。如果识别出匹配项，则基于黑名单的数据包过滤器将阻止此数据包并生成警报。否则，如果数据包有效载荷与任何 NIDS 签名都不匹配，则该数据包将被发送到内部网络。如果在黑名单中未找到该数据包的 IP 地址，该数据包将被发送到 NIDS 进行检查。在计算 IP 置信度时，监视引擎将收集从 NIDS 生成的警报消息。

4. 基于流量采样的信任管理

为简单起见，本节主要考虑一种简单的基于分组的流量采样技术：系统采样。这是一种

概率采样方法，它根据确定性函数选择起点和固定的周期间隔。通常通过将总体大小除以所需的样本大小来计算该采样间隔。可以预先选择样本总数，但是只要预先确定周期性间隔并且起点是随机的，则仍认为这种类型的采样是随机的。

N 个随机 n 采样是另一种基于数据包的特定采样技术，它将流量填充数除以 N 个数据包，然后从 N 个数据包中随机选择 n 个数据包。这是分组采样领域中的两种基本采样方法，此方法易于理解并被广泛采用。由于系统采样可以随机采样出 N 条数据，因此在这里使用系统采样。

5. 研究结果

(1) 流量繁忙的情况。这项研究是与华南地区的一个 IT 中心合作进行的，旨在研究本章方法在由 136 个节点组成的实际 WSN 网络中的性能。由于隐私限制，该中心的安全管理员在包含 55 个节点的子网中进行了实验。传入流量平均约为每秒 9792 个数据包，而最大速率达到每秒 12530 个数据包。

(2) 攻击者的情况。该研究随机选择了 6 个节点进行背叛攻击(betrayal attacks)，其中一个良性节点突然变成对抗性的，并将恶意数据包发送到网络中的其他节点。此外，该研究采用了一种称为随机中毒(random poisoning)的攻击模型，其中恶意节点可以随机发送恶意数据包，恶意数据包是通过测试工具以接近 0.004215 的基本速率发送的。总体包含以下五种攻击类型：使用取消身份验证数据包进行泛洪攻击、扫描、探索未经授权的访问、发送恶意软件(病毒和蠕虫)以及对应用程序进行数据驱动的攻击。

(3) 结果与分析。基于先前研究的观察结果，选择初始阈值为 0.8。网络稳定后，发起了背叛攻击。结果如图 6-21 所示，发现基于贝叶斯的信任计算在正常流量情况下是有效的，在这种情况下，恶意节点的平均信任度可能会迅速降低到阈值以下。但是，流量繁忙的环境中，平均信任度在阈值附近不稳定，这表明基于贝叶斯的信任计算在流量繁忙的环境中变得无效。这是因为传入流量超出了已部署 IDS 的处理能力，导致许多恶意数据包在检测过程中丢失。

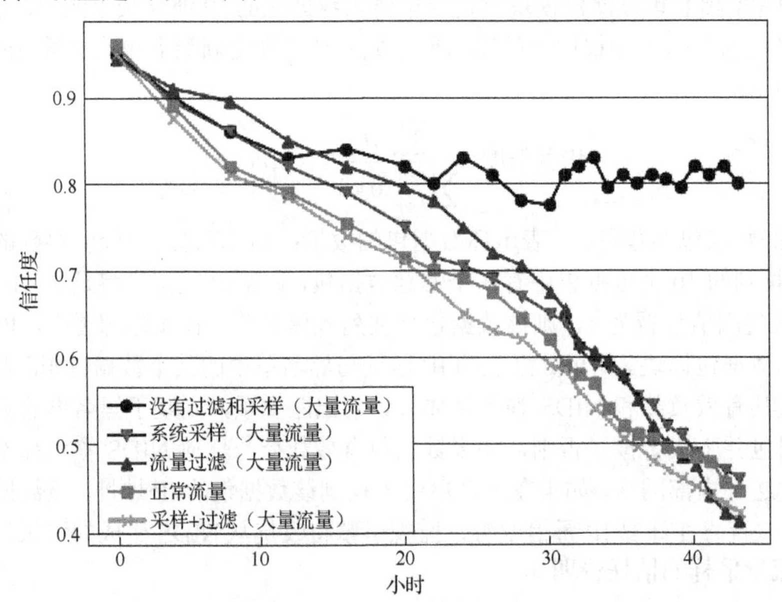

图 6-21　物联网环境中六个随机选择的恶意节点的平均信任度

图6-21还显示了三种解决方案的性能：仅流量过滤、仅流量采样以及流量过滤。值得注意的是，前两种解决方案的性能相似，而组合解决方案可以比其他解决方案更快地降低恶意节点的信任值。具体而言，与常规流量方案相比，组合的解决方案实现的性能更好。这是因为数据包过滤可以减少IDS的数据包总数，并突出恶意数据包对信任计算的影响。

总体而言，研究结果证实，在流量繁忙的情况下，基于数据包的信任计算将变得无效，并且结合流量过滤和采样的方法可通过减少IDS的目标数据包极大地提高检测性能。

6.6　本章小结

物联网的基本思想是随时随地为我们提供智能设备，如今，物联网连接已达到上百亿次，几乎占所有连接设备的一半，家庭、企业、校园和城市将配备成千上万个智能物联网设备，这些设备可以相互自动交互并进行远程监视、控制。因为物联网应用的日趋广泛，安全性对于物联网中的各种多媒体应用至关重要。通过分析物联网数据流量可以实现对设备的识别和分类以及异常行为的监测，这对解决物联网网络安全问题有着重大的意义。近年来许多对流量数据进行分析检测的方法被提出来。本章介绍了利用规则匹配的传统分析方法，利用机器学习提取特征的分析方法，利用神经网络的深度学习方法，解决网络安全免受内部攻击的问题的流量可信度评估方法。

由于物联网的动态性质，仍然存在一些挑战。

(1)流量表征。由于物联网允许各种智能对象相互连接，因此物联网流量特性比传统网络环境要复杂得多。物联网的动态性质对建立网络信任度提出了巨大挑战。流量表征对于确定识别恶意节点的阈值也很重要。

(2)流量过滤。传统方法中组织可以提供白名单和黑名单过滤流量。但由于物联网设备数量众多，因此很难在物联网时代生成完整列表。用有效和动态的方式执行流量过滤具有挑战性。

(3)流量采样。流量采样虽然能够提高信任计算的效率，但在准确性和工作量方面研究基于数据包的采样和基于流的采样是有必要的。基于流的采样可以提供更好的准确性，但如何控制其所需资源具有挑战性。

(4)多攻击模型。由于可以互连各种智能对象，因此网络罪犯可以进行更复杂和更高级的攻击。这就需要发现更实际的攻击模型，并平衡消耗的资源和检测率之间的关系。

(5)误报。本章的主要目标是帮助减少IDS的目标流量，并提高繁忙流量环境中信任计算的效率。在这种情况下，本章的方法不会影响IDS本身生成的误报(换句话说，基于黑名单的过滤器仍会比较具有相同已部署IDS签名的流量)，但是无法确保已部署IDS能够检测到所有恶意流量，这取决于传入流量的大小和所选的采样方法。虽然本章的方法确实可以通过比其他情况更好地检测恶意节点来提高信任计算的效率。

(6) 贝叶斯方法的局限性。贝叶斯分类器能识别正常和恶意流量的不同概率相关特征，因此它是一种统计分类器。在物联网时代，对于降低检测性能而言，高维度和网络流量变化带来了较大挑战，因此需要根据特定情况进一步平衡不同的检测方法，并选择适当的一种或几种方法的组合作为最终检测方式。

上述难题都是亟待解决的问题，如何让流量检测达到高可靠、低复杂度是流量检测的最终目标。

第 7 章　区块链与物联网安全

物联网的一个基本挑战是其分布式结构，增加中心处理节点会导致中心节点安全、传输效率低等问题。在物联网中，数据往往存储在不同的地点，由不同的服务提供商管理，并受到不同的监管。随着新的商业模式的出现，设备可以自动交换数据、计算能力和电力等资源，数据安全和身份验证变得至关重要。物联网的另一个挑战是数据的完整性。物联网重要应用之一是决策支持系统，通过互联网将传感器连接在一起，融合传感器群的数据可用于及时做出决策，因此数据的完整性对于决策系统至关重要，如车载网络、制造业、智能电网。随着机器经济的出现，产生数据的传感器能够在数据市场和端到端自主系统中交易数据，因此传感器在参与实体之间建立信任是一个重大挑战。由于区块链技术有着去中心化、公开透明、不可篡改等诸多优点，因此提供了一类天然的解决方案。本章通过区块链的基本特性，介绍区块链在物联网安全中的应用。

7.1　链式区块链

区块链是一种新兴的技术，最初应用于比特币系统。为了实现去中心化，人们开发了多种技术以及安全性和加密功能，所有这些技术的协同作用构成了区块链。人们经常将区块链与比特币混淆，实际上比特币表示一种加密货币，它利用区块链技术，在没有银行监管的情况下可在全球流通。换句话说，比特币只是一个利用这一强大技术的金融用例。除此之外，区块链与物联网的结合也推动了社会的发展，如在智能电表的应用中，用户在智能电表中安装区块链软件，构成区块链网络。通过使用物联网设备控制区块链节点，发布智能合约，从而自动实现能源的供给和交易。为了更好地了解区块链，我们将从区块链特征、区块结构和共识算法三个方面陈述。

7.1.1　区块链特征

区块链是一个基于共识机制的分布式数据库系统，在不同实体之间进行价值的转移。不同于其他分布式系统，区块链同时具有以下三个特征。

(1) 不可信任性。不需要拥有经认证的数字身份，所涉及的实体彼此不认识，但实体之间可以在不必知道各自身份的情况下交换数据。根据权限要求的不同，区块链可分为公有链、私有链和联盟链。在公有链中，实体的加入或者离开区块链网络是自由的，无权限的。在私有链和联盟链中，实体的加入或者离开拥有权限，不受审查。区块链是一个没有控制器的网络，任何实体都可以在区块链上进行交易。

(2) 区块链技术是众多技术的融合，主要基于四个核心概念。首先是点对点网络，点对

点网络移除了中心节点，所有节点都具有相同的权限。在这个网络中，节点使用一对私钥/公钥相互作用，私钥用于签署事务，公钥用作网络上可访问的地址。第二是分布式账本。这个数据结构不是一个集中的实体，每个节点都有自己的副本。账本对所有节点公开，网络上的每个节点都可以看到账户的余额。

(3)账本副本同步。在这种情况下，如果节点实现账本副本同步，则需要一种跨节点同步账本的方法。要实现这一目标，需要三个主要步骤：向网络公开广播新交易，验证新交易；将验证的交易添加到账本；挖矿。激励矿工挖矿，促进区块链的形成和提升交易确认速度。

7.1.2 区块结构

区块链是按时间顺序排列的数据结构，它的每一个区块包含两个元素。

(1)区块头。区块头由三部分组成：第一部分是与交易相关的时间戳、工作量证明(Proof of Work，PoW)的困难值和随机数；第二部分是与区块体有关的Merkle(可信树)根哈希；第三部分是软件版本和前一个区块头的哈希值。

(2)区块体。区块体包含每笔交易的所有输入和输出。输入包含以前交易的输出和所有者私钥签名的字段，用于数字货币资产的所有权证明。输出包含要发送的资产和收件人的地址，接收者将是唯一能够使用该资产的用户。总体来说，由于父区块的哈希值记录在子区块的区块头内，因此篡改区块链的唯一方法是获得作用于区块链的整个网络51%的计算能力。由于区块链的分散化允许消除任何中心实体，个人几乎不可能更改区块链，区块结构见图7-1。

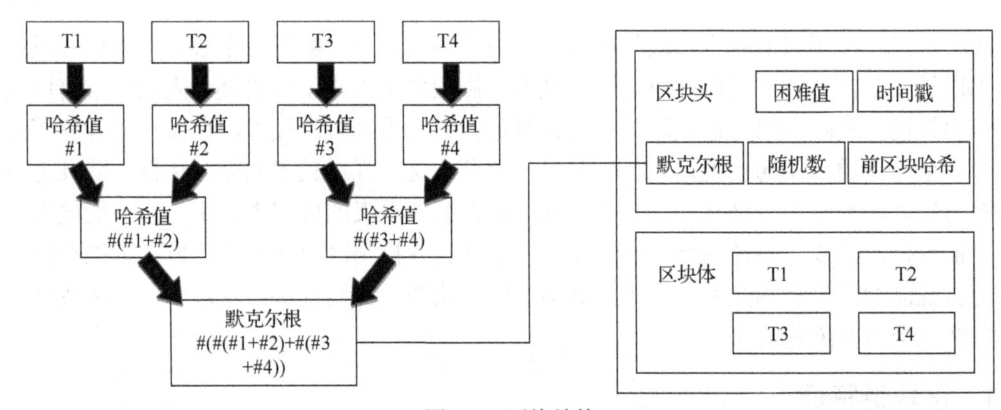

图7-1 区块结构

7.1.3 共识算法

在区块链中，如何在不可信节点之间达成共识是拜占庭将军问题(Byzantine Failures)问题的一个挑战。在拜占庭将军问题中，指挥军队的一些将军分布在敌国周围。在是否攻打敌国的看法上，有些将军喜欢进攻，而其他将军喜欢撤退。然而，如果只有一部分将军进攻这座城市，进攻就会失败，因此他们必须达成进攻或撤退的协议。如何在分布式环境下达成共识是一个挑战，由于区块链网络是分布式结构，没有中心节点确保分布式节点上的账本都是相同的，因此需要一些协议来确保不同节点上的分类账本一致。下面介绍几种在区块链中达成共识的常见方法。

1. PoW

要向区块链添加区块，每个节点都必须显示它已经执行了一些工作，即工作量证明。在比特币系统中，难度级别由比特币协议动态调整，该协议目前确保每 10 分钟生成一个块。通过网络的难度级别，节点必须找到一个小于某个数字的散列值。解决 PoW 难题以找到获胜散列值的过程称为挖矿，找到获胜散列值的第一个节点将其打包的块添加到区块链中，并获得挖矿奖励。由于这个挖矿过程的分布式、并发性特点，有时多个节点能够同时找到一个成功的散列。每一个获胜的节点将其自己的提议块添加到区块链中，并通过对等网络广播。在这种情况下，区块链中有一个临时分支，不同节点由于对等网络中接收时间的不一致性，分别向不同的分支添加块。然而，随着更多的块被添加到这些分叉中，协议将最长分支包含在区块链中，而其他分支将被丢弃。这将导致所有节点之间关于区块链状态的最终一致性。为了避免“双花攻击”，这种竞争方式让对手投入大量的计算机处理能力，从而增加交易成本。

PoW 一致性算法在比特币系统中运行良好。在一个开放环境中，任何数量的节点都可以进入网络并参与挖矿。由于不需要任何参与者的身份验证，从而使得这种共识模型在支持数千个节点方面具有极大的可伸缩性。然而，PoW 共识很容易受到 51%攻击，即能够控制全网 51%算力的采矿池可以将自己的区块写入区块链或分叉，以创建一个独立分支。攻击者发起此类攻击可以有选择性地打包区块链中的交易。

2. PoS

股权证明(Proof of Stake，PoS)算法中的矿工必须证明货币数量用于争取打包区块的所有权。通常拥有更多货币的人攻击网络的可能性较小。然而基于账户余额选择矿工并不公平，因为拥有货币最多的用户必将在网络中占主导地位。与 PoW 相比，PoS 可以节省更多能源并且更有效。许多区块链从采用 PoW 逐渐转变为 PoS。例如，以太坊正计划从 Ethash(一种 PoW)转移到 Casper(一种 PoS)。PoS 算法伪随机选择矿工创建区块链的区块，使得没有矿工能够提前预测区块链的转向，解决了基于 PoW 的一致性垄断问题。朴素的 PoS 算法容易受到一种称为无风险的攻击，因此需要进行一些改进以提供安全性。PoS 运作的机制大致如下，加入 PoS 机制成为持币人，即成为验证者/PoS 算法在这些验证者里随机挑选，给予权利生成新的区块。挑选顺序依据持币的多少进行。如果在一定时间内，没有生成区块，PoS 则挑选另外的验证者，给予生成新区块的权利。以此类推，以区块链中最长的链为准。

3. PBFT

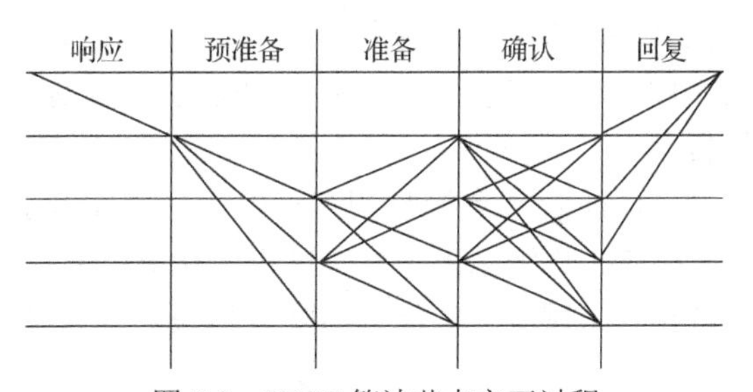

图 7-2　PBFT 算法节点交互过程

超级账本(Hyperledger Fabric)使用拜占庭容错算法作为其一致算法，如图 7-2 所示，整个过程分为三个阶段：预准备阶段、准备阶段和确认阶段。在每个阶段中，如果一个节点获得所有节点 2/3 以上投票，那么它将进入下一阶段。PBFT(Practical Byzantine Fault Tolerance，实用拜占庭容错)

算法的运作步骤为：取一个节点作为主节点，主节点通过广播将请求发送给所有备份节点，备份节点执行请求并将结果发回主节点，主节点需要等待 F+1 个不同备份节点发回相同的结果，作为整个操作的最终结果。基于 PBFT 算法，Antshares 实现了其 DBFT（Delegated Byzantine Fault Tolerance，委托拜占庭容错）。

4. Paxos

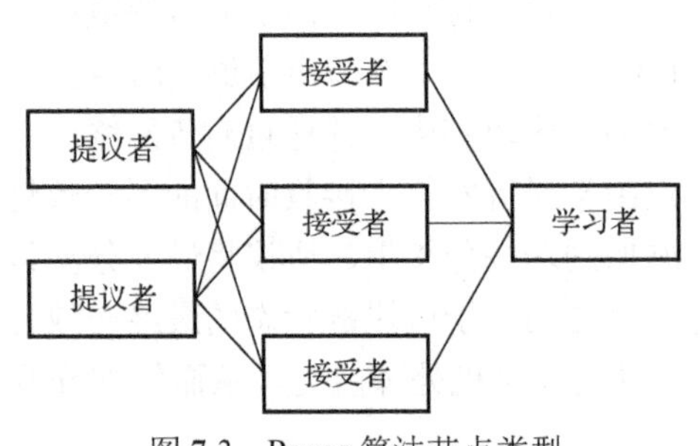

图 7-3　Paxos 算法节点类型

Paxos 是 Lamport 提出的第一个一致性算法。如图 7-3 所示，网络中的所有节点分为三种类型，即提议者、接受者和学习者。Paxos 运作机制大致如下。

（1）提议者准备一个预提案并编号发给接受者。提案的编号形成一个时间线，往往最大的编号被认为是最新的，如编号 x 与编号 $z=x+y$，编号 z 被认为最新并被接受。最终使用提案编号（Proposal Number）标记预提案（Prepare_message）。

（2）每个接受者将收到的提案编号与现有的提案编号进行比较。如果新接受的提案编号大于现有的编号，则接受这个提案，否则拒绝。然后，接受者使用以下参数用于响应消息：接受/拒绝，提案编号，接受值。其中，提案编号是接受者收到的最大编号，接受值是已从其他提议者接受的值。

（3）将根据少数服从多数原则进行投票。提议者检查大多数接受者是否拒绝了该提案。如果是，则提议者用最新的提案编号对其进行更新。如果否，则提议者进一步检查大多数接受者是否已接受该提案。如果大多数接受者已接受，提议者向所有接受者发送接收消息。

（4）当接受者接受消息时，它会通知学习节点，以便每个节点都能接受消息。

5. Raft

由于 Paxos 算法的复杂性，Raft 算法成为 Paxos 的一个替代方案，其基本思想是节点共同选择一个领导者，其余节点成为追随者。与 Paxos 不同的是，每个节点可以在任何时间处于三种状态中的任何一种，即领导者、候选者和追随者。Raft 算法是一种循环算法，每一个任期都以候选人成为领导人的选举开始。Raft 运作机制大致如下。

最初，我们有一组追随者节点，他们负责寻找领导者。如果在一定的时间间隔内他们没有找到领导人，那么领导人选举过程就开始了。在这个选举阶段，一些追随者自愿成为领袖，此时这些节点的状态由追随者变为候选者，并将请求消息发送给系统的其他跟随者进行投票。

当跟随者节点接收到请求时，它将接收到的消息中的术语和索引与当前已知值进行比较。图 7-4 详细示出了投票过程。像 Paxos 算法一样，追随者投票给一个候选人，根据多数票选出一个领导者。最终追随者将跟随领导者，系统达成一致。

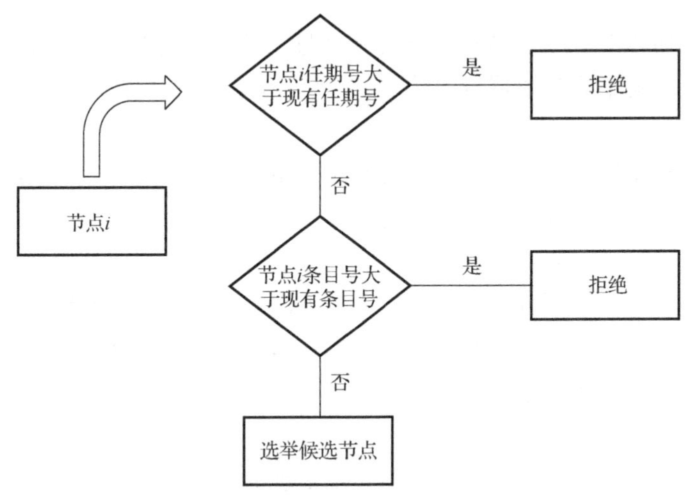

图 7-4 Raft 算法领导者选举过程

区块链中常见的共识算法对比见表 7-1 和表 7-2。

表 7-1 基于性质的共识算法比较

	PoW	PoS	PBFT	Paxos	Raft
信任模型	无信任	无信任	半信任	半信任	半信任
区块类型	无许可	无许可	许可	许可	许可
交易最终性	概率性	概率性	确定性	确定性	确定性
去中心性	高	高	低	低	低
可扩展性	高	高	低	低	中等
奖励	有	有	无	无	无
项目实现	Bitcoin	Peercoin	Hyperldeger	MGR	Etcd

表 7-2 基于行为的共识算法比较

	PoW	PoS	PBFT	Paxos	Raft
响应时间	10min	1min	—	—	1s
能源消耗	强	中	弱	强	强
拜占庭容错率	<50%	<50%	<33.3%	—	—
故障容错率	<50%	<50%	<33.3%	<50%	<50%
交易吞吐量	低	低	中等	高	高
交易延迟	高	高	低	—	—

7.2 DAG 区块链

众所周知，区块链技术的经典架构和算法中存在一些问题。

1)分布式共识

区块链按照权限管理可以分为公有链、私有链和联盟链。由于公有链中任何节点可以随

意地加入、退出，所以难以统计节点的状态等信息，其常用的共识算法是 POW。在私有链和联盟链中，侧重点就不再是根据算力的 POW，可以采取更符合情景的共识机制。

2) 交易性能

区块链和分布式系统的不同点在于，在分布式系统中，一项任务下发给不同的节点去完成，随着节点的增多，工作效率增加。然而在区块链中，系统的性能很大程度上取决于单个节点的处理能力。因此为了提高区块链的性能，在公有链上一方面是提升单个节点的性能，如采取高配置的硬件，使用更合适的算法，另一方面是试图将大量高频的交易放大侧链上，如闪电网络等设计。在私有链和联盟链上，因为参与者有一定的利益约束和信任前提，所以相对公有链提高性能方面较简单。

3) 可扩展性

关键点在于放松对每个节点都必须参与完整处理的限制。

4) 数据库的存储

常见的数据库的存储方式有分布式哈希表、IPFS 等。区块链变体是解决区块链技术局限性的重要方法，其中有向无环图(Directed Acyclic Graph，DAG)是区块链技术最重要的变体之一，其与传统链式区块链对比见表 7-3。

表 7-3　传统链式区块链与 DAG 区块链对比

	传统链式区块链	基于 DAG 区块链
单元	区块	交易
拓扑	区块组成单链/出块时间同步写入	交易单元组成网络/异步并发写入
粒度	每个区块单元记录多用户多笔交易	每个单元记录单个用户交易
共识机制	PoW，PoS(选择领导验证交易)	参与者均参与验证
创建时间	新区块创建约 10min	发布交易即创建
交易速度	由于 PoW，PoS 机制，交易速度慢	交易速度快
有无矿工	有矿工	无矿工
提高扩展性方法	增加区块大小/支持线下交易/修改区块链结构	DAG 架构
交易费用	有交易费用	部分项目无交易费用

DAG 是由验证、广播交易的节点组成的网络，如图 7-5 所示。每一个执行的新交易都需要验证至少两个旧的交易，然后才能成功地记录到区块链网络上。随着新交易的输入，更多的交易被验证，从而形成一个由双重检查的交易组成的分布式网络。然而，与链式区块链不同的是，DAG 不要求矿工授权，每个交易是真实的。通过让双重交易认可后一个交易的有效性，人的参与变得可替代，导致了一个非常快速的发展。此外，因为没有矿工，所以没有矿工费用，有助于将真实的交易费用保持在最低水平。研究人员已经提出了几种基于 DAG 的分布式区块链协议，以解决当前链式区块链中存在的缺点，如表 7-4 和表 7-5 所示。

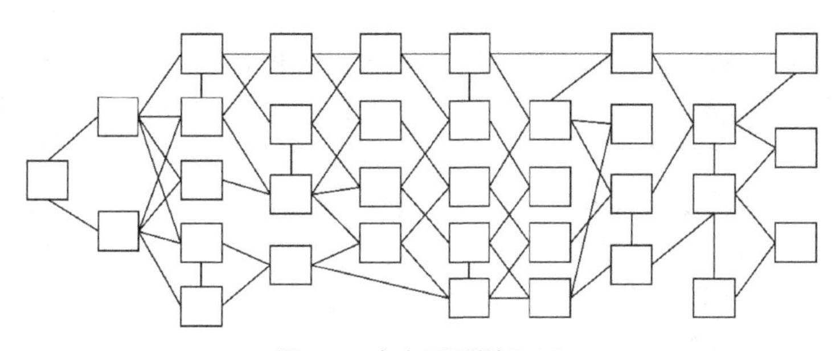

图 7-5　有向无环图 DAG

表 7-4　基于 DAG 的不同区块链项目对比

	共识机制	时间	成本	垃圾交易	智能合约
IoTA	Tangle 数据结构和蒙特卡罗马尔可夫算法，Pow，Tip 验证前 2 交易	1～60s	无	轻量化 PoW	无
ByteBall	引入见证人和主链来实现共识，对交易进行排序，可验证多个父交易单元	1～10m	极少	交易费	声明式非图灵完备
Nano	Dpos 协议，利用 UDP 交易，加快微小交易处理速度	1～10s	无	Pow	无
NXT	Pos：现有账户余额“锻造”区块，成功奖励账户交易费用	1～10m	极少	交易费	非图灵完备
ITC	PBFT：配合新型 DAG 分布式架构，致力完善物联网生态圈	—	极少	交易费	有，数据分析访问
HBAR	Gossip 网络/虚拟投票策略	0.1s	极少	Pos	有

表 7-5　基于 DAG 的不同区块链项目应用前景

	优点	缺点	应用场景
IoTA	交易一致性；支持离线；高吞吐量	代码存在漏洞；协调器引入；三进制编码	亚琛工业大学机床工业 PoC 项目，智能防洪设施
ByteBall	并发量高；无区块大小限制，能耗低，扩展性好	主链算法和见证人发布频率有关；有交易费用	体育竞猜；慈善捐赠项目；共享汽车
Nano	可并发执行，速度提高，扩展性提高，可异步同步	缺乏充分测试/同行评议，异步通信交易确认难；系统维护难	无
NXT	快速支持可移动设备运行；易存储；企业可发行子链，定制功能需求	必须要有锻造者维护网络，如果没有，则会影响网络安全	线上支付；线下支付，直接使用钱包，通过扫描二维码，即可完成付款
ITC	无挖矿；没有地区约束；交易迅速；账户匿名	市场普及时间过长	供应链金融；医疗冷链；光伏能源；车联网
HBAR	交易吞吐量增加；交易的延迟为几秒	不开源；限制为每秒 10 笔；目前公有链不完善	支点对点微支付、持第三方支付服务的开发

我们选取 DAG 的三个区块链项目进行相应的陈述，分别为 IoTA、NXT 和 Orumesh。

7.2.1　IoTA

IoTA 是专为物联网行业设计的一种新经济下分布式账本。IoTA 声称这是开源分布式账本的先驱，旨在通过无偿的微交易和数据完整性来掌控物联网的未来。通过解决链式区块链中的问题，IoTA 建立在革命性的分布式账本技术上，其拓扑形式是一种用于存储交易的有向无环图(DAG)。

缠结是一种数据结构，它的理论基础是有向无环图(DAG)。通过运用缠结作为分布式账本，IoTA 实现了交易数据在一个方向上传递，而不必将交易组装成块。基于缠结的加密货币的工作原理如下：用户提供的交易设置了缠结图的站点集，用于保存交易的分类账本。缠结的优势在于，当一个新的交易进入时，它必须授权两个旧的交易，这些授权由有向边表示。如果在事务 U 和事务 V 的中间没有有向边，但存在从 U 到 V 的最小为 2 的定向路径，则意为 U 间接授权了 V。缠结的创世交易可以被所有其他交易直接或间接授权。为了发布交易，用户必须授权或者批准其他的交易。因此，发布交易的参与者参与到网络安全中。如果节点检测到交易与现有缠结记录发生冲突，则用户将拒绝该交易。

IoTA 系统的稳定性与参与的交易的数量有关，由于 IoTA 复杂的 DAG 结构有助于交易的可伸缩性，因此缠结中的交易越多，验证交易的速度就越快。

7.2.2 NXT

NXT 是第一个提出将区块链的链表结构切换到 DAG 的加密货币。与链状区块链相比，其挖矿时间保持不变，但网络上的 W 个块可以将存储扩展 W 倍。在开源 Java 中开发的 NXT 是一种 100%的股权证明加密货币。

NXT 中每隔大约 60 秒节点创建一个区块。由于提供了可用的货币，NXT 收取一些交易费用，存入负责创建区块的账户，这与其他加密货币提出的采矿过程非常相似。在 10 个块确认之后，区块中的交易变得安全。NXT 每天允许 367200 个交易，其核心是一个快速的基础层协议，在此基础上有大量的服务，可以创建应用程序和其他加密货币。

在区块链网络中，NXT 股权证明模型是由拥有股权的对等方管理网络安全。账户中的每一枚货币都可以假设为一个小型采矿设备。账户中持有的货币越多，该账户获得创建块的权限的可能性就越大，创建区块的总激励是区块内包含的所有交易之和。股权证明系统生成区块的目标时间为 60 秒，从而保证了区块链网络的安全。以下是 NXT 的股权证明算法的基本原理。

(1) 每个区块将累积难度值存储为一个参数，之后的每个区块从前面的块值中产生自己的难度。在不确定的情况下，网络通过选择累积难度最大的链自动达成一致。

(2) 为了通过将一个账户资产移动到另一个账户以获得收入来消除块生成概率，货币必须在一个账户中保持 1440 个块的恒定，然后才能参与块生成过程。

(3) 为了防止攻击者从创世区块一路创建新链，用户允许在当前区块高度后不超过 720 个区块的链重组，到达低于此阈值的高度的块将被拒绝。

通过创建链块进行双花攻击的可能性非常低，因此一旦将交易加密在现有块高度之前的 10 个块，交易被认为是安全的。

7.2.3 Orumesh

Orumesh 是在 DAG 结构上实现的开源、免费的分布式数据库，它不使用经典的比特币挖掘过程，这使得它的费用更低，且对于量子攻击有 51%的弹性。Orumesh 末端是相互关联的未经批准的交易，因此每个末端至少包含一个先前末端的散列，用于接受先前的交易。参与者将通过在其特定块中添加其散列来确认新插入的交易。当插入新的交易时，前一个交易都将通过后一个交易得到确认。在交易中，用户执行以下操作：选择任意两个其他未经验证的交易进行验证/如果两个交易不矛盾，则按增量大小授权/为了使交易得到验证，交易需要解决一个工作证明密码难题。

Orumesh 协议使用信用模型来激励交易，每个节点计算其相邻节点执行的最新交易的百分比。随着更多的参与者加入网络中，交易处理速度更快。一旦某个节点受到控制，它就会被其邻居节点丢弃。客户将资产存放在需要多重签名才能使用的地址上，在支出发生之前，DAG 通过搜索不同客户在 DAG 上显示的特定数据来评估条件。

AMesh(非循环网格)是一个分布式的设计，它将交易和区块模型合并在一起。每个交易都有工作证明并至少引用一个以前的交易，由此产生的合法数据结构是所有接受交易的直接非循环图。每个交易都通过一个结构化的、非循环的过程来实现授权。只有在授权两个或多个未经验证的早期交易后，新交易才会进入 DAG。一旦确定要建立交易，Orumesh 就会基于该交易创建一个新结构，称为结。每个结都包含有关其前父亲结的信息。结中有一个标志，表示它是否完全无效。

7.3 区块链在物联网中的应用

区块链为物联网所面临的信任关系管理、数据管理、合法性和数据共享等问题提供了天然的解决方案。表 7-6 列出一些区块链在物联网的应用场景，其所使用的共识算法。

表 7-6 区块链在物联网中的应用

	智慧城市	智能家居	智能财产	智能制造	共识算法
Hashemi 等[41]	√				Bitcoin-like PoW
Biswas 等[42]	√				Ethereum-like
Munsing 等[43]	√				Ethereum-like
Leiding 等[44]		√			not specified
Huh 等[45]		√			Ethereum-like
Wilkinson 等[46]		√			PoS/PoR
Herbert 等[47]			√		Bitcoin-like PoW
Zhang 等[48]			√		not specified
Cha 等[49]				√	Ethereum-like
Sikorski 等[50]				√	Round Robin-based

7.3.1 智慧城市

智能城市管理是基于智能设备之间的持续数据交换，通过智能电表、安全装置、家用电器和智能汽车或视频监控系统等基础设施和设备的互联来实现。不难想象，一个城市越智能、越互联，就越容易成为黑客攻击的目标。在这样的情况下如果数据安全得不到保证，市民的隐私以及城市的安全都会受到很大的影响。区块链技术为数据的安全提供了一

套天然的保护机制。Hashemi 等[41]和 Biswas 等[42]都提出了基于区块链的多层架构，Munsing 等[43]提出了一种优化电网内能源分配的策略。

Hashemi 等[41]提出的基于区块链的物联网系统实现了数据保护，在智慧城市中，无时无刻不在产生数据，这些数据与电能、交通、医疗等有关，利用这样的系统来进行数据保护，可以避免因为数据被篡改导致城市的功能瘫痪。其思路主要包括两个方面：第一，将数据存储与数据管理分离；第二，设计可扩展的、去中心化的、分布式的框架，从而克服单点信任和故障，适应用户和传感器的增长。系统由三个主要部分组成：数据管理协议、数据存储协议和信息服务。数据管理协议通过访问控制机制为不同角色之间的交互提供了一个框架。数据存储系统基于区块链实现对数据持久、分布式和去中心化的安全存储。信息服务基于发布-订阅体系结构，为发送方和接收方提供可扩展的、灵活的和可靠的通信，并且不需要持久的连接。系统结构如图 7-6 所示。

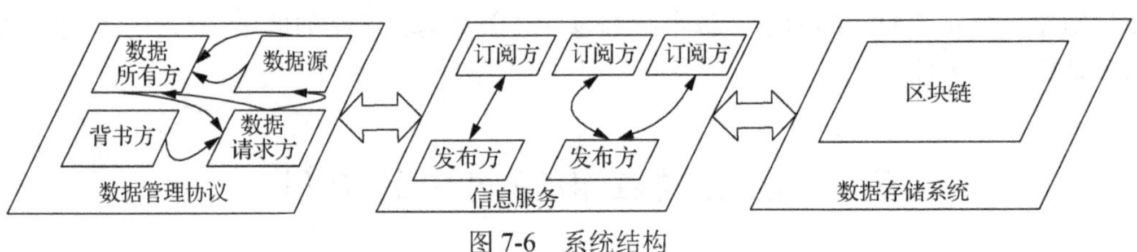

图 7-6　系统结构

图 7-6 中系统最底层的数据存储系统通过区块链来存储数据。系统中分布式访问控制与源数据是分离的。区块链被建模为具有更新通知的数据存储形式。它克服了单点信任和失效的问题，提供了完全透明的交易，非常类似于比特币。基于区块链的系统数据流包括以下几类。

(1) 检索：整个区块链可以被任何人检索和下载。有了这些信息，一个人可以知道历史上有多少价值(比特币、信息)在什么时候都属于哪个实体。

(2) 更新：交易和挖矿结果在网络中广播，每一个新的块被排序并链接到前一个块，节点不可能错过任何增加的信息。

(3) 添加：添加数据与传输数据的过程相同，当区块链中的一个节点想要传输数据时，该节点广播请求，该请求被区块链网络上的所有节点接收，在接收到请求后，矿工节点将这个最新的交易请求添加到一个块中。然后，新的块和前一个块进行基于哈希函数的计算，所有的矿工开始在这个复杂的密码难题上赛跑。当第一个矿工解出该块时，它将该块添加到区块链的末尾，并将其广播给它的同伴，广播结束后，节点将检查交易并开始使用新版本的区块链。

该系统允许用户以三种不同的方式访问数据。

(1) 直接访问：每个人都可以访问区块链并下载所有数据，这并非在所有环境都可行，因为它需要每个节点的大量计算能力来管理大量数据。

(2) 客户端-服务器：需要客户端和服务器之间有足够的信任。

(3) 发布-订阅方式：发布者将向订阅者发送加密版本的数据，订阅者将能够对其解密。三种访问方式如图 7-7 和图 7-8 所示。

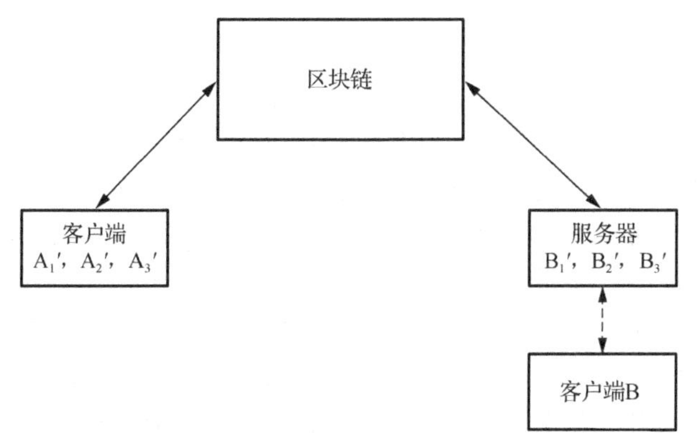

图 7-7　客户机数据访问模型：直接访问和服务器-客户端

——区块链访问；－－－－ API 调用

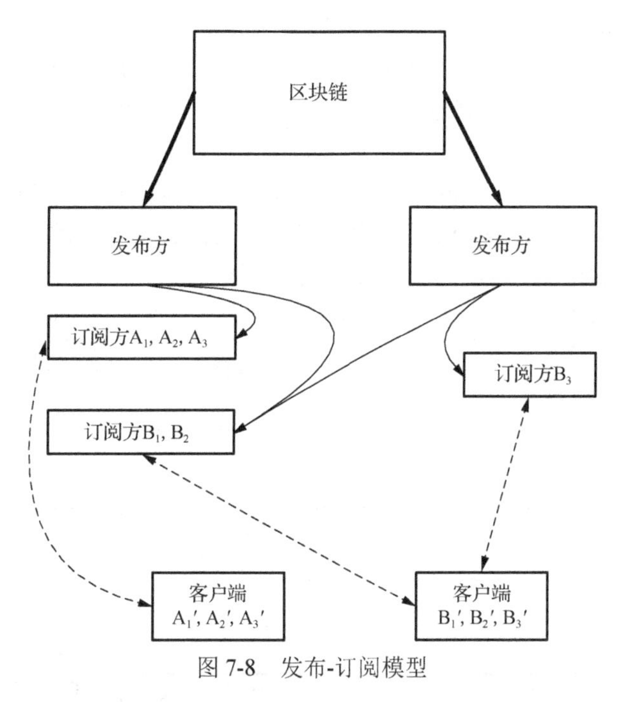

图 7-8　发布-订阅模型

▬▬ 区块链访问；－－－－ API 调用；——发布-订阅数据传输

区块链是块的集合。每个块包含系统中不同角色之间的一组交易。通过使用发布-订阅模型，发布者加入区块链，并根据订阅者的特定需求，收集和过滤适当的交易，然后向订阅者提供他们请求的交易。

总而言之，可以通过区块链来存储数据，区块链本身去中心化的特征可以使得系统实现分布式的访问控制，从而契合物联网分布式且异构的特点。区块链本身公开透明且可追溯的特点，加上信息与通信技术的辅助，可以保证数据的安全存储以及系统的可扩展性。

7.3.2 智能家居

智能家居指能够利用集成的家庭自动化系统，以提高居住者的舒适、安全和消费。智能家居使业主能够管理许多内部功能，在不需要在家的情况下依然可以激活、停用和控制其中的设备。因此，智能家居为居民提供了优化能源负荷、创建自定义场景以及根据主人的喜好和习惯来改造房屋的能力。如果智慧城市影响的是家外的环境，那么智能家居影响的就是家中的环境。类似于智慧城市，智能家居也有可能受到各种各样的非法攻击。针对智能家居的非法攻击，会直接影响业主的生命财产安全。入侵者可能侵入一台或者多台设备，这种情况下用户的很多活动信息都会被泄露，甚至在某些情况下入侵者可以伪装成业主。所以认证和访问管理显得尤为重要。Huh 等[45]通过使用安全存储在区块链中的密钥来管理和控制设备；Wilkinson 等[46]利用区块链和 P2P 协议来提供安全、私有和加密的云存储；Leiding 等[44]提出了一种基于区块链的协议。

Leiding 等[44]提出的协议为 Authcoin，用于通常使用的公钥基础设施，如认证机构和 PGP 信任网络，如果在智能家居中部署这样的协议，黑客将很难伪装成业主，同时也很难获得设备的访问权限。它将基于质询响应的域、证书、电子邮件账户和公钥的验证及认证过程与基于区块链的存储系统结合起来。Authcoin 结合了分布式的信任网络、透明可靠的存储系统（区块链）和部分自动化的双向验证和认证过程。因此，攻击者很难将恶意密钥引入系统中，也很难阻止对这些密钥的检测。其工作流程如图 7-9 所示。

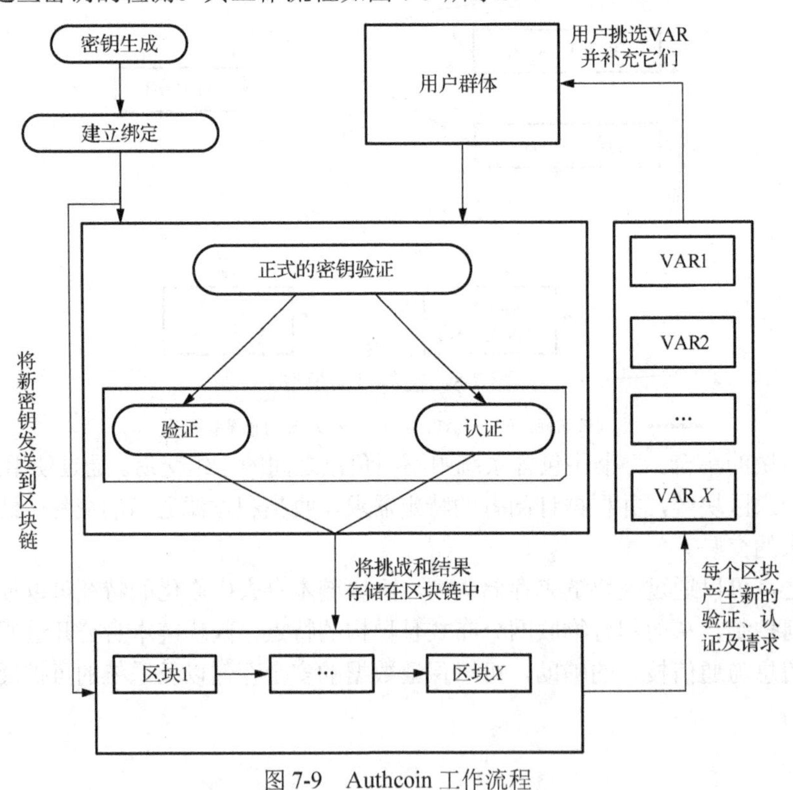

图 7-9 Authcoin 工作流程

其加密、认证等过程主要利用密钥、质询响应等技术，这里不做过多赘述，主要分析区块链的引入所带来的优势。由图 7-9 可以看到每个用户生成一个新的密钥对，并向密钥对添加基本信息(电子邮件、姓名等)。生成的密钥对及其所有者之间会建立初始绑定。所有累积的信息都被收集并存储在区块链中。而接下来的正式验证过程中的验证请求和结果将作为区块链的一部分存储。同时用户群体需要的信息也是由区块链提供的。

区块链由无限个按时间顺序链接在一起的块组成。每个块由存储在区块链中的实际数据交易组成。在产生新块的过程中需要工作量证明。每个块依赖它的前一个块，因此篡改和操纵一个块是非常困难的，需要重新计算所有的后续块。如此大的资源消耗对一个黑客来说是得不偿失的。一个实体需要控制区块链 50%以上的节点才能做到真正地控制这个区块链，这也使得非法攻击成功的概率大大降低了。认证和访问管理实现所需的信息全都保存在区块链上，黑客想要进行非法的认证或者访问则必须控制区块链，并且在区块链以外的其他步骤还有密钥、签名的技术。这些很大程度提高了系统的安全性和可靠性。

总之，如果我们将认证和访问管理视作一个功能，那么区块链则为其提供了一个安全可靠的后台。

7.3.3　智能财产

比特币网络赋予了数字货币的所有权和匿名转移功能。然而，比特币软件架构允许将少量数据(元数据)关联到一个地址，这些数据可以用来描述与比特币不同的“资产”，以及将该资产从一个地址转移到另一个地址的指令。换句话说，这个元数据定义了一种新的数字货币，可以认为是一种“代币”。这些数字代币被定义为 colored coins(cc)，并与现实世界中的对象或服务相对应的价值相关联。例如，可以用 cc 表示房子或汽车。因此，如果你想把你的房子/汽车卖给另一个人，你应该把 cc 发送给新主人。这样，就不需要实物契约了，因为所有权的证明在区块链上。这种数字化管理实物所有权的解决方案称为“智能财产”。

Zhang 等[48]在他们的研究中通过智能合约的方式增加了灵活性和自动化功能，Herbert 等[47]也讨论了通过智能合约进一步增加动态功能的可能性。由此可见智能财产严格与智能合约挂钩。智能合约并非区块链的专属名词，在区块链出现之前，智能合约就已经提出了，但是真正让智能合约发挥其价值的是区块链技术。智能合约的引入使得区块链进入了以以太网为代表的区块链 2.0 时代。智能合约如图 7-10 所示。

智能合约是满足一定条件就自动执行的计算机程序。如图 7-10 所示，智能合约的条件及其对应的响应都被存储在区块链中，满足某个条件时其对应的响应就会被自动执行。上面提到的 cc 可以视作智能合约的触发条件，当 cc 被发送给新主人这一条件满足时，所有权转让这一事件就会被自动执行。

智能合约与区块链可以说是相辅相成的关系。以太网为代表的区块链技术可以为智能合约提供一个图灵完备的可靠平台。基于区块链的智能合约可以实现智能财产的自动化，并且区块链本身去中心化、可追溯等特点也会被保存下来，使得智能财产更加契合实际的应用场景。

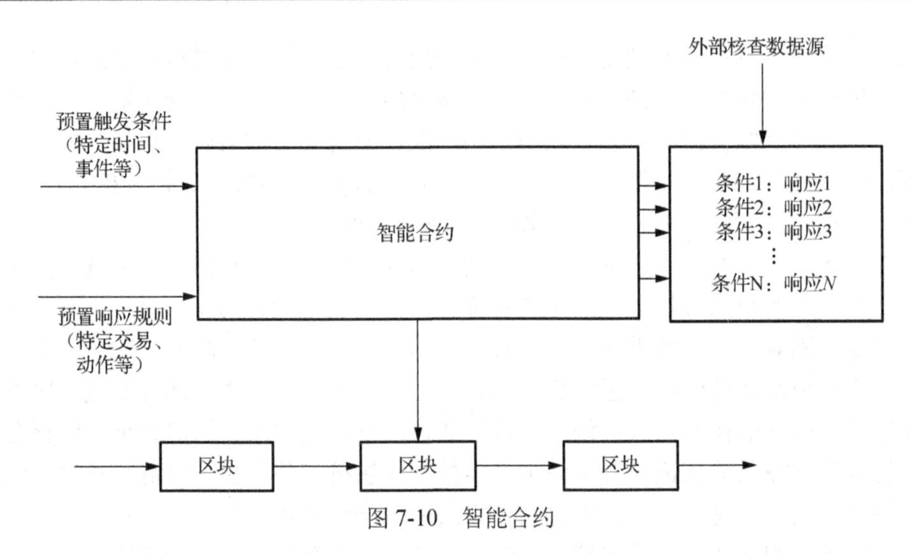

图 7-10　智能合约

7.3.4 智能制造

作为一种智能系统，智能制造能在其制造过程中进行如分析、推理、判断、构思、决策等一系列智能活动。智能制造能在其实践过程中不断获取自身以及周围环境的信息，分析判断、规划自身行为，从而实现自主学习。智能制造需要在保持个体制造单元的自主性的同时兼顾系统整体的自组织能力，其基本格局为分布式多自主体智能系统。

Sikorski 等[50]考虑了一种基于区块链技术的新型机器对机器(M2M)通信模型，机器或部件能够相互交流，并交易各种商品(蒸汽、天然气、煤炭、能源)。这说明智能制造与区块链的融合是可行的。

在智能制造的生产以及用户使用的过程中，每个产品的身份、历史和规格都被详细地跟踪和记录。生产的每个阶段都被监控，机器会自动收集相应的数据，如可穿戴设备等智能制造的产品，包含很多与用户隐私相关的数据，所以必须要有适当的隐私保护措施。

Cha 等[49]设计了一个利用区块链来保护用户数据隐私的系统，在智能制造的过程中需要生产的设备具有这样的隐私保护能力，这样的系统避免了在用户不接受物联网设备(特别是蓝牙低能量(BLE)模块)的隐私政策的情况下获取用户的个人数据。其主要思想是引入一个代表用户与物联网设备交互的区块链网关实体。交互基于智能合约。区块链存储两种类型的智能合约：一种用于物联网设备，另一种用于区块链网关。当物联网设备连接到区块链网关时，两个智能合约之间的连接就创建好了。此外，如果用户想访问物联网设备，可以查询区块链网关的智能合约来获得连接到该网关的设备列表。用户决定接受或拒绝所选设备的隐私政策。如果接受，用户首选项将存储在区块链网关中，因此将来当用户通过同一网关访问同一物联网设备时将使用该首选项。这种类型的访问控制系统保留了设备策略和用户的隐私偏好不被篡改。用户在物联网设备上表达其隐私偏好的过程如图 7-11 所示。

当网关接收到用户的隐私偏好后将生成一个 nonce 值和一个密钥，并通过哈希函数加密。然后这些数据会被存储在区块链上，同时网关还可以生成一个交易 ID，这个交易 ID 可以提供给智能合约。最后网关会把交易 ID 和密钥传送给用户，用户可以通过它们来验证隐私偏好是否真正存储在了区块链上。总结成一句话就是区块链网关对用户偏好进行加密，并将加密后的用户偏好存储在区块链网络中。

从前面可以看出区块链作为隐私偏好管理的底层架构，保护和管理所维护的用户首选项不被篡改。因此，在使用物联网设备时，区块链网关增强了用户隐私保护。与其他应用场景很相似，区块链作为一个防篡改的底层框架，保存了用户的隐私首选项，即用户选择信任的物联网设备，而存储在区块链上的智能合约保证了用户可以查询连接在区块链网关上的设备，并且能够选择自己信任哪个设备。

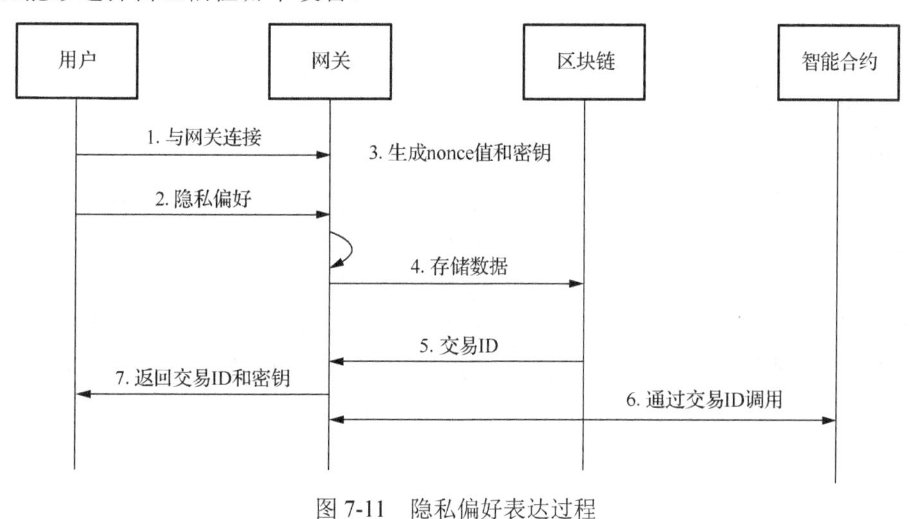

图 7-11　隐私偏好表达过程

7.3.5 DAG 应用

尽管区块链具有公开透明、可追溯、去中心化等特点，可以解决物联网的信息不对等、单点信任等问题，但其仍然有吞吐量不足、交易确认速度无法适应物联网的更新速度等问题，故而有必要讨论 DAG 在物联网场景下的应用价值。

IoTA 是一种新型的数字加密货币，其核心技术为缠结(tangle)，对于物联网而言，IoTA 是一种革命性的新型交易结算和数据转移层。IoTA 有其独特的共识机制，不需要矿工或者验证者来完成共识工作，因此 IoTA 成为第一个不需要支付手续费的数字结算系统，而手续费的去除也使得无论多么小额的交易也可以通过 IoTA 实现，即可以通过 IoTA 提供无交易费用的安全、高效、轻便、实时的微交易。这对于物联网而言意义非凡，假设要进行一笔小额交易，如果用传统的基于区块链的结算方式，那么过程中产生的开销可能比交易本身的费用还高，而 IoTA 则不用担心这一问题。IoTA 应用于物联网中最简单的一个例子就是电动汽车的充电，在充电桩上部署 IoTA，电动汽车在充完电之后就可以自动结算，并且无须支付手续费。

同 IoTA 一样，ITC 也可以广泛应用于物联网环境中，如医疗、供应链、光伏能源、车联网等。在供应链中，上下游企业往往信息不对等，在 ITC 解决方案中，供应链上下游企业可以平等地参与到数据有关的各个过程中，包括经营资产、交易、库存、订单、发票、物流、现金流等关键信息，同步至专属分布式数据协作集合，所有信息透明可溯源、防伪防篡改。在医疗方面，生产、存储、出库、配送、流通等全过程数据实时上链，不可篡改，并且数据公开透明可追溯，监管机构、消费者拥有不同访问权限，可查看对应产品所有相关信息，可

以摒除医疗产品造假的可能，让消费者也可以了解到更多且更真实的信息。在光伏能源方面，使用ITC用于结算，交易由智能合约担保，并且直接点对点交易可以将有过多需求的用户与有盈余的用户相匹配，减少浪费。

7.4 本章小结

本章重点介绍了区块链的发展，并整理了区块链在物联网场景下的应用，因区块链本身的安全性提升了物联网服务的安全性。在智慧城市的场景下，区块链作为存储部分保存了收集到的数据用以进行信息服务；在智能家居的场景下，区块链同样作为存储部分保存了密钥，绑定信息等与认证和访问有关的信息；在智能财产的场景下，智能合约被存储在区块链上；在智能制造的场景下，区块链作为数据处理和维护的底层架构来解决隐私纠纷。可以看出，在实际的应用场景中区块链往往作为一个底层技术为某项特定服务的搭建提供一个可靠的平台。区块链拥有去中心化的特点可以适应物联网分布异构的环境，公开透明、可追溯、共识算法等可以让物联网应用更加安全可靠，而DAG的应用可以解决区块链吞吐量不足、共识过程速度过慢、共识算法开销过大的问题。

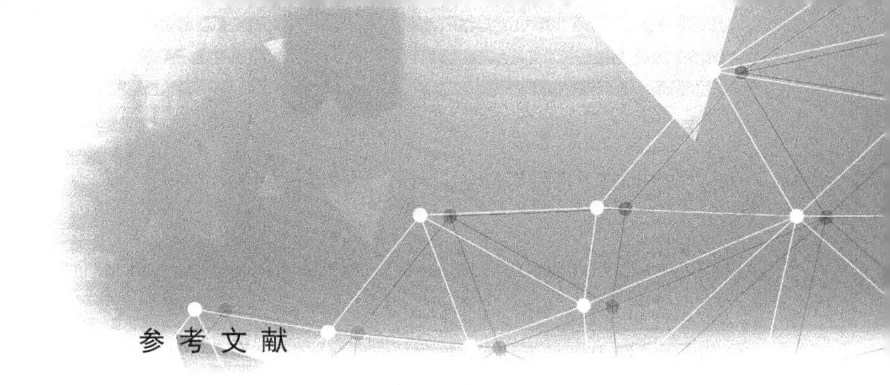

参考文献

[1] 3GPP，TR22.891. Feasibility study on new service and market technology enablers[S] ,2016.

[2] KO J, ERIKSSON J, TSIFTES N. ContikiRPL and TinyRPL: Happy together[J]. The Workshop on Extending the Internet to Low power and Lossy Networks, 2011: 570.

[3] TAHIR Y, YANG S, MCCANN J. BRPL: Backpressure RPL for high-throughput and mobile IoTs[J]. IEEE Transactions on Mobile Computing, 2017, 17(1): 29-43.

[4] NIDAWI Y A, SALMAN N, KEMP A H. Mesh-under cluster-based routing protocol for IEEE 802.15.4 sensor network[C]. The 20th European Wireless Conference, Barcelona, 2014: 1-7.

[5] TANGO F, RICHTER E, SCHEUNERT U, et al. Advanced multiple objects tracking by fusing radar and image sensor data-Application on a case study[C]. IEEE 2008 11th International Conference on Information Fusion, Cologne, 2008: 1-7.

[6] FERNANDES E, JUNG J, PRAKASH A. Security analysis of emerging smart home applications[C]. IEEE Symposium on Security Privacy, San Jose, 2016: 636-654.

[7] MORGNER P, MATTEJAT S, BENENSON Z. All your bulbs are belong to us: Investigating the current state of security in connected lighting systems[J]. arXiv preprint arXiv:1608.03732, 2016.

[8] HAMID M A, RASHID M O, HONG C S. Routing security in sensor network: Hello flood attack and defense[C]. The First International Conference on Next-Generation Wireless Systems 2006, Dhaka, 2006:2-4.

[9] MENG W, XIAO W, NI W, et al. Secure and robust Wi-Fi fingerprinting indoor localization[C]. International Conference on Indoor Positioning & Indoor Navigation, 2011: 1-7.

[10] KIM Y, SHIN H, CHON Y, et al. Crowdsensing-based Wi-Fi radio map management using a lightweight site survey[J]. Acm Sigcomm Computer Communication Review, 2015: 86-96.

[11] KHALAJMEHRABADI A , GATSIS N , PACK D , et al. A Joint indoor WLAN localization and outlier detection scheme using lasso and elastic-net optimization techniques[J]. IEEE Transactions on Mobile Computing, 2017, 16(8):2079-2092.

[12] CHEN Y, TRAPPE W, MARTIN R P. ADLS: Attack detection for wireless localization using least square[C]. The 5th Annual IEEE International Conference on Computer Communications, Chengdu, 2007,1: 610-613.

[13] BELLUR B, OGIER R G, TEMPLIN F. Topology broadcast based on reverse-path forwarding(TBRPF)[J/OL]. [2000-09-25]. http://www.ietf.org/ internetdrafts/ draft-ietf-manet-tbrpf- 00.txt.

[14] GRUSCHKA N, JENSEN M. Attack surfaces: A taxonomy for attacks on cloud services[C]. The 2010 IEEE 3rd International Conference on Cloud Computing. Miami, 2010: 276-279.

[15] KARNWAL T, SIVAKUMAR T, AGHILA G. A comber approach to protect cloud computing against XML DDoS and HTTP DDoS attack[C]. 2012 IEEE Students’ Conference on Electrical, Electronics & Computer Science, Bhopal, 2012: 1-5.

[16] RIQUET D, GRIMAUD G, HAUSPIE M. Large-scale coordinated attacks: Impact on the cloud security[C]. The 2012 Sixth International Conference on Innovative Mobile and Internet Services in Ubiquitous Computing, Palermo, 2012: 558-563.

[17] LIU S T, CHEN Y M. Retrospective detection of malware attacks by cloud computing[C]. The 2010 International Conference on Cyber-Enabled Distributed Computing and Knowledge Discovery, Huangshan, 2010: 510-517.

[18] OBERHEIDE J, COOKE E, JAHANIAN F. Cloud AV: N-version antivirus in the network cloud[C]. The 17th Conference on Security Symposium (SS '08), Berkeley, 2008: 91-106.

[19] LIN W, LEE D. Traceback attacks in cloud—Pebbletrace botnet[C]. International Conference on Distributed Computing Systems Workshops, Washington D.C., 2012: 417-426.

[20] KOURAI K, AZUMI T, CHIBA S. A self-protection mechanism against stepping-stone attacks for IaaS clouds[C]. International Conference on Ubiquitous Intelligence & Computing & International Conference on Autonomic & Trusted Computing, Fukuoka, 2012: 539-546.

[21] SRIVASTAVA A, GIFFIN J. Tamper-resistant, application-aware blocking of malicious network connectionss[C]. Recent Advances in Intrusion Detection, International Symposium, Cambridge, 2008: 39-58.

[22] SZEFER J, LEE R B. Architectural support for hypervisor-secure virtualization[J]. ACM Sigarch Computer Architecture News, 2012, 40(1):437-450.

[23] ANTUNES N, VIEIRA M. Defending against web application vulnerabilities[J]. Computer, 2012, 45(2): 66-72.

[24] RODRIGO R , RUBEN R , ONIEVA J A, et al. Immune system for the internet of thing using edge technologies [J]. IEEE Internet of Things Journal,2019,6(3):4774-4781.

[25] SHA K W, ALATRASH N, WANG Z W. A secure and efficient framework to read isolated smart grid devices[J]. IEEE Transactions on Smart Grid, 2017, 8(6): 2519-2531.

[26] LU E, HEUNG K, LASHKARI A, et al. A lightweight privacy-preserving data aggregation scheme for fog computing-enhanced IoT[J]. IEEE Access, 2017(5): 3302-3312.

[27] DU M , WANG K , CHEN Y F, et al. Big data privacy preserving in multi-access edge computing for heterogeneous internet of things[J]. IEEE Communications Magazine, 2018, 56 (8): 62-67.

[28] SINGH A, AULUCK N, RANA O. Rt-sane: Real time security aware scheduling on the network edge[C]. International Conference on Utility and Cloud Computing, Austin, 2017: 131-140.

[29] KUNDUR D, LUH W, OKORAFOR U N, et al. Security and privacy for distributed multimedia sensor networks[J]. IEEE, 2018, 96(1): 112-130.

[30] SIVANATHAN A, SHERRATT D, GHARAKHEILI H H, et al. Characterizing and classifying IoT traffic in smart cities and campuses[C]. 2017 IEEE Conference on Computer Communications Workshops, Atlanta, 2017: 559-564.

[31] MSADEK N, SOUA R, ENGEL T. IoT device fingerprinting: Machine learning based encrypted traffic analysis[C]. 2019 IEEE Wireless Communications and Networking Conference, Marrakesh, 2019: 1-8.

[32] PINHEIRO A J, BEZERRA J M, BURGARDT C A P, et al. Identifying IoT devices and events based on packet length from encrypted traffic[J]. Computer Communications, 2019, 144: 8-17.

[33] SIVANATHAN A, SHERRATT D, GHARAKHEILI H H, et al. Characterizing and classifying IoT traffic in smart cities and Campuses[C]. IEEE Conference on Computer Communications Workshops, Atlanta, 2017: 1-6.

[34] PINHEIRO A J, BEZERRA J M, BURGARDT C A P, et al. Identifying IoT devices and events based on packet length from encrypted traffic[J]. Computer Communications, 2019, 144: 8-17.

[35] AKSOY A, GUNES M H. Automated IoT device identification using network traffic[C]. ICC 2019-2019 IEEE International Conference on Communications, Shanghai, 2019: 1-7.

[36] LOPEZ-MARTIN M, CARRO B, SANCHEZ-ESGUEVILLAS A, et al. Network traffic classifier with convolutional and recurrent neural networks for internet of things[J]. IEEE Access, 2017(5): 18042-18050.

[37] BAI L, YAO L, KANHERE S S, et al. Automatic device classification from network traffic streams of internet of things[C]. 2018 IEEE 43rd Conference on Local Computer Networks, Chicago, 2018: 1-9.

[38] RADOGLOU-GRAMMATIKIS P I, SARIGIANNIDIS P G. Flow anomaly based intrusion detection system for android mobile devices[C]. 2017 6th International Conference on Modern Circuits and Systems Technologies, Thessaloniki, 2017: 1-4.

[39] WANG S, CHEN Z, YAN Q, et al. Deep and broad learning based detection of android malware via network traffic[C]. 2018 IEEE/ACM 26th International Symposium on Quality of Service, Banff, 2018: 1-6.

[40] WEI Z M. Intrusion detection in the Era of IoT: Building trust via traffic filtering and sampling[J]. Computer, 2018, 51(7): 36-43.

[41] HASHEMI S H, FAGHRI F, RAUSCH P,et al. World of empowered IoT users[C]. The 1st IEEE International Conference on Internet-of-Things Design and Implementation (IoTDI 2016), Berlin, 2016: 13-24.

[42] BISWAS K, MUTHUKKUMARASAMY V. Securing smart cities using blockchain technology[C]. The 18th IEEE International Conference on High Performance Computing and Communications; 14th IEEE International Conference on Smart City; 2nd IEEE International Conference on Data Science and Systems (HPCC/SmartCity/DSS 2016), Sydney, 2016: 1392-1393.

[43] MUNSING E, MATHER J, MOURA S. Blockchains for decentralized optimization of energy resources in microgrid networks[C]. The IEEE Conference on Control Technology and Applications. Kohala Coast, 2017: 2164-2171.

[44] LEIDING B, CAP C H, MUNDT T, et al. Authcoin: Validation and authentication in decentralized networks[J]. arXiv, 2016, 1609.04955.

[45] HUH S, CHO S. KIM S. Managing IoT devicesusing blockchain platform[C]. The 19th IEEE International Conference on Advanced Communications Technology, PyeongChang, 2017: 464-467.

[46] WILKINSON S, BOSHEVSKI T, BRANDOFF J, et al. Stori: A Peer-to-Peer Cloud Storage Network[EB/OL]. [2018-5-5]. https://s-torj.io/storj.pdf.

[47] HERBERT J, LITCHfiELD A. A novel method for decentralised peer-to-peer software license validation using cryptocurrency blockchain technology[C]. The 38th Australasian Computer Science Conference, Sydney, 2015: 30.

[48] ZHANG Y, WEN J. An IoT electric business model based on the protocol of bitcoin[C]. The 18th International Conference on Intelligence in Next Generation Networks, Paris, 2015: 184-191.

[49] CHA S C, CHEN J F, SU C, et al. A blockchain connected gateway for BLE-based devices in the internet of things[J]. IEEE Access, 2018(6): 24639-24649.

[50] SIKORSKI J J, HAUGHTON J, KRAFT M. Blockchain technology in the chemical industry: Machine-to-machine electricity market[J]. Applied Energy, 2017, 195: 234-246.